Un día en la vida del cuerpo humano

Jennifer Ackerman

Un día en la vida del cuerpo humano

Un viaje por los secretos científicos
de nuestro organismo

Traducción de
Blanca Ribera

Ariel

1.ª edición: abril de 2008

Título original: *Sex Sleep Eat Drink Dream*

© 2007 Jennifer Ackerman

© de la traducción: Blanca Ribera

Derechos exclusivos de edición en español
reservados para todo el mundo
y propiedad de la traducción:
© 2008: Editorial Ariel, S. A.
Avda. Diagonal, 662-664 - 08034 Barcelona

ISBN 978-84-344-5368-5

Depósito legal: B. 13.354 - 2008

Impreso en España por
Cayfosa-Qebecor, s.a.
Crta. de Caldes, Km. 3,7
08130 Sta. Perpètua de Mogoda (Barcelona)

Queda rigurosamente prohibida, sin la autorización escrita de los titulares del copyright,
bajo las sanciones establecidas en las leyes, la reproducción total o parcial de esta obra
por cualquier medio o procedimiento, comprendidos la reprografía y el tratamiento informático,
y la distribución de ejemplares de ella mediante alquiler o préstamo públicos.

A mi padre,
William Goirham,
CON CARIÑO

Me siento intimidado por mi cuerpo, esta materia a la cual estoy unido... ¡Se habla de misterios!

HENRY DAVID THOREAU,
The Maine Woods

Prólogo

Somos nuestro cuerpo. Nos sostiene y nos mantiene. Nos limita y nos controla, nos encanta y nos repugna. Y sin embargo sus actividades son, en general, un misterio. Es un hecho: todos somos conscientes de nuestro cuerpo en mayor o menor medida, sumamente conscientes de nuestra apariencia física —la simetría y las arrugas de la cara, la curva del torso, las redondeces de los muslos, el michelín de la barriga, los pies hinchados—. Pero, ¿cuántos de nosotros comprendemos el drama que se desarrolla en su interior? Como dijo San Agustín, nos maravillamos ante las cumbres montañosas y el curso de las estrellas, y sin embargo pasamos de largo ante el milagro de nuestra vida interior sin asombrarnos. En la salud, el cuerpo a veces funciona con tal suavidad que casi olvidamos su existencia. La mayoría de las veces es algún fallo o trastorno el que llama nuestra atención. De hecho, muchos de nostros pasamos el tiempo tratando de *no* saber lo que ocurre en el interior. La falta de noticias son buenas noticias.

Y no es así. Hace un tiempo me sucedió lo siguiente: sucumbí a una virulenta gripe tras una temporada de mucho estrés. La fiebre me consumió durante semanas y me arrebató todas las facetas placenteras de mi existencia física: las satisfacciones del trabajo y el ejercicio, el dulce olor de mis hijos y otros placeres sensoriales, el apetito y la comida, el sueño reparador. Cuando remonté la enfermedad, sentí no sólo alivio y regocijo por recuperar mi cuerpo, sino un súbito y acuciante deseo de saber más cosas sobre él. ¿Cuál era la naturaleza de esos placeres que tanto deleitan a mi cuerpo sano? ¿Y los problemas que lo afligen ocasionalmente? Me di cuenta de que no tenía la menor idea de lo que ocurría en mi interior, ni en la enfermedad ni en la salud. No tenía ni idea, por ejemplo, de qué subyace a la digestión y a su precursora, el hambre —ese bucle misterioso que traduce la ausencia de nutrientes en un ansia de comida placentera— o, por otro lado, a su antítesis, la náusea. No tenía ni la más remota idea del efecto de un virus sobre mi cuerpo, o del alcohol sobre mi cerebro, o del estrés acumulado sobre mi energía y mi salud. Sabía que mi cuerpo realizaba ciertas cosas con mayor eficacia por la mañana, otras por la tarde o la noche, pero no tenía ni la más remota idea del porqué.

Aunque ese ataque de la gripe no fue ni mucho menos una experiencia cercana a la muerte, me recordó que toda mi existencia empezaba y terminaba en esta mismísima urna de piel, sangre y huesos; naturalmente, la parte de «terminar» se avecinaba cada día un poco más. Incluso las personas más longevas sólo viven durante aproximadamente unas 700.000 horas. Mi cuerpo sólo iba a existir una vez; nunca tendría otro. ¿No sería buena idea intentar conocerlo un poco?

Cuando estaba en primer curso, tenía un buen conocimiento de mi funcionamiento interno. Sabía que mi corazón latía en algún punto a la izquierda del pecho, cerca de donde pongo la mano para prometer lealtad. Sabía que cuando me peinaba, arrastraba células muertas, una cuestión grotesca que yo compartía alegremente con mis amigas a la menor oportunidad. Sabía que cuando mi estómago recibía un tentempié —digamos, una bolsa entera de pasas— tenía consecuencias posteriores. Sabía que me volvería irritable si no dormía una siesta. Más allá de eso, no pensaba demasiado en ello. La cosa siguió así durante treinta años, más o menos. Después me sobrevino esa gripe que me golpeó como un rayo, camino de Damasco.

Para poner remedio a mi ignorancia, mi primera idea fue una escuela médica. Me imaginé estudiando minuciosamente la *Anatomía de Gray*, aprendiendo de memoria nombres de nervios y huesos, analizando concienzudamente el *Lancet* y el *New England Journal of Medicine* en busca de casos de estudio que describían misteriosos síndromes clínicos: «Una niña de 10 años con dolores abdominales recurrentes» o «un joven de 22 años con escalofríos y fiebre después de una estancia en Sudamérica». La medicina tenía el atractivo del trabajo detectivesco: observar atentamente, analizar, diagnosticar, ofrecer un tratamiento. Pero empezar una educación médica desde cero a los treinta y cinco años excluía una vida normal durante los años de maternidad.

Además, yo sabía una cosa sobre mi cuerpo; que carece del requisito constitutivo para el tipo de horario que se exige a los médicos: necesita dormir. La noche antes de comprometerme en un posgrado de dos años de preparación para la Facultad de Medicina, soñé que me tiraba de cabeza desde un puente y que caía en una ciénaga de barro. Por la mañana, cancelé todos mis planes médicos.

Pasaron diez años más antes de que encontrara tiempo para abordar el problema como escritora. Durante los años siguientes, merodeé por todas partes en busca de las últimas noticias acerca del cuerpo. Leí docenas de libros y cientos de publicaciones. Visité muchos laboratorios científicos y asistí a congresos, simposios y conferencias. Observé acontecimientos significativos en mi propio cuerpo y lo sometí a numerosas pruebas y experimentos.

Me di cuenta de que fue una buena cosa esperar todo este tiempo. Gran parte de lo que hoy sabemos sobre el cuerpo lo hemos aprendido recientemente a partir de una eclosión de nuevos descubrimientos. Durante los últimos cinco o diez años, la ciencia ha realizado un gran progreso en el conocimiento de los fundamentos biológicos, desde el hambre y la fatiga hasta el ejercicio, la percepción, el sexo, el sueño, incluso el humor. Sabemos cosas sobre el cuerpo que hace una década apenas si podíamos imaginar —exactamente qué regiones del cerebro se activan cuando lee esta frase, por ejemplo, o lo que la acumulación de estrés hace a su línea, o cómo le ayuda el ejercicio a aprender. Esta nueva información ofrece respuestas claras a preguntas que antes parecían estar fuera del alcance de la ciencia: ¿por qué sucumbe usted a un resfriado y su pareja no, aunque ambos hayan estado expuestos al mismo niño enfermo? ¿Existe una base biológica para el argumento conyugal de que esos pantalones rojos hacen juego con esa camisa carmesí? ¿Cómo es que su compañera de trabajo puede comer lo que quiera sin engordar un gramo mientras que usted con sólo mirar un donut ya engorda un quilo?

Durante los últimos diez años, hemos aprendido que el cuerpo humano sólo es un uno por ciento humano y un 99 por ciento microbiano, al menos, en términos de recuento celular.[1] (Que usted y yo no nos *parezcamos* más a un germen se debe al reducido tamaño de las células bacterianas en relación con las nuestras propias.) Sabemos que sólo pensar en hacer ejercicio puede incrementar la masa muscular y que una falta excesiva de sueño puede conducir a un gran aumento de peso. Hemos empezado a comprobar que «el ritmo lo es todo»[2] —que si usted quiere que su cuerpo viva en plena forma, debería prestar mucha atención no sólo a lo que hace, sino a cuándo lo hace—.

Parte de lo que hemos aprendido procede de casos de estudio en los cuales las funciones corporales normales han fallado. Como dijo el anatomista inglés del siglo XVII Thomas Willis, «La naturaleza acostumbra a desvelar sus misterios secretos más abiertamente sobre todo en los casos en que muestra indicios de funcionamiento al margen del camino establecido».[3] De cuando se pierde el apetito hemos comprendido la esencia química del hambre. De no conseguir reconocer las caras hemos cosechado nuevos conocimientos sobre el milagro de la percepción del rostro; de alguien que «perdió el contacto» hemos aprendido la biología de una caricia.

Otros avances científicos han surgido de las innovadoras herramientas para observar el interior del cuerpo. En los siglos anteriores, el conocimiento había necesitado extrañas lesiones para poner al descubierto las hasta entonces ocultas interioridades de un paciente desafortunado. Lo más parecido a una ventana real para ver el funcionamiento de un órgano era accidental: un agujero casual en el estómago de Alexis St. Martin, por ejemplo, que dio a un médico del ejército llamado William Beaumont una profunda perspectiva del órgano digestivo que intervenía. Esto fue seguido por las primeras fotografías de rayos X en el siglo XX, que ofrecían una imagen clara, aunque estática, de los huesos en su brumoso envoltorio de carne. En los últimos diez o veinte años, las nuevas técnicas de imagen —tomografía de emisión de positrones (PET) e imágenes de resonancia magnética funcional (fMRI)— y las formas de «escuchar» la actividad de las células han permitido una observación detallada del interior del cuerpo humano vivo y en funcionamiento. Los escáneres cerebrales han revelado con un brillante foco lo que ocurre en el cerebro en tiempo real cuando reconocemos una cara, aprendemos una lengua nueva, nos orientamos en una ciudad bizantina, escuchamos una sonata de Bach o nos reímos de un chiste. Con herramientas que nos permiten espiar en las células del intestino humano, hemos descubierto la existencia de un «segundo cerebro» ahí, a la vez que un mundo de organismos vivientes en su retorcida tipología de vellosidades y criptas inestinales.

Asimismo, los enormes avances en genética nos han ayudado a explorar de una forma totalmente nueva el funcionamiento básico de órganos, tejidos y células. La parte fundamental de los nuevos conocimientos sobre los genes humanos se ha deducido del estudio de otros organismos: ratones, moscas de la fruta, peces cebra. Para gran deleite de los científicos, los mecanismos que gobiernan a las criaturas, desde los hongos hasta los humanos, tienen muchas veces una base común. Lo que se puede aplicar a la modesta levadura, también se le aplica a usted.

Entre los fascinantes descubrimientos está este: una parte esencial de nuestra vida interna es rítmica. «Nuestro cuerpo es como un reloj», escribió el erudito Robert Burton en 1621.[4] Y es verdad. No sólo nos preocupamos por el tiempo, sino que nuestro cuerpo también lo hace, y en profundidad. El cuerpo humano posee un auténtico taller de relojes internos que miden nuestras vidas. Estos guardianes del tiempo van descontándolo en un reloj «maestro» situado en el cerebro y en las células individuales de todos nuestros tejidos, y afecta a todo, desde la hora a la que preferimos levantarnos por la mañana hasta la exactitud de nuestra lectura de un texto por la tarde, nuestra velocidad durante una carrera nocturna, incluso la fuerza de un apretón de manos en una fiesta de madrugada. Normalmente no somos conscientes de los ritmos internos que generan esos relojes, y sólo los notamos con vividez cuando abusamos de ellos, durante un cambio de trabajo, un *jet lag* o el ajuste a las horas del cambio horario estacional para el ahorro energético. Y sin embargo, ellos gobiernan las fluctuaciones diarias de una sorprendente variedad de tareas corporales, desde el funcionamiento de los genes individuales hasta nuestros comportamientos complejos —nuestro rendimiento deportivo, la tolerancia al alcohol, nuestra respuesta a los desafíos cognitivos—. Programar nuestras acciones para estar en consonancia con esos ritmos puede maximizar nuestro rendimiento en una reunión o minimizar nuestro dolor de muelas. Al desafiarlos, podemos causarnos a nosotros mismos un auténtico daño.

Este libro trata de la nueva ciencia de nuestro cuerpo, de los numerosos acontecimientos, intrincados e intrigantes que ocurren en su interior durante las veinticuatro horas del día. Naturalmente, no existe un día típico. Tampoco hay una experiencia corporal típica. (Al utilizar la primera persona, he tomado prestada una táctica de Thoreau: «Yo no hablaría tanto de mí mismo si hubiera alguien a quien conociera igual de bien».)[5] Los físicos se ocupan, en general, de cosas que son iguales, como electrones y moléculas de agua. Pero los biólogos tienen que ocuparse de una diversidad asombrosa. No hay dos animales iguales, aunque sean clones. Lo mismo puede aplicarse a dos células y a dos moléculas de ADN. Y aunque las investigaciones más recientes sugieren que los humanos somos genéticamente más parecidos que diferentes, indudablemente estamos marcados por millones de diminutas pero significativas diferencias anatómicas, fisiológicas y de comportamiento. Divergimos en nuestros apetitos y metabolismos, en nuestros gustos y en la forma de ver. Nos diferenciamos en la forma de tolerar el estrés y de procesar el alcohol, y en la hora a la que preferimos irnos a dormir o levantarnos. Lo que para un hombre es un tónico, para otro es un veneno. Lo que estimula a una mujer, a otra le causa un trauma. La hora de ir a dormir de una persona es la hora de amanecer de otra.

Incluso dentro de un mismo individuo reina la variación. Durante el curso de un día, un año, una vida, somos muchas personas diferentes. Como dijo Montaigne, entre nosotros y nosotros mismos hay la misma diferencia que entre nosotros y los demás.

Sin embargo, todos compartimos experiencias corporales comunes. Un solo libro no puede cubrirlas todas, ni siquiera ésas que suceden dentro de los confines de un solo día. La elección de los temas que he tratado aquí refleja mis propias preocupaciones, además de lo que supongo debe resultar interesante para otros. Desde la caricia al orgasmo, de la multitarea a la memorización, de idear a estresar, de echarse una cabezada a dormir, todo está aquí.

LA MAÑANA

> El resplandor de una nueva página
> donde todo puede suceder.
>
> Rainer Maria Rilke,
> *El libro de las horas*

Capítulo 1
Despertar

Mis ojos se abren lo justo para fijarse en el despertador: las 5.28 a.m., dos minutos antes de que suene la alarma. Salvo por los distantes trinos aflautados de un pájaro cantor, el mundo está en silencio. Aunque las estrellas ya se desvanecen, pasará otra hora antes de que los primeros rayos del sol despunten en el horizonte.

Quizá usted sea como yo: se anticipa al despertador, se despierta un minuto o dos antes de que suene con toda su fuerza. Probablemente no sea la falta de sueño lo que le ha despertado. Entonces, ¿qué ha sido? Algunas personas afirman que hace falta un aura de sutiles estímulos desencadenantes, esos sonidos característicos de las primeras horas de la mañana, como el inicio de ruidos en la carretera, el paso de un camión de reparto o incluso el ruidito que hace un despertador justo antes de sonar.[1] Es verdad que el cerebro es muy bueno procesando sonidos mientras dormimos; por eso compramos despertadores que se oigan. No compramos despertadores de olor por razones igualmente buenas. Aunque algunas personas juran que se despiertan de un sueño profundo por un olor pútrido a mofeta o por el aroma embriagador del café recién hecho, un nuevo estudio apunta en otra dirección: los científicos de la Brown University documentaron un completo fracaso en la respuesta a olores potentes como la menta y la claramente nociva piridina, un componente del alquitrán que se utiliza a menudo como herbicida para la leña, en absolutamente todas las fases del sueño, salvo la primera.[2] Los investigadores afirman que no hay que contar con la nariz como sistema de centinela: «El olfato humano no es capaz formalmente de alertar a una persona que duerme».

En cualquier caso, cada vez hay más pruebas que sugieren que el estímulo desencadenante quizá no se encuentre fuera de nuestro cuerpo, sino en su interior, en una especie de alarma pequeña y brillante localizada en la mente que prepara al cerebro para su despertar. Cuando Peretz Lavie, un investigador del sueño del Technion-Israel Institute of Technology, estudiaba si la gente se despierta espontáneamente a una hora determinada sin necesidad de estímulos externos, se llevó una sorpresa: muchos de los sujetos de su estudio se despertaban diez minutos antes o después de la hora señalada, aunque fueran las 3.30 a.m.[3] Ésta es una proeza verdaderamente notable de predicción del tiempo, que probablemente excede la capacidad de la mayor parte de la gente para calcular la hora durante el período de vigilia. Otro estudio reveló que la mera expectación de que el sueño terminaría a una hora determinada estimula el 30 por ciento de la concentración en sangre de la hormona del estrés adrenocorticopina (ACTH), señal inequívoca de que el cerebro se prepara para despertarse.[4]

En algunos de nosostros al menos, el subconsciente mantiene un contacto meticuloso con la hora del reloj incluso al dormir, de modo que el cerebro «espera» un suceso programado, como una hora establecida para despertarse, igual que ocurre durante la vigilia, y desencadena la liberación de sustancias químicas diseñadas para ponernos en marcha. La anticipación —que antiguamente se creía una capacidad sólo de la mente consciente— puede tener lugar, en realidad, mientras dormimos, permitiéndonos (o condenándonos) a despertarnos espontáneamente a la misma hora prevista.

¡Qué misterios!

Pero quizá usted no tenga este problema; quizá usted se cuenta entre la gran mayoría que se despierta sobresaltada con el sonido real del despertador, un estallido de música o el parloteo del locutor de su radio-despertador. Para usted, el ritual matutino comienza con un apretón del botón de alarma para arañar diez minutos más de sueño. Todo indica que usted los necesita;

eso y más. En una nación que presenta una media de menos de siete horas de sueño en lugar de las óptimas ocho horas, la mayor parte de la gente está ligeramente falta de sueño, en especial durante la semana laboral.[5] Por desgracia, las cabezaditas que echa mientras aporrea el despertador una y otra vez no son reparadoras ni relajantes, según dicen los especialistas, sino ligeras y fragmentadas.[6] Incluso aunque dormitara hasta el siguiente timbrazo de su despertador, sus expectativas de despertarse afectarían a la calidad del sueño.

Naturalmente, están aquellos que dormirán obstinadamente a pesar de la más estridente de las alarmas. Para esos dormilones tenaces, en 1855 se registró una patente de cama proyectable. Si el roncador impenitente ignoraba una alarma incorporada, se soltaba el riel lateral volcando la cama de forma que el indolente ocupante caería al suelo.[7] Recientemente un inteligente equipo del Massachussets Institute of Technology ha diseñado un aparato ligeramente más humano: el «Clocky», una alarma robótica rizada y esponjosa que rueda de la mesilla de noche y se desplaza rápidamente sobre unas ruedecitas para esconderse en algún rincón de la habitación.[8] Cada día encuentra un escondite diferente. La laboriosa tarea de encontrar a Clocky, dicen los inventores, debería evitar que incluso el más dormilón de los propietarios vuelva a meterse en la cama.

Yacer un minuto en esa zona imprecisa entre la vigilia y el sueño, conocida como estado hipnopómpico (del griego «sueño» y «expulsar»), que permite a la mente deslizarse hasta la vigilia y deleitarse con la llegada lenta y hermosa del día. Pocos de nosotros podemos permitirnos ese lujo. Si despertar parece una tarea agotadora, es porque lo es; con el despertar se producen breves pero violentos cambios en el ritmo cardíaco y en la presión arterial y un máximo en los niveles en sangre de la hormona del estrés cortisol.

El estado de alerta sobreviene lentamente. El aturdimiento y la desorientación que se producen inmediatamente después del despertar se conoce como inercia del sueño y la padece prácticamente todo el mundo. «El cerebro no pasa de 0 a 60 en siete segundos», bromea Charles Czeisler, un investigador de los ritmos de la Universidad de Harvard.[9] La mayoría de nosotros presenta un rendimiento muy pobre en las tareas mentales y físicas al amanecer en comparación con los que mostramos antes de irnos a dormir. «Resulta irónico —afirma Czeisler—, pero el rendimiento cerebral en la primera media hora después de despertarse es peor que si hubiéramos estado levantados veinticuatro horas». Esta útil información fue descubierta de la peor manera por las fuerzas aéreas norteamericanas en la década de 1950. Establecieron la práctica de enviar a los pilotos a dormir cada noche a la cabina de sus reactores en la pista de manera que estuvieran listos para partir al instante. Se despertaba a los pilotos en sus cabinas y se les ordenaba despegar; la tasa de accidentes se disparó y esta práctica fue prohibida.

Cuando un equipo de investigadores cuantificó formalmente los efectos de la inercia del sueño en 2006 descubrió que las habilidades cognitivas de los sujetos estudiados eran, al despertar, tan malas, al menos, como si los sujetos hubieran estado borrachos desde un punto de vista legal.[10] Aunque la peor parte de la inercia del sueño se disipa en unos diez minutos, sus efectos pueden durar hasta dos horas.

El grado de inercia del sueño que se experimenta depende en parte de la fase del sueño en la que despertamos. El grupo de Lavie descubrió que las personas que despiertan en la fase conocida como de movimiento ocular rápido (REM) pueden orientarse con rapidez en su entorno y tienden a ser más locuaces y mentalmente ágiles.[11] Según Lavie, el sueño REM es una especie de antesala del despertar, la que mejor suaviza la transición al despertar. (También se caracteriza por los sueños intensos y vívidos, lo cual explica el recuerdo lúcido y fresco de algunos sueños al despertar.)

Por otra parte, los que tienen la mala suerte de ser catapultados a la conciencia desde un sueño profundo no REM por el discordante timbrazo de un despertador serán propensos a la desorientación, con ese sentimiento de «¿dónde estoy?». Para eliminar esos desagradables despertares, los Laboratorios Axon Sleep Research han presentado una especie de *doppelgänger* de Clocky llamado SleepSmart, que monitoriza nuestro ciclo de sueño y nos despierta en la fase REM más ligera.[12] Una diadema descrita como «mínima, cómoda y pulcra» que se ajusta con electrodos y un microprocesador que mide las ondas cerebrales durante cada fase del sueño y transmite la información a un reloj próximo a la cama programado para despertarle en el último momento. El reloj se cuida de todo lo demás, despertándole durante la última parte de la fase más ligera del sueño antes de la hora cero.

El hecho de pasar con brusquedad o lentitud al estado de alerta por la mañana también depende de nuestro cronotipo, una especie de perfil aviario que describe nuestra naturaleza rítmica —como una alondra o como un búho.[13] Los cronotipos de alondra emiten su canto con la salida del sol; los búhos son los compañeros de la noche.

En una ocasión oí a la escritora Jean Auel decir que su cerebro funciona mejor después del atardecer. Se pone a trabajar a las once o doce de la noche y acaba a las siete de la mañana, y entonces se va a dormir. Duerme hasta las cuatro de la tarde, se levanta, come con su marido —la comida de él, el desayuno de ella—, se va a la ciudad y finalmente se pone de nuevo a trabajar a medianoche. Afirma que esta vida extrema de «sombra» como un búho no le afecta.

Éste es también el patrón del gran genetista Seymour Benzer, cuyos estudios frecuentemente nocturnos de la mosca mutante de la fruta le ayudaron a descubrir la base genética de nuestros ritmos corporales diarios.[14] La jornada de trabajo de Benzer es la mitad de la noche; dice que si se le obliga a comenzar su trabajo por la mañana, como el común de la gente, se arriesga a tener un accidente.

En el otro lado del espectro de Auel y Benzer están alondras extremas, los que tienen debilidad por el excelente trabajo de las panaderías, que se quedan dormidos a las 7 u 8 p.m. y se despiertan llenos de energía a las 3 o 4 a.m. Los dos cronotipos extremos pueden parecer tan diferentes el uno del otro como la gente que ha nacido en siglos diferentes o en puntos del planeta diferentes: las alondras se levantan al tiempo que los búhos se van quedando dormidos. Los «pájaros» difieren dramáticamente en el momento de máxima alerta (las 11 a.m. las alondras, las 3 p.m. los búhos), en ritmos cardíacos (11 a.m. las alondras, 6 p.m. los búhos) y en la hora de comer preferida, el ejercicio favorito y el consumo diario de cafeína (tazas las alondras, cafeteras los búhos).¹⁵

Till Roenneberg, un cronobiólogo de la Universidad de Múnich, ha descubierto que los cronotipos extremos de búho son tres veces más habituales que los cronotipos extremos de alondra.¹⁶ La mayoría de la gente está en medio, con cierta inclinación a uno u otro extremo. Las mujeres tienden a ser un poco más del tipo alondra que los hombres. Usted mismo puede valorar su propia condición rellenando un simple cuestionario diseñado por el equipo de Roenneberg, que le plantea preguntas como: ¿a qué hora se despierta normalmente los días laborables? ¿Y los festivos? ¿Cuándo se siente completamente despierto? ¿A qué hora se toma un tentempié energético? ¿Cuál sería su hora ideal para despertarse?¹⁷

Aquí habría que subrayar que, a pesar de los numerosos proverbios alabando las virtudes de las alondras (la frase de Benjamin Franklin «Quien pronto se acuesta, pronto se levanta», «A quien madruga, Dios le ayuda», etc.), la ciencia apunta que no hay nada ventajoso, ni en cuanto a la salud ni al dinero, en ser una persona madrugadora, ni tampoco es un síntoma de bienestar mental. No hace mucho, un grupo de investigadores británicos se dispusieron a corroborar la sabiduría gnómica de Franklin con ayuda de datos recogidos entre más de 1.200 hombres y mujeres ancianos. Pero tras examinar los efectos de la hora de acostarse y levantarse sobre la salud, las circunstancias materiales y la función cognitiva, los investigadores descubrieron que los búhos eran, de hecho, mucho más ricos que las alondras, y que había una diferencia muy escasa entre la salud y la inteligencia de ambos.¹⁸

En cualquier caso, tenemos muy poca elección acerca del pájaro al que nos parecemos. Los hábitos cotidianos de las alondras y los búhos no son el resultado de las diferencias en la personalidad, como se creía antiguamente, sino en la naturaleza de nuestro reloj biológico interno. Hace casi diez años, Hans van Dongen, de la Universidad de Pensilvania demostró que el reloj biológico del tipo medio madrugador está más «adelantado» que el del tipo trasnochador —esto es, funciona con adelanto, unas dos horas aproximadamente.¹⁹ Según Van Dongen, aunque usted pueda vencer su inclinación, probablemente no pueda cambiarla.[20] Seguramente, su parecido con las alondras o los búhos forma parte integrante de su biología.

«El tiempo es la sustancia de la que estoy hecho», escribió el escritor argentino Jorge Luis Borges.[21] Cuanta intuición encierran estas palabras. Como biólogos en los últimos diez años hemos descubierto que el tiempo penetra en la carne de todos los seres vivos —y por una razón muy poderosa: evolucionamos en un planeta cíclico.

Para poder comprenderlo, vamos a remontarnos miles de millones de años, a un mundo primigenio donde todos los organismos son unicelulares y flotan en un mar cálido y primitivo.[22] El sol brillante del mediodía alterna con la fría oscuridad de la noche, un día tras otro, de forma periódica, previsible, durante billones de millones de días. Luz y oscuridad, calor y frío: en la matriz de esos altos y bajos, idas y venidas cotidianas, se desarrolla la vida. A falta de una pantalla de ozono, la radiación ultravioleta, dañina para la vida, bombardea la superficie terrestre durante todo el día. Para evitar los perjudiciales rayos solares, los organismos limitan ciertos procesos bioquímicos frágiles o sensibles al oscuro amparo de la noche, generando un metabolismo rítmico. Algunos desarrollan sensores para distinguir la ocurrencia de la luz solar, al principio simples células sensibles a la luz, y más tarde ojos sofisticados que les ayudan a detectar las sutiles transiciones de sol a sol.

Y he aquí la genialidad. Algunas formas de vida desarrollan genes, células y sistemas corporales capaces de generar sus propios ritmos internos diarios perfectamente sintonizados con la hora planetaria, lo que se conoce como ritmos circadianos (del latín *circa*, alrededor, y *dies*, día). El camino discurre desde esos sensores de luz hacia esos relojes circadianos con el fin de ayudar a sincronizar los ritmos internos con la luz solar. «De esta forma —dice el biólogo Thomas Wehr—, el temporizador circadiano crea un día y una noche en el interior del organismo que refleja el mundo exterior.»[23]

Estos temporizadores son tan sensibles a la luz que incluso la más tenue iluminación puede reajustarlo y ponerlo a cero.[24] La luz del sol es el *zeitgeber* o temporizador que los gobierna; él establece su ritmo para que permanezcan en sintonía —o progresen— con patrones alternos de luz y oscuridad, de tal forma que en verano, el día biológico es largo y en invierno, es corto. Cuando subimos la persiana por la mañana, unas células especiales sensibles a la luz que se encuentran en la retina miden el resplandor y registran el amanecer en el oscuro nacimiento del cerebro, ajustando nuestro reloj circadiano a los ritmos cósmicos.[25]

Sin embargo, los ritmos del temporizador son tan fuertes y fiables que se mueven continuamente y persisten incluso en ausencia de estímulos ambientales. La ciencia ha logrado descubrirlo gracias a estudios en los que se aisla a los sujetos de estímulos ambientales durante semanas. Sin ninguna pista sobre la alternancia de día y noche, su cuerpo comenzaba a disociarse del ciclo solar, aunque se mantuvo fiel a un ciclo de veinticuatro horas de vigilia y sueño, y otros ritmos corporales. (Estos patrones diarios persistentes se conocen como ritmos libres y están fuertemente arraigados en el genoma de la especie.)

El nuevo sistema ofrece dos grandes ventajas: hacer lo correcto en el momento adecuado en el interior del cuerpo y también anticipar las transiciones diarias y adaptar el comportamiento al entorno como corresponde. Al llevar en su interior este modelo cósmico, el cuerpo va un paso por delante de los cambios que se producen en él, preparándose para el alimento, el aparejamiento, los depredadores y los extremos de temperatura que conllevan el día y la noche.

«Reloj» parece un término demasiado endeble para designar esta poderosa influencia sobre nuestro cuerpo. Aunque hay fuertes presiones para mantener constantes las condiciones corporales, el instinto circadiano provoca fluctuaciones dramáticas durante las veinticuatro horas del día. Como constató Emerson, todo parece estable hasta que se conoce su secreto.[26]

Vamos a considerar la temperatura corporal.

Quizá usted se acaba de dar una ducha. Para despertarse y ponerse en marcha, algunas personas recomiendan darse una ducha de «contraste», alternando agua caliente y fría. (Esta técnica cumple una doble función: despertar a los demás con los gritos que acompañan a la fase de frío.) Los receptores del calor que se encuentran justo debajo de la superficie de la piel detectan temperaturas de hasta 113 °F (45 °C); los receptores del frío hasta unos 50 °F (10 °C). Por debajo o por encima de estas temperaturas, comienzan a notarse los efectos de los receptores del dolor. Pero incluso aunque deje correr el agua hasta que esté muy caliente o muy fría, el núcleo de su temperatura corporal no cambiará mucho. (De pasada, la cifra para aludir a la temperatura media corporal que todos conocemos tan bien —98,6 °F [36,6 °C]— es errónea. Estudios minuciosos realizados con millones de mediciones han revelado que la verdadera temperatura corporal media de la mujer es de 98,4° F [36,6 °C] y la del hombre, 98,1 °F [36,6 °C].)[27] El cuerpo es tan hábil para mantener su temperatura relativamente constante pese a los cambios en el entorno, que un campeón de natación en agua fría como Lynne Cox puede conservar su calor corporal en los gélidos mares antárticos y un corredor de maratón puede mantener su frescor a 120 °F (48,8 °C) en el Valle de la Muerte.

Muchos de nosotros nos mostramos indiferentes ante nuestro truco para mantener una temperatura y otras condiciones internas estables —se denomina homeostasis, de los términos griegos «similar» y «estabilidad»—,[28] pero es un fenómeno absolutamente extraordinario. El cuerpo mantiene su medio interno vigilando de forma constante los niveles de glucosa, dióxido de carbono, hormonas, temperatura, incluso el pH del fluido espinal. Esos niveles oscilan dentro de un conjunto de valores energéticos que constituyen la normalidad. Una compleja e intrincada red de nervios y hormonas en el interior del cuerpo detecta la desviación de este conjunto de valores y los rectifica enviando la orden a los sistemas adecuados, los cuales ponen en marcha mecanismos correctivos.[29]

Sin embargo, recientemente hemos descubierto que nuestro conjunto de valores no son en absoluto un conjunto;[30] en realidad realizan un ciclo dentro de un ritmo circadiano, variando según la hora del día —con profundas consecuencias sobre cómo funcionamos y cómo nos encontramos. La temperatura corporal, por ejemplo, normalmente varía unos dos grados Fahrenheit (aproximadamente 1 °C) a lo largo del día, comenzando por ser baja, a unos 97 °F (36,1 °C) a primera hora de la mañana (por tanto, una temperatura de 98,6 °F (36,6 °C) al levantarnos equivale a una fiebre moderada) y subiendo hasta alcanzar los 99 °F (37,2 °C) o incluso 100 °F (37,7 °C) al anochecer. Estas oscilaciones en la temperatura afectan a todo tipo de experiencias corporales: cuando nuestra temperatura diaria alcanza su máximo, también lo hace, por ejemplo, nuestra tolerancia al dolor y la flexibilidad muscular, la rapidez de reflejos y la coordinación mano-ojo.

El ritmo cardíaco y la presión arterial también varían durante el día, junto con el número de leucocitos en circulación, los niveles de hormonas y neurotransmisores, e incluso la velocidad del flujo sanguíneo en el cerebro. El ritmo cardíaco y la presión sanguínea aumentan lentamente a lo largo del día; la hormona del estrés, el cortisol, circula. Al anochecer, aparece la «hormona de la oscuridad», la melatonina, y se produce una caída gradual de la temperatura, el ritmo cardíaco y la presión sanguínea, y un lento aumento del cortisol hasta que alcanza su máximo a primera hora de la mañana, bastante antes de despertarnos.

Estas oscilaciones circadianas constituyen una cuestión trivial. Si los médicos no las tienen en cuenta, todas las mediciones que se realicen a un individuo determinado, desde la presión sanguínea al ritmo cardíaco, el recuento de esperma a las reacciones alérgicas, pueden resultar gravemente distorsionadas. (Algunos científicos argumentan incluso que toda observación clínica «debería llevar estampada la hora».)[31] El resto de nosotros podemos utilizar nuestro conocimiento de esos altibajos corporales para realizar buenas elecciones personales.[32] Para evitar un sangrado excesivo, es mejor afeitarse a las 8 a.m., cuando los trombocitos responsables de la coagulación sanguínea son más abundantes y pegajosos que a otras horas del día (lo que también explica la razón por la que los ataques cardíacos alcanzan su máximo a esta hora). Para huir de esas puntadas dolorosas en el sillón del dentista, programe su visita por la tarde, cuando el umbral del dolor dental es más elevado. Si desea minimizar el daño del alcohol sobre su cuerpo, bébase esa cerveza o ese vaso de vino entre las

5 y las 6 p.m., cuando el hígado es en general más eficiente para eliminar la toxicidad de la bebida. Y si quiere establecer un récord en atletismo, programe la carrera a última hora de la tarde o primera hora de la noche.

Según la cronobióloga Josephine Arendt, la influencia de nuestros ciclos circadianos es tan dominante «que sería razonable afirmar que todo lo que ocurre en nuestro cuerpo es rítmico hasta que se demuestre lo contrario».[33]

Entonces, ¿dónde está nuestro pequeño marcador? Vaya un minuto al lavabo y mírese en el espejo. Si pudiera mirar en el oscuro interior de su cráneo, vería un par de minúsculas estructuras con forma de ala en el hipotálamo cerebral, justo detrás y debajo de los ojos, una en el hemisferio derecho y otra en el izquierdo. Estos racimos de diez mil neuronas, que se conocen colectivamente como núcleo supraquiasmático (SCN) albergan el reloj maestro del cerebro.[34] El núcleo supraquiasmático mide el paso de las veinticuatro horas del día produciendo y utilizando proteínas especiales de un patrón circadiano. Controla y organiza los grandes ritmos del cuerpo de tal modo que sus funciones de sueño sean óptimas por la noche y sus funciones de vigilia lo sean durante el día. (Cuando se destruye el núcleo supraquiasmático en animales de laboratorio, sus actividades —correr, comer, beber, dormir— no siguen un patrón normal de veinticuatro horas sino que se distribuyen aleatoriamente durante la jornada.)

Con un espejo de cuerpo entero y un poco de ingeniería genética, también podría observar el resto de su cuerpo. Ahora sabemos que el cuerpo no tiene un solo reloj, sino miles de millones: los guardianes circadianos van descontando en prácticamente cada ápice de tejido, en el riñón, el hígado y el corazón, en la sangre, los huesos y los ojos. En un estudio realizado en 2004, los investigadores insertaron un gen de luciferasa, una proteína que confiere a las luciérnagas su luminiscencia, para demostrar en tiempo real los ritmos circadianos de las células de los tejidos periféricos.[35] Y allí estaban: células de todos los rincones del cuerpo, «parpadeando» en un latido circadiano.

A pesar del reloj maestro situado en el núcleo supraquiasmático que supervisa los ritmos cíclicos corporales, los relojes genéticos encapsulados en las células de los tejidos y órganos periféricos pueden seguir sus propias rutinas diarias, provocando picos y depresiones de actividad a diferentes horas del día en sus ubicaciones respectivas para garantizar que un órgano determinado tiene lo que necesita cuando lo necesita y regulando sus actividades de acuerdo con sus propias prioridades.[36] El reloj de las células cardíacas, por ejemplo, establece sus propios ritmos diarios para la presión arterial, y los de las células hepáticas para la digestión y para el metabolismo de toxinas, como el alcohol.

Los relojes periféricos corporales se han equiparado a las secciones instrumentales de una orquesta. El núcleo supraquiasmático es el director, que coordina los ritmos específicos generados por estos pequeños relojes y que los sincroniza de acuerdo con señales luminosas que recibe del mundo exterior. Pero los relojes periféricos pueden desmarcarse y actuar por su cuenta —un fenómeno del que nos damos cuenta cuando se interrumpe la sinfonía al viajar con diferencias horarias o si se trabaja de noche.

El núcleo de todos los relojes del taller es una constelación de genes. Pequeñas variaciones en los genes de esos relojes pueden significar la diferencia entre los pájaros madrugadores, que ya han amanecido felices al alba, y los que se asemejan más a los búhos, que se arrastran durante las horas de la mañana y avanzan veloces a medianoche.

Louis Ptáček y sus colegas de la Universidad de Utah fueron los primeros en revelar una conexión genética directa para los pájaros extremadamente madrugadores.[37] El equipo descubrió que una familia del tipo extremo de alondra que habitaban en Utah —pacientes con un desorden conocido como síndrome familiar de la fase de sueño adelantado, que se quedaban dormidos a las 7 p.m. y se despertaban a las 2 a.m.— presentaban una mutación en el gen del reloj central activo en el núcleo supraquiasmático llamado *Per2*. Desde entonces, el equipo de Ptáček ha identificado a sesenta familias con este gen. «A estas familias les habían dicho que se retiraban a dormir tan pronto porque estaban deprimidas y eran antisociales», afirma Ptáček. Ahora está claro que padecen un desorden relacionado con los genes de su reloj.

Científicos británicos han demostrado que las alondras y los búhos extremos también tienden a ser portadores de versiones ligeramente diferentes del gen del reloj *Per3*.[38] Con una coherencia notable, los muy madrugadores tenían una variación más larga del gen que los más trasnochadores.

Las preferencias más moderadas de mañana-noche también se han puesto en relación con tales variaciones genéticas. Un equipo de científicos entregó a 410 sujetos un auto-test alondra-búho para identificar sus preferencias por ciertas actividades a ciertas horas del día —la hora de levantarse, el nivel de alerta al despertar, la hora favorita para la práctica deportiva y para realizar tareas intelectuales— para ver en qué punto del espectro se situaban. El equipo también tomó muestras de sangre de los sujetos y comprobó la composición de uno de sus genes del reloj. Esos sujetos con una variación en el gen mostraron una preferencia marcada por la nocturnidad, con un retraso de hasta cuarenta y cinco minutos respecto a las alondras, en sus horas preferidas para diversas actividades.[39]

Como han puesto de manifiesto dos importantes investigadores del ritmo, «parece que nuestros padres —a través de su ADN— continúan influyendo en nuestra hora de irnos a dormir».[40]

Naturalmente, los genes no son toda la historia. La edad también importa. La transición de la niñez a la adolescencia, especialmente, con frecuencia es testigo de cambios dramáticos en las tendencias aviarias. Cuando Till Roenneberg estudió los hábitos de veinticinco mil personas de edades comprendidas entre los ocho y los diecinueve años, descubrió que los niños son habitualmente pájaros madrugadores, aunque comienzan a ser más trasnochadores cuando entran en la adolescencia.[41] Los niños que tienen tantas ganas de levantarse a las 6 a.m. se transforman en adolescentes que no quieren levantarse hasta el mediodía —como saben todos los que hayan intentado sacar a un adolescente de la cama por la mañana para ir a clase—. Los días festivos y los fines de semana, los adolescentes retrasan su fase de sueño casi tres horas. Este patrón persiste hasta la edad de diecinueve y medio para las mujeres, casi veintiuno para los hombres. De hecho, según Roennenberg, el máximo en la nocturnidad puede utilizarse como marcador biológico para el fin de la adolescencia. Después de esto, el péndulo aviario retrocede y retornamos a un patrón más madrugador.

La luz también tiene relación: la investigación llevada a cabo por Roenneberg sugiere que las personas que pasan al aire libre más de treinta horas a la semana tienden a irse a dormir y a levantarse dos horas antes que los que sólo pasan diez horas a la semana.[42] Pasar solamente una o dos horas diarias a la luz natural puede avanzar nuestro reloj hasta cuarenta y cinco minutos, afirma Roenneberg. De modo que, si queremos dirigir nuestro cuerpo hacia un extremo más madrugador, hay que tratar de ir y volver andando al trabajo o tomarse una larga pausa a mitad del día.

Jóvenes o viejos, alondras o búhos, no estamos en el mejor de los casos en cuanto a despertar. Recientemente tomé parte en un estudio psicológico en el cual se me pidió observar mi estado de alerta durante el curso del día. Llevaba un Palm Pilot a todas horas y cada vez que sonaba, respondía a varias preguntas y después realizaba un rápido test para medir mi tiempo de reacción.

La primera hora de la mañana era embarazosa.

Incluso cuando ya me habían confirmado que era una alondra, sé que necesito tiempo para barrer las telarañas de la inercia del sueño y emprender el día con todos los sentidos alerta —tiempo y una droga, concretamente la potente sustancia que suele encontrarse en una taza de café cargado—.

Soy una completa adicta. En una ocasión, en un viaje a un remoto pueblo del norte de China, pasé la noche en unas viejas barracas del ejército que tenían las ventanas rotas, un agujero practicado en el suelo a modo de urinario y un colchón cosido a quemaduras de cigarrillo. Sabiendo que el café sería escaso, me llevé un poco de café molido y una cafetera francesa para hacer mi propio café. Pero no se podía hervir agua. Confieso que para solucionar mis apuros matinales me puse a masticar el café en seco.

El intenso aroma, la cafetera humeando: el propio ritual ya promete lucidez.

Bach adoraba el café.[43] Y también Balzac, Kant, Rousseau, Voltaire, del cual se cuenta que tomaba docenas de tazas de café al día —y mi madre, que consumía la modesta cantidad de seis—. Hace doscientos años, Samuel Hahnemann señaló que a los que beben café, «se les disipa el sueño, y una energía artificial, un estado de vigilia robado a la Naturaleza ocupa su lugar».[44] Actualmente, los granos de café constituyen la mercancía más extendida después del petróleo, y la cafeína es la droga psicoestimulante de uso más común. Más del 80 por ciento de la gente la consume en una u otra forma, en café, té, mate, cacao, cola.[45] Los miembros de la tribu jíbara achuar de las regiones amazónicas del Ecuador y Perú se despiertan cada mañana bebiendo una infusión de hierbas procedentes de las hojas de un acebo sudamericano, *Ilex guayusa*, que contiene la cafeína equivalente a cinco tazas de café. Este brebaje es tan fuerte que los hombres normalmente lo vomitan en su mayor parte con el fin de evitar los síntomas de una sobredosis: dolor de cabeza, sudor, nervios.[46]

Para desterrar mi propio aturdimiento matinal, dependo del zumbido de los 300 o 400 miligramos de cafeína que contienen las dos tazas de café cargado que me tomo de golpe. Los nuevos estudios sugieren que la ingesta de cafeína de este modo —en una dosis grande, como los jíbaros achuar— no producen una sacudida en la cabeza. Charles Czeisler y su equipo de investigadores de Harvard descubrieron que una sola dosis de cafeína puede provocar un rápido máximo en el estado de alerta, pero que muy pronto desciende. La forma más eficaz de combatir la fatiga, mejorar la función cognitiva y evitar los nervios es tomar el café en pequeñas dosis, dos onzas líquidas (60 ml) cada hora aproximadamente.[47]

La razón por la que la cafeína tiene un efecto tan potente sobre el cuerpo no ha llamado la atención hasta hace poco.[48] La sustancia se distribuye por todos los tejidos y fluidos corporales a partir del torrente sanguíneo, sin acumularse en ningún órgano en especial, sino que circula uniformemente por la sangre —y en el fluido amniótico y el tejido fetal—. Eleva ligeramente la tensión arterial, dilata los bronquios pulmonares y facilita al cuerpo un acceso más rápido de los combustibles a la sangre. En los riñones incrementa el flujo de orina; en el colon actúa como laxante. Incluso estimula un poco el ritmo metabólico, lo cual acelera ligeramente la combustión de grasas. En el plazo de quince o veinte minutos, el 90 por ciento de la cafeína de una taza de café ha dejado atrás el estómago y los intestinos y ha empezado a afectar al cerebro.[49]

El secreto del poder de la cafeína como estimulante es el siguiente: la droga se une fuertemente a los receptores corporales de adenosina, una sustancia natural de gran importancia en el sueño y la vigilia. A medida que las células del cuerpo consumen energía, producen adenosina como subproducto; cuanto más trabajan, más sustancia producen. La adenosina se une a sus receptores en las células de todo el cuerpo y ralentiza su actividad. De esta manera, deprime el ritmo cardíaco, baja la presión arterial, reduce la liberación de neurotransmisores estimulantes e induce el sueño. La cafeína potencia la alerta uniéndose a los receptores de adenosina e inactivándolos —evitando así que la sustancia química ejerza sus efectos tranquilizantes—.[50] El ajuste de la droga con los receptores de adenosina es tan eficaz que resulta poderoso incluso en dosis bajas.

Por tanto, la cafeína no funciona excitando nuestras células nerviosas, sino impidiendo el proceso por el cual se tranquilizan. Si realmente estimula nuestras funciones cerebrales continúa siendo objeto de debate.[51] En 2005, un equipo de científicos austríacos utilizó el fMRI para observar el efecto de la cafeína sobre el cerebro.[52] Antes de la prueba, un grupo de voluntarios se abstuvo de café durante doce horas. Después la mitad del grupo bebió dos tazas de café y la otra mitad tomó un placebo. Veinte minutos después, los sujetos se sometieron a los escáneres del fMRI mientras realizaban tareas que requerían memoria y concentración. En todos los participantes, las regiones cerebrales que intervenían en la memoria a corto plazo o memoria de trabajo se dispararon. Pero los que habían ingerido cafeína también mostraban una actividad mayor en las partes del cerebro que participaban en la atención y la concentración (al menos, hasta cuarenta y cinco minutos después de comenzar el experimento, cuando la actividad cesaba). Los investigadores sospecharon que el efecto de la cafeína sobre la adenosina podría ser responsable de esos aumentos regionales de la actividad neural.

Sin embargo, todo esto no deja de ser una controversia.[53] Roland Griffiths, un neurocientífico de la Universidad Johns Hopkins, sugiere que los beneficios mentales observados de la cafeína que mucha gente experimenta después del café matutino no son más que una ilusión: después de la abstinencia nocturna, el café sencillamente revierte los síntomas que ésta produce. En opinión de Griffiths, probablemente sin café la alerta también mejoraría por sí sola al cabo de una hora o dos de despertarnos.

Puede que sí. Pero yo no puedo esperar. Ilusión o no, dependo del rápido impacto químico que me libra del aturdimiento matinal y me ayuda a encontrar un sentido al día.

Capítulo 2
Encontrar un sentido

«¿Café?», susurré a mi marido medio dormido. Aunque odio sobresaltarle, sé que mi susurro es preferible al susto de una luz brillante o al timbre de 70 decibelios de su despertador. La mañana llega con la consciencia de experiencias sensoriales, suaves o discordantes. A los pocos segundos de despertar, se pueden ver las estrellas, oler el aire cargado de rocío de la mañana, sentir la ligera presión de una sábana o el suave algodón de una blusa acabada de poner y reconocer una cara de la pareja o una respuesta soñolienta. Las moléculas del olor ascienden por los canales nasales y se adhieren a los receptores alojados en una pequeña parcela de tejido que se encuentra por debajo de los ojos y entre ellos. Las terminaciones nerviosas situadas bajo la superficie dérmica detectan el peso y la textura de la ropa, siempre suave, y convierten esa energía mecánica en impulsos nerviosos que nuestro cerebro interpreta como tacto, pesado o suave, sedoso o rasposo. El sonido de la voz o el zumbido de la alarma llega moviendo las ondas del aire, que finalmente se traducen con exquisita eficiencia en señales eléctricas interpretadas como un discurso, el canto de un pájaro o música. E incluso en la penumbra de un dormitorio oscuro, el bosque de células de la visión contenidas en la retina capta la imagen de un rostro y la proyecta en nuestro cerebro.

En principio parece que no puede haber nada tan simple como esto: el registro fidedigno del mundo en un amplio barrido a través de los diferentes conductos de nuestros cinco sentidos. Aunque se trata de una tarea que incluso el ordenador más potente no realiza demasiado bien, a nosotros nos parece tan natural, tan sencilla, como respirar. Pero en los últimos años la ciencia ha descubierto que no tiene nada de sencilla. Una multitud de nuevos y reveladores descubrimientos está haciendo más compleja nuestra perspectiva de la percepción, cambiándola radicalmente como el giro repentino de un caleidoscopio.

Veamos el olfato. No hace mucho, nuestra capacidad para oler —por ejemplo, la basura podrida o los humos de un coche cuando acelera— se consideraba una habilidad menor de escasa importancia, mal comprendida y en la que presuntamente participaban fragmentos limitados de nuestro cerebro «inferior». En la actualidad el olfato está considerado como un sistema altamente sofisticado y sensible capaz de identificar miles de aromas diferentes, gracias a unos 350 tipos de receptores distintos, y de analizar sus dimensiones en varias zonas del cerebro para avisar del peligro o evaluar los alimentos.[1] Según Jay Gottfried, un neurocientífico de la Northwestern University, nuestros umbrales para la detección de numerosos olores normalmente se encuentran en un rango de partes por mil millones «y realmente podemos distinguir con facilidad dos olores diferentes que difieren únicamente en un solo componente molecular».[2]

Las fragancias —un complejo orgánico de moléculas que penetra en nuestra nariz con el aire que inhalamos— se unen a los receptores de la mucosa que recubren el interior de la nariz. Millones de terminaciones de nervios olfativos, cada uno de los cuales está provisto de docenas de receptores idénticos, penetran en la mucosa para interactuar con el mundo.[3] La señal recibida por el receptor se transmite por el nervio a través de una larga fibra o axón, que discurre por un diminuto agujero del hueso que tiene encima hasta la región cerebral del bulbo olfatorio. En un asombroso acto de autoorganización, los axones se disponen de tal modo que los miles de axones unidos a las neuronas que tienen los mismos receptores convergen en racimos en el mismo punto del bulbo olfativo. Cada aroma desencadena una constelación de esos racimos, que el cerebro interpreta luego en sus diversas regiones.

La cualidad del aroma (fresco o rancio, bueno o malo) se resuelve en la corteza orbitofrontal, esa parte tan esencial del lóbulo frontal que supuestamente interviene en la toma de decisiones, el control del humor y la conducción. La potencia (lo penetrante que es)[4] se interpreta a veces en la amígdala, esa estructura con forma almendrada de gran importancia para el miedo y otras emociones —«pero sólo cuando el olor suscita alguna emoción», afirma Gottfried (por ejemplo, el tufo a león para una gacela por oposición al aroma de un árbol)—.

La identificación de un olor, sea intenso o débil, bueno o malo, penetra en las regiones del cerebro implicadas en la memoria.[5] Un estudio francés de 2005 demostró que el procesamiento del olor activa las regiones de la memoria de ambos hemisferios —al decir de los investigadores, probablemente para ayudar a la mente a recopilar sensaciones relevantes que ayudan a identificar la esencia—.[6] Como dijo uno de los investigadores, «Antes de identificar un olor, primero debemos recordarlo».[7]

Algunos olores pueden transportarnos hacia atrás en el tiempo hasta una profunda retahíla de recuerdos personales muy exactos. Para mí el aroma del tocino tiene ese poder: me remonta al despertar de las mañanas de verano en mi infancia, al olor del tocino de granja cortado en gruesas lonchas y fundidas, los frescos pescaditos que mi abuelo pescaba a primera hora de la mañana en las oscuras aguas del lago Michigan y que freía ligeramente para el desayuno de sus nietos. Durante años, una serie de pruebas anecdóticas habían sugerido que los olores son recordatorios especialmente poderosos de experiencias, un efecto que se conoce como fenómeno Proust, por la famosa magdalena que evocaba en el autor recuerdos de su infancia. Los científicos han descubierto que, efectivamente, los estímulos olfativos evocan recuerdos autobiográficos de forma más efectiva que otros estímulos sensoriales.[8] Y también decaen con menor rapidez que otros recuerdos sensoriales.[9] Esto es aún más asombroso si tenemos en cuenta que las células olfativas del epitelio nasal sólo sobreviven un par de meses antes de ser sustituidas por otras nuevas, las cuales tienen que establecer nuevas conexiones con las células profundas del cerebro.

¿Qué puede explicar este recuerdo tan vívido de las fragancias? Según la neurobióloga Linda Buck, el recuerdo de los olores perdura porque las células olfativas que transportan el receptor de un olor determinado, sean nuevas o viejas, siempre envían sus axones al mismo punto del cerebro.[10]

Resulta que la notable instalación del sistema olfativo también es esencial para el gusto.

No hay nada como el primer sorbo de café. Para obtener el máximo placer de una taza, hay que detenerse un momento para saborear el aroma antes de beberlo. Los vapores del café pasarán de la boca al velo del paladar, luego ascenderán por la cavidad nasal y de ahí pasarán al bulbo olfativo para susurrar a nuestro cerebro: *java*.

Quizá pensó que la lengua era la responsable de la percepción del sabor intenso y amargo. Pero el café —o, si vamos al caso, cualquier otro sabor— es, en su mayor parte, aroma: de hecho, un 75 por ciento. Pruebe un sorbo de Sumatra y la lengua sólo le dirá que es amargo; Dana Small afirma que ese agradable gusto a café es, en realidad, un olor agradable unido a un sabor porque se percibe como si procediera de la boca.

Small y sus colegas de la Universidad de Yale descubrieron que el cerebro tiene un sistema sensorial especial dedicado a los olores que se perciben a través de la boca.[11] El equipo insertó un par de tubitos en la nariz de unos cuantos voluntarios, uno en las aletas de la nariz y otro en la parte trasera de la garganta. Después introdujeron cuatro olores en uno u otro tubo y escanearon el cerebro de los sujetos con ayuda de una resonancia magnética funcional. El equipo descubrió que para los aromas relacionados con la comida, las dos diferentes rutas de penetración activaban diferentes regiones cerebrales —lo que sugiere, según Small, que el cerebro posee al menos dos subsistemas olfativos distintos, «uno especializado en percibir objetos a una cierta distancia y otro para los objetos de la boca»—. Este último sólo se activa cuando expulsamos el aire por la nariz mientras estamos mascando chicle o tragando.

«Un hecho clave sobre los estímulos del gusto es que obtienen las emociones humanas más básicas del placer (dulce) y el asco (amargo)», escribe Gordon Shepherd, un neurobiólogo de Yale que trabaja con Small.[12] Éstos están íntimamente ligados en el tronco del encéfalo desde el nacimiento. En cambio, las respuestas al componente olfativo del gusto «parecen ser principalmente aprendidas», observa, «lo que seguramente explica la enorme diversidad de sabores de la cocina en el mundo».

Hasta hace muy poco no se sabía gran cosa de la verdadera ciencia de la boca. Actualmente, los tubos de ensayo, las máquinas secuenciadoras de genes y los escáneres cerebrales ofrecen numerosos indicios sobre lo que crea la experiencia completa del sabor. El 25 por ciento que tiene sus raíces en el gusto procede de las proteínas receptoras que residen en las células del gusto de las papilas gustativas de la lengua. Cada uno de estos receptores está dedicado a uno de los cinco sabores: salado, dulce, ácido, amargo y *umami*. La cualidad de este último sabor (del japonés *umai*, "bueno" y *mi*, "sabor") es responsable del gusto sabroso de comidas como el caldo de ave, el queso parmesano, las setas y el beicon.

A pesar de esos mapas de la lengua tan ubicuos en los libros de texto, que muestran las diferentes zonas sensibles a cada sabor —dulce en la punta, ácido a los lados, etc.—, las células responsables de las cinco cualidades básicas de sabores están dispersas por toda la superficie rugosa de la lengua. Aunque algunas células se encuentran en la faringe, la laringe y la epiglotis, la mayoría se localizan en las papilas gustativas de la lengua.[13]

Ampliada, una papila gustativa se parece mucho a una pequeña cebolla. Cada papila posee hasta un centenar de células gustativas, las cuales transportan los receptores que son los que realizan el verdadero trabajo de la degustación: las sustancias químicas de los alimentos se deslizan por minúsculos agujeros de las papilas, donde se unen a los receptores, y éstos transmiten su mensaje específico cualidad-sabor a la corteza cerebral del gusto.[14] Entonces el cerebro relaciona estas sensaciones del sabor con la información relativa a la efervescencia y la textura, la llamada sensación bucal de la comida (la que hace deliciosa una patata crujiente y poco apetecible una rancia) y, en el caso de los chiles y otros alimentos picantes, las sensaciones de dolor, para crear la percepción desarrollada de lo dulce, el sabor casero del bizcocho de plátano o el gusto sabroso del pichón guisado al vino.

Incluso la temperatura forma parte del cuadro: el calor potencia la percepción de los sabores dulce y amargo (otra razón por la que el café sabe tan bien).[15] De hecho, con sólo cambiar la temperatura de la lengua, enfriándola o calentándola, se desencadena una sensación real de sabor en una de cada dos personas. En 2005, un equipo de investigadores informó de que había descubierto el secreto del extraño fenómeno conocido como sabor termal.[16] Cuando se estimulan los receptores de la lengua de sabores dulces, se abre un canal especial. Resulta que el calor también abre este canal, activando los receptores del sabor incluso cuando no hay nada que degustar.

Todos sabemos que no todos los catadores han sido creados igual: pensemos en lo golosos que somos algunos, y en la aversión de algunas personas al cilantro o las anchoas. Pensemos en la conocida aversión de George Bush al brécol. Pensemos en el sabor de las aceitunas, que para algunos es una mezcla divina de salado, ácido y amargo, pero para otros es parecido a la vida en altamar tal y como la describió Emerson, sentirse «sofocado en el fondo de un casco, apestando a mofeta y a petróleo humeante».[17] Hace muy poco que se ha descubierto lo radicalmente diferentes que son los mundos de sabores que cada uno de nosotros habita, especialmente en lo que respecta a la amargura.

Los humanos poseemos una variedad de unos veinticinco receptores de gusto amargo que, según se cree, se han desarrollado para detectar toxinas en las plantas y los alimentos. Paul Breslin, del Monell Chemical Senses Center explica que «prácticamente todas las plantas, comestibles o no, contienen toxinas que pueden hacernos enfermar».[18]

Los delicados hábitos alimentarios de los niños pequeños, a menudo dirigidos contra las frutas y las verduras de sabores amargos, pueden ser un mecanismo evolutivo que los protege de envenenarse cuando son pequeños. Del mismo modo, la náusea y la aversión a ciertos alimentos que se experimentan durante el embarazo pueden haberse desarrollado para reducir la exposición fetal a las toxinas naturales. Hay más mujeres que hombres que tienen una reacción más intensa a los sabores amargos, aunque la sensibilidad parece variar durante la vida de la mujer, que empieza a aumentar durante la pubertad y alcanza su máximo durante las primeras etapas del embarazo. Después de la menopausia, la sensibilidad va disminuyendo, posiblemente porque ya no hay necesidad de proteger a un bebé en desarrollo.

Los científicos recientemente señalaron pequeñas variaciones en los genes de estos receptores del sabor amargo, que derivan en hasta doscientas formas ligeramente diferentes de receptores.[19] Breslin ha descubierto, por ejemplo, que las personas con una variante de un gen determinado consideran los berros, el brécol, las hojas de mostaza y otros vegetales por el estilo (que contienen un compuesto tóxico para la glándula tiroidea) un 60 por ciento más amargos que la gente con una variante diferente.[20] Así que aunque usted y yo compartimos las plantillas de dos docenas aproximadamente de genes para esos receptores del sabor amargo, cada uno de nosotros presenta sus propias versiones distintivas, provocando una nariz arrugada o un placer entusiasta ante la perspectiva de una ración de verduras amargas.

Los genes del individuo también determinan la forma de escoger la ropa del armario por la mañana. Que esa blusa anaranjada combine con esos pantalones verde jade depende de la actividad de los genes que varían no sólo de una persona a otra, sino de mujeres a hombres, ofreciendo una posible explicación para las acaloradas peleas matrimoniales acerca de ropas y colores. Esos genes se configuraron en el pasado distante de nuestros antepasados primates.

En una ocasión tuve la buena fortuna de mirar largamente a los ojos a un pariente primate, un chimpancé de seis años llamado *Jack*. Durante años había oído comentar lo parecidos que somos a los chimpancés en términos evolutivos, la gran cantidad de ADN que compartimos, lo próximos que estamos en cuanto a anatomía y fisiología. Pero nada transmitía tan bien el profundo parentesco como sentarse frente a frente con el sensible, inteligente y divertido *Jack*. Naturalmente había diferencias: *Jack* tenía la cabeza más pequeña y las orejas más grandes. Tenía las patas cortas, pulgares en los pies y utilizaba las manos para caminar. No sabía rezar ni cantar canciones infantiles, ni chismorrear con sus compañeros, al menos no de una forma que yo pudiera comprender. Pero yo encontraba asombroso y muy conmovedor mirarle a los ojos, más oscuros, quizá, pero claramente semejantes a los míos.

No había nada que agradara tanto a *Jack* como las uvas y otros tentempiés de frutas que recibía como recompensa en su entrenamiento. Los balanceaba con el labio inferior empujándolos hacia fuera al máximo y después volvía a enrollarlos hacia dentro y con un movimiento rápido se los metía en la boca.

Es verdad que nuestros ojos son los de nuestros antepasados depredadores, en la medida en que están situados en la parte frontal de la cabeza con el fin de vigilar a las presas con visión binocular. Pero los ojos humanos, como los de los chimpancés, también son los ojos de los melindrosos frugívoros y comedores de hojas que nos precedieron, lo cual puede contribuir a explicar nuestro idiosincrásico tipo de visión del color.

Lo que me permite ver la ropa en una gama de matices —escarlata, burdeos, turquesa, verde oliva— es la interacción de tres tipos de células cónicas de la retina, cada una de las cuales posee un pigmento especialmente sensible a la luz de una parte diferente del espectro visual: rojo, verde y azul. Con este sistema tricromático, sistema de tres conos, los humanos podemos distinguir unos 2,3 millones de gradaciones de color. Tan sensibles somos a los segmentos rojo/verde del espectro que podemos percibir la diferencia entre los colores en la luz de esta parte del espectro con tan sólo una diferencia de un uno por ciento en la longitud de onda.

Nuestros predecesores mamíferos tenían una visión dicromática del mundo, sin la parte roja del espectro.[21] Así, hace treinta o cuarenta millones de años, los monos y simios de África —entre ellos, los primeros ancestros de los humanos— experimentaron la mutación de un gen para una proteína fotorreceptora que cambió su sensibilidad de la luz verde a la roja. Fue un pequeño cambio, pero algunos científicos sospechan que dio a nuestros antepasados primates arbóreos una clara ventaja en la búsqueda de alimentos, para seleccionar los más maduros y las tiernas hojas rojas contra un fondo de follaje verdoso. (Esta visión realzada del color también debió de ser útil para distinguir otros objetos importantes en el follaje circundante: a las serpientes venenosas de vivos colores, por ejemplo.)[22]

Las investigaciones más recientes apuntan a la existencia de variaciones individuales en esta visión de espectro rojo.[23] Cuando los científicos analizaron recientemente el único gen que codifica una proteína sensible al rojo en 136 personas de todo el mundo, encontraron 85 variantes, una variedad que triplica lo que cabría esperar de otros genes. Es probable que esta variación otorgue a cada uno de nosotros una perspectiva única de los matices.

Un pequeño porcentaje de mujeres puede experimentar una visión del color aún más diferenciada porque posee un fotopigmento rojo extra.[24] Si la corteza visual procesa la entrada adicional de esta clase diferente de células sensibles al rojo, estas mujeres pueden ser capaces de distinguir colores que al resto de nosotros nos parecen idénticos, permitiéndoles ver un sutil mundo de color que la mayor parte de la humanidad nunca podrá apreciar.

Entonces, se podría argumentar que tras el simple acto cotidiano de percibir los colores —escoger una blusa del armario, ver la luz de un semáforo, admirar un cuadro de Rothko— subyace un aparato visual perfectamente afinado para localizar las hojas rojas y los frutos, y una respuesta al viejo dilema filosófico: ¿mi rojo es el mismo que el tuyo?

Probablemente la respuesta es que no. Mi experiencia de un tomate probablementre difiere de la suya, tanto su matiz rojo exuberante como su intenso sabor ácido. Como dijo el gran psicólogo William James, la mente trabaja con los datos que recibe «de forma muy parecida al escultor que trabaja con su bloque de piedra. ¡Otros escultores, otras estatuas de la misma piedra!».[25]

Si debemos nuestra brillante visión del color a nuestros antepasados simios, por nuestro buen sentido del oído estamos en deuda con otra criatura. Cuando nos estamos vistiendo, estamos haciendo la comida o nos aseamos para ir a trabajar, con un oído escuchamos las noticias de la mañana, mientras que el otro atiende al alud de la conversación de nuestra pareja haciendo planes para la noche, a los niños buscando los libros, o al molesto y persistente ladrido del perro desde el fondo del jardín. ¿Cómo pueden los oídos recoger las sutiles vibraciones de los sonidos del mundo, los apagados y los estridentes, y discriminar toda esa cacofonía en parcelas inteligibles y con sentido?

Detectar la fuente del sonido e interpretarla —una sonata de Bach o la súplica de nuestra hija adolescente por la pareja de un calcetín— puede parecer una misión fácil, pero es extremadamente compleja. Cuando oímos que alguien nos llama y nos volvemos hacia el sonido, estamos confiando en la capacidad del cerebro para calcular la dirección de la diferencia temporal binaural (ITD, en inglés) —la diferencia en tiempo que tarda el sonido en llegar a nuestros oídos.[26] «Aunque parezca increíble, podemos detectar diferencias de unos pocos microsegundos, lo cual nos permite distinguir sonidos que se encuentran separados tan sólo unos grados en el espacio», escribe el neurobiólogo George Pollak.[27]

Esta capacidad para analizar sintácticamente sonidos en el tiempo y localizarlos en el espacio quizá se la debamos a los dinosaurios, que obligaron a nuestros primeros antepasados mamíferos a retirarse a un refugio nocturno. Durante millones de años, nuestros ancestros vivieron como brujos, cobijados por la oscuridad, donde el sonido predomina sobre la vista. Durante siglos, desarrollaron un sistema auditivo altamente sofisticado que incorporaba la dimensión temporal. Ahora nuestros oídos pueden percibir sonidos que duran tan sólo una fracción de segundo en su orden correcto y localizarlo en el espacio.

Los sonidos llegan a nuestros oídos en forma de ondas, que nuestro tímpano o membrana timpánica convierte en energía, la cual repiquetea en los tres delicados huesecillos del oído medio. Esto provoca cambios de presión dentro de la cóclea, un tubo enrollado lleno de fluido que se encuentra en el interior del oído, el cual a su vez traduce la energía en señales químicas y nerviosas que se envían al cerebro.

La cóclea no es una cavidad espiral pasiva,[28] como se creyó durante un tiempo, sino que, en palabras del neurocientífico Jim Hudspeth, es «un sistema tridimensional de guía por inercia, un amplificador acústico y un analizador de frecuencia compactado en el volumen de una canica». Nuestra capacidad para oír depende de células «ciliadas», dispuestas en la cóclea siguiendo un patrón en zigzag. Estas células son relativamente escasas, sólo dieciséis mil en cada oído —según comenta Hudspeth, son menos células de las que tenemos en un padrastro o en una escama de piel seca—, lo cual explica la vulnerabilidad de nuestro sistema acústico. Las células ciliadas dañadas por infecciones, drogas, por el envejecimiento o la exposición excesiva a Deep Purple se pierden para siempre.

Si colocara un pequeñísimo micrófono en el oído de mi marido cuando duerme, podría oír muy bien estas células trabajando. En un entorno tranquilo, las células ciliadas en la mayoría de los oídos humanos aumentan el volumen para amplificar los sonidos más débiles —lo aumentan hasta el punto de que ellas mismas generan tonos de sonidos débiles, pero constantes, como el rumor de fondo de un amplificador electrónico—. En un entorno ruidoso, una tormenta de truenos o un concierto de rock, las células ciliadas se ajustan, bajando el volumen de los amplificadores. Gracias a estos miniamplificadores podemos seguir diez o veinte sonidos distintos por segundo, distinguir el tono y oír ruidos que sólo duran unas milésimas de segundo.

Muy pocas veces somos conscientes de los sonidos que realizan nuestras células ciliadas porque el cerebro los filtra. Del mismo modo, cuando hablamos, cantamos o vocalizamos de alguna manera, el cerebro detiene la descarga de impulsos de nuestras neuronas auditivas de forma que no queden inundadas por nuestra propia canción. Es así también como el cerebro nos permite suprimir un torbellino de estímulos auditivos —el zumbido, golpeteo, canturreo, repiqueteo del ruido de fondo de nuestra rutina matinal habitual— de tal manera que sólo oímos lo que nos interesa; el resto se desvanece en una especie de rugido sordo que oímos con «un» solo oído al principio y luego con ninguno.

Éste es un ejemplo de desensibilización, el mismo fenómeno que hace que el aroma del tocino o el tufo de la basura se desvanezcan de nuestra percepción, que ayuda a nuestros ojos a adaptarse a la luz brillante, que nos permite olvidar la fricción y el peso de nuestra ropa sobre la piel, y que atenúa la sacudida nerviosa que inicialmente nos proporcionó el café. La desensibilización puede tener lugar durante segundos (luz), minutos (olores) o días (cafeína).

En cualquier momento, sintonizamos con lo que nos importa de nuestro mundo a base de apagar los estímulos. También tendemos a rellenar lo que nos falta. Pensemos en una conversación por encima del ruido ambiental de la radio matinal. Muchas veces sólo podemos oír una parte de la conversación (el resto queda enmascarado por el parloteo radiofónico) y, sin embargo, captamos lo esencial filtrando el ruido irrelevante y llenando los sonidos que faltan.

Algo parecido sucede en el cerebro cuando cantamos mentalmente una canción. En 2005, los científicos escanearon el cerebro de varios sujetos mientras escuchaban una banda sonora compuesta por canciones populares (por ejemplo, *Satisfaction* de los Rolling Stones o el tema de *The Pink Panther*), en las cuales se habían insertado espacios de silencio.[29] La corteza auditiva de los sujetos continuó mostrando el mismo patrón de actividad incluso cuando se producía un silencio en la canción y los sujetos sólo estaban «cantando» mentalmente. El oído no estaba escuchando la canción, pero el cerebro sí.

Encontrar un sentido no es lo que habíamos creído. Es un esfuerzo mucho más sofisticado de nuestra composición genética, nuestro poder creativo para filtrar y rellenar —y, muy posiblemente, alguna interferencia significativa entre los sentidos—. He estado hablando de la mañana como si pensara que sus elementos están separados, una faceta tras otra, pero, de hecho, el cerebro siempre está uniendo las diferentes cualidades de los objetos individuales de tal forma que no asociemos el color de una cosa con el movimiento de otra —por ejemplo, podemos ver un gato negro con forma de gato maullando y un perro amarillo, con forma de perro y ladrando—. Los científicos siguen buscando la «cola» que une todos estos diferentes aspectos sensoriales; algunos sostienen la teoría de que podría ser la descarga de impulsos sincronizados de las neuronas de las diferentes partes del cerebro que intervienen en la percepción.

¿Qué pasaría si sólo procesáramos un sentido cada vez, si sólo viéramos la cara de nuestros hijos y no el timbre de sus voces, o si pudiéramos oler el zumo del desayuno, pero no lo viéramos? ¿Tendría el mismo sabor?

Probablemente no. Lo que vemos, por ejemplo, cambia lo

que saboreamos. Cuando el científico francés Gil Morrot dio a un jurado de cincuenta y cuatro catadores un vino blanco coloreado artificialmente de rojo, el grupo —tanto expertos como inexpertos— describió su olor y sabor como el del vino tinto.[30]

Del mismo modo, lo que vemos afecta a lo que oímos y sentimos. En un estudio, los investigadores colocaron a unos monos en el centro de un semicírculo de interlocutores y los entrenaron para mirar en diferentes direcciones mientras escuchaban.[31] Después, el equipo observó las señales que llegaban a la parte del cerebro de los monos que transmitía la información desde los oídos hasta el centro auditivo. Para su sorpresa, las células de esta zona descargaban impulsos a un ritmo diferente dependiendo de hacia dónde dirigieran la vista los monos.

De forma parecida, los científicos han descubierto que cuando la gente mira a un punto de su cuerpo donde se la toca, su cerebro muestra una mayor actividad en la corteza somatosensorial —la región cerebral del tacto— que si no viera que se la tocaba.[32] Lo inverso también era cierto. Dar a una persona un estímulo visual y táctil al mismo tiempo y en el mismo lado del cuerpo potencia la actividad en la corteza visual.

Por lo tanto, la visión no es sólo ver y el tacto no es sólo tocar. Reconocemos los objetos con más facilidad si escuchamos simultáneamente un sonido significativo. Cuando vemos un plátano o una blusa carmesí, también estamos tocándolos con nuestra «mano» mental.

Esta interferencia también tiene lugar en los recuerdos sensoriales. Jay Gottfried y sus colegas han descubierto que una sugerencia del recuerdo en un sentido reactiva otro recuerdo sensorial.[33] La mayoría de nosotros lo sabemos por experiencia; el aroma del aceite de coco evoca las sensaciones asociadas de la blanca extensión de la playa y el impacto luminoso de las olas; la esencia de los peces evoca la cocina de mi abuelo, el humo de su cigarro y su sonrisa con el reluciente diente de oro.

Entonces, nuestros sentidos apenas son los instrumentos simples y discretos que antes imaginábamos, sino más bien herramientas delicadas, idiosincrásicas, que interactúan con sutileza y rapidez para garantizarnos por una simple alteración eléctrica nuestra propia perspectiva de... ¿de qué?

De lo que quiera que capte nuestra atención en un momento determinado, digamos, el tráfico durante nuestro desplazamiento al trabajo.

Capítulo 3
Atención

Sale por la puerta y por el camino, viajando a cuarenta o cincuenta millas por hora, su cabeza... bueno, su mente no está del todo en la carretera por la que va lanzado su bólido de acero bicolor. Quizá piense que está absorbiendo la escena con todo detalle, carretera de cuatro carriles, el Subaru virando, el blanco resplandor de la mañana, pero la impresión que tiene de verlo todo es una ilusión. Aunque sus sentidos reciben unos diez millones de bits de información por segundo, conscientemente sólo procesamos entre siete y cuarenta bits.[1] Incluso menos si nuestros pensamientos están en otra parte, por ejemplo, en la reunión que vamos a tener, o en la respuesta a esa riña familiar matinal, que quizá trata de solucionar por el móvil mientras conduce.

«En realidad sólo vemos aquellos aspectos que estamos "manipulando" visualmente en un momento determinado», afirma el psicólogo J. Kevin O'Regan, y visualmente sólo manipulamos las cosas a las que prestamos atención.[2]

Hace unos pocos años, una fría mañana de invierno, mientras estaba con Zoe, mi hija de diez años, contemplando el despertar de unos cisnes cantores en la orilla de un lago termal en Hokkaido, Japón, me sucedió lo siguiente. El lago estaba rodeado de colinas volcánicas azuladas y alimentado por manantiales calientes; en la orilla, cerca de nosotros, había una piscina exterior japonesa. Yo sólo tenía ojos para los cisnes —montones de plumas de blanco pálido, la cabeza escondida bajo las alas— con el propósito de observar el patrón y el comportamiento de su despertar. Una tras otra las aves desplegaron el cuello ante nosotras, liberando la cabeza de las alas. Pero ¿qué era esa sombra pequeña y furtiva que se deslizaba sigilosamente por el hielo que había a sus espaldas? ¿Un perro? ¿Un zorro? Estaba tan concentrada en la figura peluda que me pasó por alto otra figura oscura que se encontraba a no más de diez pies de distancia de nosotras, un hombre que caminaba encorvado completamente desnudo hacia la piscina.

Zoe le vió enseguida.

Mi fallo de no ver lo obvio es un ejemplo de «ceguera involuntaria». Cuando el cerebro está prestando atención al entorno, está despierto, garantizando una atención total y una actividad eficiente. Pero cuando se distrae, es capaz de pasar por alto lo más evidente. Éste es el fenómeno que analizado en esos estudios del «hombre en taparrabos», que demuestran que la gente a la que se pide que se concentre en una tarea simple, como por ejemplo contar el número de lanzamientos durante un partido de baloncesto, pasarán completamente por alto al hombre vestido con taparabos que atraviesa corriendo el campo.[3] También subyace lo que en mi familia llamamos la visión de nevera, cuando no encuentras lo que buscas —el bote de mayonesa o la lasaña sobrante que son evidentes— porque alguien está pidiendo el ketchup.

Francis Crick y Christof Koch sugieren que nuestra capacidad para tomar nota consciente de un acontecimiento guarda relación con la forma en que la atención influye en las coaliciones de neuronas que responden a varios estímulos sensoriales —un ciervo en la carretera, el sonido distante de una sirena, el bañista desnudo—.[4] Según sugieren Crick y Koch, estas coaliciones varían en tamaño y carácter; se forman, crecen, compiten entre sí, desaparecen o perduran en el fluido en respuesta a situaciones cambiantes. Sólo las que son prolongadas logran penetrar en la conciencia como una percepción registrada. La teoría dice que la atención sirve de algun modo para determinar qué coaliciones rivales ganan la competición. Quizá la atención incrementa la actividad neural en una coalición descargando impulsos de una determinada forma, haciendo que los estímulos que activaron esa coalición parezcan más grandes y brillantes que los que activaron los estímulos competidores. Desde este punto de vista, la atención no sólo apunta hacia una experiencia sensorial, sino que *constituye* la experiencia.

Incluso cuando pensamos que estamos prestando la máxima atención, podemos pasar por alto aspectos críticos. Imaginemos el siguiente reto: mientras pasa una rápida secuencia de números tenemos que escoger las dos letras que hay entre ellos y que aparecen aleatoriamente durante tan sólo una décima de segundo.[5] ¿Lo conseguiría? Es probable que pudiera ver la primera letra, pero si la segunda apareciera medio segundo después de la primera, no lograría verla. Esto es así a causa de un extraño atasco neural, un «parpadeo» de la atención que evita que atienda de forma consciente a múltiples eventos visuales tan próximos en el tiempo.

Lo cual plantea la pregunta: ¿qué ocurre cuando intentamos prestar atención a dos cosas al mismo tiempo?

Durante años mi madre estuvo llevando y trayendo a mi hermana —que padece un retraso profundo— a una escuela especial, un doble viaje diario tediosamente largo. Mientras viajaba por las carreteras de Virginia, bebía una taza de café y aprendía de memoria poemas de un libro apoyado en el salpicadero. Para ella, estos malabarismos de café de Sumatra y Wallace Stevens mientras conducía eran una necesidad para mantener la agilidad mental durante los soporíferos y largos viajes. Pero la mayoría de nosotros desarrolla varias tareas a causa de una obsesión por sacar el máximo partido de nuestro tiempo: escuchamos la radio mientras leemos el periódico; pagamos facturas mientras charlamos por teléfono y escribimos correos electrónicos mientras asistimos a reuniones.

¿Es muy eficiente esto? ¿Estamos haciendo justicia a ambas tareas? ¿Estamos ahorrando tiempo?

«Hacer dos cosas a la vez es no hacer ninguna», observó Publio Siro en el año 100 a.C. Y cada vez hay más pruebas que respaldan al poeta latino. Pese a las enormes habilidades para procesar datos en paralelo de los cien mil millones de neuronas, el cerebro no está hecho para coordinar dos acciones. Si tratamos de hacer dos tareas a un tiempo, puede fallar incluso ante la más sencilla de las tareas.

Veamos la tarea de estimar cuánto tiempo nos queda antes de que el semáforo que tenemos delante cambie de ámbar a rojo. ¿Frenamos o pasamos? La respuesta depende, en parte, de nuestro temporizador de intervalos, otro reloj que posee nuestro cerebro.[6] Éste es experto en estimar el paso del tiempo en segundos a minutos y horas. Solemos tener un sentido de los intervalos bastante bueno cuando prestamos la máxima atención —exacto hasta un 15 por ciento— y a utilizarlo para tomar decisiones y emitir juicios en todo tipo de situaciones cotidianas: correr para coger el autobús o una pelota de baloncesto, cantar a la vez que Regina Spektor, marcar un número en el teléfono móvil al tiempo que levantamos la cabeza periódicamente para mirar a la carretera. Pero como la ciencia ha descubierto, este temporizador interno se resiente poderosamente a causa de la distracción.

La cuestión de cómo calcula nuestro cerebro los intervalos de tiempo ha sido uno de los conceptos más esquivos en neurobiología. A diferencia de ver, oír u oler, el cronometraje de los intervalos no tiene sensores específicos, como señala Richard Ivry, un neurocientífico cognitivo de la Universidad de California, Berkeley;[7] sin embargo, es tan «notable perceptualmente como el color de una manzana o el timbre de una tuba», y lo necesitamos para conducir, caminar, conversar, tocar música, participar en los deportes y un millón de otras actividades diarias. Durante años, los científicos pensaron que el temporizador de intervalos estaba ubicado en una especie de área central de reloj de arena del cerebro, inspirándose quizá en el descubrimiento del reloj maestro circadiano del núcleo supraquiasmático. Pero los estudios más recientes indican que el cerebro puede evaluar los intervalos a través de la actividad de una red de neuronas ampliamente diseminadas entre diversas estructuras cerebrales diferentes —y que diferentes intervalos temporales pueden ser procesados por diferentes redes neuronales—.[8] El trabajo de Ivry sugiere que el cerebelo, la parte del cerebro que coordina el movimiento, juega un papel importante en el cronometraje de tareas en un rango de milisegundos. Ivry afirma que durante intervalos más largos, tales como cronometrar un semáforo que pasa de ámbar a rojo, con toda probabilidad el cerebro utiliza un sistema de distribución más amplia, que involucra a estructuras de la memoria tales como la corteza prefrontal y los ganglios basales.

La temperatura puede juguetear con este reloj alterando nuestra capacidad para cronometrar con exactitud los intervalos de tiempo que abarcan más de un segundo.[9] Esto lo descubrió un médico cuando su mujer estaba gravemente enferma con fiebre muy alta. Él se precipitó hacia la farmacia para comprarle unas medicinas; cuando volvió al cabo de veinte minutos, ella estaba muy preocupada porque él había tardado mucho, afirmando que había estado ausente durante horas. Intrigado por la mala percepción del transcurso del tiempo, el buen doctor le pidió que estimara un minuto contando hasta sesenta a un ritmo de número por segundo. Su estimación resultó tardar treinta segundos. A medida que la fiebre bajaba, el resultado mejoraba.

Sin embargo, nada desorienta más a nuestros temporizadores de intervalos como la distracción. Cuando se pidió a los participantes en un estudio que estimaran intervalos entre cincuenta y sesenta segundos mientras desarrollaban simultáneamente tareas de la vida real, su exactitud decayó en picado.[10] Cuando estás ocupado haciendo una cosa, el tiempo se dilata. Cuando estás desarrollando dos tareas, se contrae; el cerebro pasa por alto el «tictac» metafórico de cierto número de pulsos, así que el tiempo parece más corto. Es simple: la estimación exacta del tiempo requiere atención a su transcurso —de importancia crítica en cuestiones de tráfico. Ésta es una de las razones por las que conducir y hablar por el móvil no es buena idea. Pero hay otras.

No se me da bien simultanear tareas. Cuando hablo por teléfono, no oigo los avisos verbales de mi marido, ni leo los que ha escrito. No puedo cambiar un CD mientras conduzco, y mucho menos memorizar poesía. No hace mucho, en un laboratorio de psicología de la Universidad de Virginia, documenté oficialmente mis insuficiencias. Pero también descubrí que no estoy sola en mi «discapacidad»: la mayoría de la gente sobrestima su capacidad para atender a dos cosas —especialmente cuando conduce— con consecuencias que van desde molestas hasta catastróficas.

«¿Qué se obtiene al cruzar un búho con una cabra?» Esta adivinanza me fue planteada el día anterior por Bryan, el chico de primer grado al que enseño lectura, y su profesor. Más tarde, en la pequeña habitación del sótano del Cognitive Aging Laboratory, la respuesta fue calando hondo, cuando mi mente tendría que haber estado concentrada en la tarea que tenía entre manos. Mi misión consistía en escribir todas las palabras que empezaran con las letras *f*, *a*, y *s* que fuera capaz de recordar durante un minuto. Comencé por unos cuantos verbos y objetos familiares (animales, muebles, frutas) y luego me detuve. ¿*F*? ¿*S*? De pronto mi mente se bloqueó. ¿Palabras que empezaran por *a*? No se me ocurría ni una. Entonces se me ocurrió «agorafóbico» y «soporífero» y «flagrante» y «feliz». Era completamente consciente de que esos largos adjetivos latinos eran un derroche de lujo; debería limitarme a los monosílabos anglosajones —*sip, sap, soap*; *flea, fly* y *feel*—. Noté la tensión en los músculos de la espalda y las manos empezaron a sudarme. Intenté pensar en la combinación de las consonantes *fl* que yo había propuesto a Bryan —*flip, flop, flap*—. Después el enigma se filtró en mi consciencia para captar mi atención.

Que Bryan supiera apreciar ese juego de palabras me asombró como si se tratara de un pequeño milagro. Uno de tantos niños que por alguna razón se consideran «de riesgo», Bryan había llegado a la ciudad tan sólo unos pocos meses antes con su madre y su hermana mayor y prácticamente nada más que lo puesto, y un especial tinte de dulzura que hacía que profesores, bibliotecarios y guardianes me gritaran silenciosamente mientras pasábamos por los pasillos del colegio: «Me encanta este niño». Cuando Bryan llegó, luchó con el lenguaje básico, con las rimas y los fonemas, esos paquetes de sonidos que componen las palabras. A los pocos días tropezó con una palabra que le confundió mucho. «¿Deseo?», preguntó. «¿Qué es un deseo?»

La pregunta me dejó atónita. No hay más que pensar en la cantidad de cuentos de hadas y fábulas que la mayoría de nosotros hemos oído en nuestra infancia, de deseos concedidos y a menudo malgastados por los desgraciados receptores: Cenicienta, el Rey Rana, los Siete Cuervos, y naturalmente los Tres Deseos de los hermanos Grimm, una historia que recuerdo haber leído por primera vez cuando tenía la edad de Bryan. Tras una pequeña travesura y el subsiguiente castigo, yo había buscado refugio en mi libro de cuentos de hadas en el armario ropero de mis padres, débilmente iluminado por un pequeño ventanuco circular y con aroma de betún, bolas de naftalina y el after-shave de mi padre. Recuerdo especialmente la imagen de las salchichas del deseo del cuento colgando de la nariz de la pobre mujer, a la que sólo quedaba ya un deseo.

De alguna manera, en medio de toda su miseria, Bryan había pasado por alto el concepto de deseo. Le pedí que me dijera las tres cosas que más deseaba. «*Deseo* un polo. *Deseo* unas deportivas nuevas. *Deseo* un coche teledirigido.» Se detuvo durante un momento, después me sonrió abiertamente y gritó «*WISH, FISH, DISH, PISH, MISH!*» (deseo, pez, plato, trino, batiburrillo). Que Bryan pudiera haber progresado tanto en tan poco tiempo, comprender los juegos de palabras y dobles sentidos era el humilde testimonio de su capacidad de atención y concentración.

Mi minuto había concluido. Exhibí una sonrisa de disgusto al graduado veinteañero que estaba llevando a cabo el experimento. Parecía tener escasa compasión. Ahí estaba en datos crudos: la atención dividida de esta escritora desembocó en unos resultados notablemente pobres, sobre todo en fluidez verbal.

La tarea de fluidez fue la primera de una docena de pruebas cognitivas a las que me sometería durante las horas siguientes como participante en un estudio del cerebro y su funcionamiento realizado por Tim Salthouse, el director del laboratorio. Aunque el entorno era artificial y las tareas forzadas, vi que estas pruebas estaban dirigidas a analizar sintácticamente las cosas que nuestro cerebro hace desde una perspectiva diaria. Hay ventanas sobre cómo pensamos, específicamente cómo nuestro cerebro cumple su repertorio de organizar actividades llamadas funciones ejecutivas: centrar la atención, concentrarse en lo relevante e ignorar lo que no lo es; tomar decisiones en una fracción de segundo, a menudo basadas en informaciones contradictorias; cambiar los objetivos y las reglas mentales a la vista de las nuevas exigencias; realizar dos trabajos mentales a la vez.

Entre las estimaciones había pruebas clásicas de tareas dobles: conducir el volante de un simulador de conducción manteniendo una bola entre dos líneas onduladas con bruscos virajes contando hacia atrás de 3 en 3 desde 862; y el test de Stroop, una lista de nombres de colores que se presentan en tintas que no cuadran con el nombre (por ejemplo, la palabra «azul» impresa en rojo). Se espera que el sujeto recite con rapidez los colores impresos, no las palabras.

Mi resultado en ambos, el Stroop y el simulador, fue patético —aunque no fue mucho peor que la media—. Los adolescentes que juegan a videojuegos a veces son bastante buenos en el simulador, pero el test de Stroop con frecuencia tumba incluso a los jóvenes. Como leer es mucho más automático que reconocer y nombrar los colores, la velocidad en este test requiere centrar la atención solamente en el color de la letra inhibiendo simultáneamente el deseo de leer su contenido verbal. Inténtelo alguna vez; se tarda más en decir «rojo» a la palabra «azul» escrita en rojo que decir «rojo» escrito en rojo porque dos procesos mentales entran en conflicto. (Corre el rumor de que la CIA utilizaba el test de Stroop en los años 50 para descubrir a los espías rusos. Los nombres de los colores estaban escritos en ruso; si los participantes en el test iban más despacio por las palabras escritas, era signo de que conocían la lengua y podían ser espías.) La capacidad de la gente para desarrollar dos tareas simultáneamente es mucho menos impresionante de lo que piensan, en parte a causa de las limitaciones de nuestra memoria de trabajo.

Si recordamos el principio de esta frase mientras leemos el final, es gracias a nuestra memoria de trabajo. También conocida como memoria a corto plazo o memoria provisional, es lo que nos permite tener presentes varios hechos o ideas (la mayoría de las personas puede almacenar entre cinco y nueve) y manipularlos durante un breve lapso de unos pocos segundos, al tiempo que resolvemos un problema o desarrollamos una tarea: teniendo presente la tarea de leer los colores en vez de las palabras, por ejemplo, o recordando dónde estamos en la parte de la sustracción de la tarea del simulador, o recordando un número de teléfono mientras buscamos un bolígrafo para apuntarlo.

Cuando tratamos de mantener una conversación por el móvil y circular por la carretera, atentos al tráfico, forzamos la memoria de trabajo además de otras funciones ejecutivas, como la capacidad para cambiar de objetivos mentalmente, activar nuevas reglas y volver a centrar nuestra atención.

Para cuantificar lo eficientemente que nuestro cerebro conmuta entre dos trabajos mentales, David E. Meyer y sus colegas de la Universidad de Michigan pidieron a un grupo de participantes que llevaran a cabo dos pruebas de dos tareas simultáneas.[11] En la primera, se les pidió que intercambiaran repetidamente entre un par de tareas basadas en formas geométricas, valorando una característica perceptual (la forma, por ejemplo) y otra (color, tamaño o número); en la segunda, entre dos tareas que implicaran diferentes clases de problemas aritméticos (digamos, intercambiar adelante y atrás entre multiplicación y división). En ambas pruebas, los participantes tardaron más tiempo en completar las tareas simultáneamente de lo que lo habrían hecho si las hubieran realizado una tras otra. «A veces, mostraban un aumento en el tiempo total de realización del 50 por ciento o más», afirma Meyer. Esto sucede porque el cerebro tarda un tiempo en cambiar sus objetivos y reglas mentales, para saltar de «estoy haciendo esto, que requiere estas reglas, a estoy haciendo aquello, que requiere estas otras reglas» (varias décimas de segundo, de hecho, lo que aumenta si vas cambiando mucho).

Cuando hablas por el móvil y el vehículo que conduces circula a ochenta y ocho pies por segundo (26,82 m/s), esos momentos perdidos pueden significar la diferencia entre la vida y la muerte. De acuerdo con un estudio realizado en 2006 por la National Highway Traffic Safety Administration, un 80 por ciento de los accidentes y el 65 por ciento de los que casi acaban en accidente han implicado alguna forma de desatención del conductor inferior a tres segundos antes del suceso.[12] Hablar por el móvil incrementó el riesgo de accidente o casi accidente en 1,3 veces; marcar un número en el móvil triplicó el riesgo.

Son las 10 a.m. Ya ha llegado sano y salvo a la oficina y ha ingerido una segunda taza de café mientras contesta a las llamadas y los correos electrónicos. En aproximadamente otra hora se supone que tiene que realizar una presentación en una reunión. Se zambulle en la lectura necesaria, con la máxima atención y concentración. Si pudiera ver el funcionamiento de su materia gris a medida que repasa esas páginas de denso texto, ¿qué vería? ¿Qué está sucediendo bajo la cómoda cubierta del cráneo mientras usted se enfrasca en una atenta lectura (o, si vamos al caso, su justo castigo, la distracción)? Hasta no hace mucho, el cerebro y todo su contenido —la capacidad para pensar, sentir, actuar, imaginar, razonar, recordar— eran un oscuro enigma. Pero en los últimos diez años, la ciencia ha abierto nuevas e impresionantes ventanas que han permitido vislumbrar con detalle el interior del cerebro funcionando en tiempo real.

Una mañana en un laboratorio del Yale School of Medicine, dos neurólogos, Sally y Bennett Shaywitz, están haciendo lo siguiente: observar la actividad en el interior del cerebro de un atareado niño de once años llamado Keith. A través de una ventana de cristal, veo a Keith tumbado en su cama con la cabeza metida en el recinto circular del escáner de una resonancia magnética. Está leyendo una serie de indicaciones por parejas a través de un periscopio —una palabra y una foto aparecen simultáneamente en una pantalla («zorro» *[fox]* y la imagen de una caja *[box]*, «vaca» *[cow]* y un arco *[bow]*); después tiene que apretar rápidamente el botón de sí o no para indicar si ambos riman o no.

Los Shaywitz están analizando los circuitos cerebrales que participan en la lectura. En estos momentos, se ciernen sobre dos pantallas de ordenador: una muestra el conjunto de indicaciones de lectura en constante cambio que se le proporciona a Keith; la otra muestra una imagen monocroma de su cerebro de perfil. Los resultados del escaneado muestran imágenes estructurales que revelan los detalles más recónditos de la anatomía cerebral, y también imágenes funcionales, que muestran la ubicación de la actividad cerebral.

El escáner de la resonancia magnética de imagen es seguro y no invasivo, no requiere radiación ni inyecciones. Un imán muy potente y de grandes dimensiones que parece, como dice Keith, una nave espacial o un donut relleno de leche. Los escáneres de resonancias magnéticas pueden proporcionar un panorama anatómico detallado del cerebro con una resolución inferior a medio milímetro, explica Sally Shaywitz, de calidad lo bastante buena para detectar una arteria del diámetro de un pelo en el centro mismo del cerebro.

A medida que Keith lee la serie de indicaciones, los ordenadores recopilan asimismo datos sobre las neuronas activadas en su cerebro. La resonancia magnética funcional revela las regiones cerebrales activas durante la realización de tareas específicas registrando los cambios de oxígeno y flujo arterial que acompañan a la actividad neural. Cuanto más trabaja una región del cerebro, más se desplaza la hemoglobina oxigenada de la sangre a esa zona. Un «rubor» de esta hemoglobina se registra en la resonancia magnética como un ligero incremento de la fuerza de la señal. De esta forma, el escáner arroja cuadros de los circuitos celulares que descargan energía cuando nos enfrascamos en una actividad mental determinada. Una vez que se han recopilado los datos, el resultado es una serie de fotografías en color que muestran las diferentes áreas del cerebro «resaltadas» en un arco iris de tintas, una especie de mapa segundo a segundo de la actividad neural.

Las técnicas de imágenes cerebrales no están exentas de críticas, en parte a causa de la escala temporal de la tecnología. Las resonancias magnéticas funcionales toman imágenes a una escala de segundos; la descarga de impulsos neurales tiene lugar a una escala de milisegundos. Además, la actividad que aparece en una resonancia magnética funcional no es necesariamente causal. Los escáneres muestran las regiones que están activas durante las tareas cognoscitivas, pero no necesariamente cuáles son esenciales para esa tarea.

Pese a todo, en opinión de Sally Shaywitz, «los estudios de imágenes cerebrales funcionales han revolucionado la forma de observar el cerebro en funcionamiento. Puede captar una función (y disfunción) oculta y hacerla visible». Estos estudios han acabado con el mito de que tan sólo utilizamos una pequeña parte de nuestra materia gris, el consabido 10 por ciento. De hecho, la mayor parte de los recovecos neuronales y craneales de todo el cerebro con una actividad efervescente y espléndida se descargan en el transcurso del día. Aunque no todos a la vez: los diferentes grupúsculos de neuronas estallan en actividad a diferentes horas y con tareas diferentes. Los escáneres han logrado captar el cerebro en funcionamiento, navegando, calculando, comprendiendo el lenguaje, reconociendo caras y lugares, percibiendo el tiempo, leyendo verbos.

Los estudios por imágenes realizados por los Shaywitz y otros han apuntado a unas zonas neurales muy específicas que aumentan de actividad con la lectura.[13] Entre ellas están la región fonológica en la parte posterior del cerebro, justo por encima y detrás de los oídos, que es utilizada por los lectores principiantes como mi alumno Bryan para tantear las palabras fonema a fonema; y por encima de ésta, la llamada área de formación de las palabras en la región occipitotemporal, que permite al lector experto reconocer palabras enteras con extremada rapidez, en menos de 150 milisegundos. A medida que los lectores principiantes pasan a ser más expertos, dejan de utilizar la región fonológica para apoyarse básicamente en el área especializada de la formación de palabras.

Es este circuito especializado el que relampaguea de actividad cuando estudiamos detenidamente nuestro trabajo. También se muestra activo en el cerebro de los expertos en coches cuando contemplan varios modelos de coches clásicos, y en los ornitólogos cuando distinguen entre diferentes especies de pájaros cantores. De hecho, Bennett Shaywitz piensa que la región occipitotemporal posterior de ambos lados del cerebro puede ser importante para la especialización de todo tipo. «Parece ser buena para aprender tareas especializadas, para mejorar cada vez más en cualquier cosa.»

Usted espera que su circuito posterior especializado se haya despertado durante el trabajo matinal y esté preparado para ayudarle con la presentación. La reunión ha dado comienzo y se encuentra bien despierto y alerta. Según algunos cronobiólogos, ya entrada la mañana es la mejor hora para ciertos trabajos de actividad mental. Los estudios muestran que la alerta y la memoria, la capacidad para pensar con claridad y aprender, pueden variar entre un 15 y un 30 por ciento durante el curso del día.[14]

La mayoría de la gente tiene una agudeza mayor al cabo de dos o cuatro horas después de despertarse.[15] Por lo tanto, para los madrugadores, la concentración tiende a alcanzar su máximo entre las 10 a.m. y el mediodía, junto con el razonamiento y la capacidad para resolver problemas complejos.[16]

Sin embargo, en buena medida también depende de la edad. Para los adolescentes y adultos jóvenes, la mañana puede resultar un grito lejano desde «la página nueva y brillante» de Rilke. Mary Carskadon, una cronobióloga de la Universidad de Brown ha documentando en unos estudios longitudinales el cambio fisiológico en el reloj biológico corporal durante los años de la adolescencia.[17] Los adolescentes de mayor edad se mueven hacia un patrón del tipo búho o de fases retardadas, segregando la hormona melatonina más entrado el anochecer y retrasando la hora de acostarse. Sin embargo, se ven obligados a madrugar para ir al colegio. «Exigir a los adolescentes más mayores que asistan a clase y traten de realizar esfuerzos intelectuales significativos a primera hora de la mañana es inadecuado desde el punto de vista biológico», afirma Carskadon. Esos adolescentes no sólo están privados de sueño, «sino que se les pide que se despierten cuando el sistema circadiano está en modo nocturno. Los estudiantes quizá estén en clase, pero sus cerebros siguen en casa pegados a la almohada».

La relación entre los ritmos circadianos corporales y el rendimiento mental es sutil y continúa siendo objeto de debate. Lo bien que se nos dé una tarea mental determinada puede verse afectado por una gran cantidad de variables: aburrimiento, distracción, tensión, confianza en uno mismo, descanso nocturno, desayuno, ingestión de cafeína, postura, temperatura ambiental, calidad del aire, ruido, iluminación, y otros factores de «enmascaramiento» que tienen muy poco que ver con los ritmos circadianos.[18] «Los efectos de la hora del día son fascinantes, aunque controvertidos», afirma Tim Salthouse, porque son difíciles de aislar y replicar en estudios científicos.[19]

Sin embargo, hay pruebas que indican que los altos y bajos diarios de la temperatura corporal afectan al rendimiento mental, con altos y bajos predecibles. Algunos estudios han demostrado que la función de las neuronas se ve afectada por la temperatura cerebral: temperaturas elevadas dan como resultado transmisiones más rápidas de los impulsos neuronales. Los científicos de la Universidad de Pittsburgh examinaron a un grupo de adultos jóvenes durante un período de treinta y seis horas, tomándoles la temperatura a cada minuto y midiendo su rendimiento cada hora en tareas de velocidad, exactitud, razonamiento y habilidad.[20] El equipo descubrió una variación significativa atendiendo a la hora del día, con una depresión nocturna en el rendimiento cercano a las lecturas más bajas de la temperatura corporal. En la vertiente opuesta, los investigadores de Harvard informaron de una correlación entre temperaturas corporales elevadas y picos en el rendimiento de la alerta, la atención visual, la memoria y el tiempo de reacción.[21]

Según Lynn Hasher del College of Charleston, existen dos funciones mentales que son especialmente susceptibles de sutiles variaciones circadianas: la toma de decisiones y la «inhibición» —la capacidad de prescindir de la información que distrae la atención, que es irrelevante o ajena a la tarea (como el contenido verbal de las palabras en color en el test de Stroop)—.[22] En las horas que están fuera de los picos, es más probable que a la gente le cueste más suprimir las distracciones y retroceder a las rutas accesibles y familiares de toma de decisión en lugar de optar por las que exigen análisis y evaluación. El trabajo de Hasher y May indica que esos efectos circadianos más sutiles varían con la edad. Los adultos jóvenes «tienen un problema evidente de distracción por las mañanas», afirman los investigadores, «pero luego, durante la tarde, es como si las distracciones fueran invisibles para ellos. Los datos para los adultos de mayor edad muestran el patrón contrario.»

Como la inhibición es especialmente difícil en las horas bajas, May recomienda a la gente que desarrolle en las horas altas las tareas que requieren «atención concentrada (p. ej., leer instrucciones complejas), recuperación de información exacta (p. ej., recordar las dosis de las medicinas) o control exhaustivo de las respuestas (p. ej., conducir con tráfico denso)», o, al menos, trate de realizarlas «en un marco en el que las distracciones se reduzcan al mínimo».[23] Por otra parte, señala May, en una inhibición escasa se pueden encontrar ciertas ventajas. En tareas que exigen una resolución creativa de problemas, una inhibición baja puede permitir a la gente considerar soluciones más imaginativas.

La memoria también fluctúa según la hora del día.[24] De acuerdo con el trabajo de Hasher, los adultos más mayores tienden a experimentar lo que ella denomina «un aumento sustancial del olvido a lo largo del día»: por las mañanas, olvidan una media de cinco hechos; por las tardes, unos catorce.[25] Lo contrario se aplica a los adultos jóvenes.

En los últimos cinco años, los científicos han comenzado a analizar el papel de los ritmos circadianos en el aprendizaje y la memoria descendiendo hasta el nivel molecular, con la ayuda de un caracol gigante, el *Aplysia californica*. Si por casualidad usted ha intentado llegar a dominar la materia que necesitaba para la reunión a base de permanecer despierto hasta altas horas de la madrugada, le salió bien la presentación, pero después más tarde se encontró con que el recuerdo de lo que había aprendido era vago, está en la misma situación que este gasterópodo.

¿Por qué el *Aplysia*? «Quizá no sea un animal muy hermoso», comenta Eric Kandel, «pero es extremadamente inteligente y dotado con las células nerviosas más grandes del reino animal.»[26] Un neurobiólogo de la Universidad de Columbia galardonado con el Premio Nobel, Kandel ha contemplado de primera mano lo que el humilde caracol de mar puede transmitirnos acerca de lo que ocurre en el cerebro cuando obtenemos algún conocimiento nuevo de nuestras lecturas o absorbemos una lección de un colega o profesor.

«Nosotros los humanos somos lo que somos a causa de lo que aprendemos y recordamos», explica Kandel, «y en cierta forma es alucinante que sepamos lo que sabemos sobre los cambios en el cerebro cuando aprendemos algo nuevo —lo diferente que es nuestra mente al iniciar una experiencia de aprendizaje de lo que es al final— gracias a los estudios de *Aplysia*».

Kandel se ha sentido fascinado por el misterio del aprendizaje y la memoria durante más de medio siglo. Nacido en Viena en 1929, creció en medio de un cenagal de comportamiento humano bárbaro. Sufrió escarnio por ser judío, fue testigo de la detención de su padre por la policía, y a la edad de nueve años presenció el horror de la *Kristallnacht*, que recuerda como un destello, «casi como si fuera ayer». En 1939, él y su familia huyeron de Viena. Kandel pasó el resto de sus días haciéndose preguntas acerca de la naturaleza de la mente: por qué la gente se comporta como lo hace, por qué se aferran a recuerdos que los marcan y, sobre todo, cómo aprenden. Creía que la comprensión de la naturaleza de nuestro propio ser se podría obtener a partir del estudio de los organismos menores.

En efecto, Kandel recogió del lenguaje de los nervios del *Aplysia* uno de los grandes secretos de la mente humana: el conocimiento procede de los cambios en la potencia de las sinapsis, las uniones entre dos células cerebrales determinadas interconectadas. Al crear la memoria a corto plazo, el cerebro refuerza las conexiones sinápticas ya existentes modificando proteínas preexistentes. Al crear recuerdos a largo plazo, produce nuevas proteínas y establece nuevas conexiones sinápticas.

Aunque, según Kandel, el proceso puede ser mucho más complicado en los humanos que en los caracoles marinos, implica un conjunto de mecanismos similares. A un nivel mucho más simplificado, puede ser algo así: en cualquier momento, nuestro cerebro se activa con descargas de impulsos. Una neurona recibe un estímulo y lo descarga aquí, provocando que otra neurona lo descargue allí. La mayor parte del tiempo no resulta nada de esta actividad. El mensaje químico que una neurona transmite a la que tiene al lado puede ser demasiado débil o esporádico para poner a esta segunda en marcha y formar una red. Pero cuando la mente está centrada y atenta, como sucede durante el aprendizaje, esa neurona sola puede enviar mensajes más frecuentes y más fuertes a su vecina. Entonces la sinapsis en la neurona vecina se ve químicamente alterada por este intercambio. Si la primera célula realiza una nueva descarga de estímulos, aunque sean débiles, puede desencadenar una respuesta sincrónica en la segunda célula que ahora es más receptiva. Esto deja a ambas células excitadas y dispuestas para realizar una nueva descarga siguiendo el mismo patrón.

El resultado de todo esto puede ser simplemente una idea transitoria, proyectada brevemente en la mente, un vestigio de la memoria que apenas dura unos pocos segundos antes de caer en el olvido. Pero si ese estímulo se repite y las neuronas continúan con sus descargas de estímulos en sincronía, las sinapsis entre ellas se reforzarán. Finalmente establecen una unión, de forma que cuando una realiza una descarga, la otra también lo hace. Este proceso de unión entre las neuronas, conocido como plasticidad sináptica, subyace tanto al aprendizaje como a la memoria. Una vez que el proceso ha tenido lugar, continúa la teoría de Kandel, las señales se abren camino con mayor facilidad entre las neuronas y las mismas señales producen respuestas más amplias. Si se repite la actividad —el recuerdo de una palabra, concepto o habilidad—, la unión y el bucle de descargas continúa y se extiende a otras neuronas, formando una red de neuronas interconectadas, que descargan impulsos todas a la vez siguiendo el mismo patrón cada vez que se activan. El proceso atrae a las neuronas que participan en un suceso o una idea. De aquí la expresión «las células que descargan impulsos juntas, se conectan juntas». Con cada repetición de una habilidad o actividad, con cada descarga adicional del circuito, las sinapsis pasan a ser más eficientes y el aprendizaje más permanente.

«La práctica hace la perfección, incluso en los caracoles», afirma Kandel.

El *Aplysia* vuelve a estar en primer plano, esta vez por lo que el gasterópodo nos transmite sobre los efectos circadianos en el aprendizaje y la memoria. En 2005, los investigadores de la Universidad de Houston afirmaron haber descubierto que el caracol sufre una tendencia a olvidar cuando permanece despierto toda la noche.[27] Como nosotros, el *Aplysia* es una criatura diurna que prefiere vivir de día. Para investigar la influencia de los ritmos circadianos en sus patrones de aprendizaje, el equipo analizó su capacidad para absorber y recordar lecciones acerca de sustancias nocivas y alimentos no comestibles. El estudio mostró que el *Aplysia* forma recuerdos de lecciones a corto plazo igualmente bien de día que de noche, pero sólo establece memoria a largo plazo cuando se entrena durante el día. Por la noche, afirman los investigadores, el reloj biológico parece desconectar las proteínas que intervienen en la formación de los recuerdos a largo plazo: una lección que quizá vale la pena recordar.

MEDIODÍA

> Piensa por la mañana. Actúa al mediodía.
>
> WILLIAM BLAKE

Capítulo 4

Las doce del mediodía

La reunión se ha prolongado hasta la hora de comer. El desayuno fue frugal, y ahora, cinco horas más tarde, cada vez resulta más difícil atender al asunto que le ocupa mientras sus pensamientos vuelan inexorablemente hacia el buffet de sushi de su restaurante japonés preferido o al nutritivo sándwich de jamón atesorado en su fiambrera. El cirujano veneciano del siglo XV Alessandro Benedetti afirmó que la naturaleza había relegado al estómago a un lugar distante del cerebro, separándolo por la barrera del diafragma, «con el fin de no alterar la parte racional de la mente con su inoportunidad». Al parecer, la naturaleza fracasó en el intento.[1]

¿Qué aspecto tiene la mente cuando está decidiendo entre anguilas o jamón glaseado? ¿Dónde se origina el hambre, en el estómago o en el cerebro? Cabría suponer que las pistas se pueden encontrar en las personas que piensan incesantemente en comer. No hace mucho, dos investigadores suizos, la neuropsicóloga Marianne Regard y el neurólogo Theodor Landis, llevaron a cabo un estudio por imágenes de estas personas, un grupo de pacientes que padecían un desorden benigno con la comida que los científicos bautizaron como síndrome del glotón.[2]

El síndrome fue identificado por primera vez por este equipo en dos pacientes que desarrollaron obsesiones con la comida después de sufrir una apoplejía en el lóbulo frontal derecho. Antes de su enfermedad, ambos pacientes habían sido comedores medios sin ninguna preferencia alimentaria en especial. Tras el ataque, uno de los pacientes no podía pensar en otra cosa que no fuera comida sabrosa servida en un restaurante de postín. «Es la hora de una abundante comida —escribió en su diario de hospital—, una buena salchicha con bocaditos de patata y cebolla o un plato de espaguetis a la boloñesa, o risotto y una chuleta empanada, muy bien decorada, o una escalopa de caza con salsa cremosa con 'Spätzle' (una especialidad suiza y del sur de Alemania). Siempre comer y beber.» El segundo paciente experimentaba ataques de hambre similares y unas ganas terribles de comprar y cocinar comida, y de seleccionar restaurantes. También se emocionaba explicando banquetes especiales: «La masa cremosa resbala desde el papel de aluminio como una sirena», escribió. «Cojo un poco. A partir de ahora, será más difícil estresarme.»

Para continuar con sus observaciones, los investigadores suizos escanearon el cerebro de otros treinta y seis comedores apasionados y descubrieron que treinta y cuatro de ellos tenían lesiones en el lóbulo frontal derecho. Los científicos afirmaron rápidamente que sus descubrimientos no apuntaban a este rincón derecho del cerebro como un área de contemplación de la comida, sino más bien como un área posiblemente involucrada en el control de los impulsos y las obsesiones de todo tipo.

Sin embargo, yo encuentro esa manía curiosamente familiar y me pregunto si es posible experimentar este tipo de actividad en el lóbulo frontal en grados variables. Yo admito padecer ese síndrome más de un ápice, una tendencia a pensar con demasiada frecuencia en la comida y a recordar comidas con un detalle desmesurado: las alcachofas rellenas de gambas servidas en una fuente en Fresno, el bagre frito servido con hojas de berza en una cantina del Delta, un tanque de cerveza sin alcohol sorbido con gratitud a la orilla del lago en ocasión de mi primer campamento. (Mis cartas a casa desde este campamento constituían una letanía de lamentaciones sobre la comida, salvo una: «Puede que con esta carta os parezca que soy feliz, pero eso sólo es porque esta mañana he desayunado una tostada francesa».)

En una ocasión, mi marido comió en la cocina de Julia Child y sólo recuerda que le sirvieron «una especie de pollo», un fallo de la consciencia culinaria que simplemente no logro entender.

Ese tipo de preocupación intensa por la comida que sufre (o disfruta) la gente con síndrome del glotón se encuentra en el extremo de la escala, pero todos nos fijamos en la comida cuando no hemos comido durante un tiempo. Los científicos que investigan la sensación de hambre normal recientemente la han ajustado a cero en los centros del cerebro dedicados a su control.

Don Quijote llamó al hambre «la mejor salsa del mundo». El *Oxford English Dictionary* la define como «esa inquietud o sensación dolorosa provocada por la falta de alimentos». El hambre va acompañada con frecuencia de un estómago dolorido o de ruidos intestinales, pero también puede provocar debilidad, boca seca y —lo siento, Dottore Benedetti— dolores de cabeza y pérdida de concentración. El pico de las punzadas de hambre se produce al mediodía, incluso en ausencia de indicios temporales externos. (A propósito, una punzada es bastante diferente del ruido o resonar de tripas, conocido como borborigmos. Este último se debe a la actividad muscular del estómago y el intestino delgado, ya sea lleno o vacío; el ruido es más audible cuando no hay ningún alimento para amortiguarlo.)

Antiguamente se creía que el instinto de comer se originaba únicamente en el estómago. Sin embargo, el gran neurocientífico decimonónico Charles Sherrington observó que el hambre persiste, incluso en aquellas personas a las que se ha extirpado quirúrgicamente el estómago. Sin duda alguna, el dedo señala a otro punto de nuestra anatomía. Un reciente estudio por neuroimágenes detectó una gran cantidad de «alteraciones» en la respuesta del cerebro al hambre.[3] Aunque parezca mentira, las áreas de actividad diferían un poco entre hombres y mujeres. Los investigadores del National Institute of Health utilizaron escáneres de tomografía por emisión de positrones para observar la actividad cerebral en veintidós hombres y veintidós mujeres después de que hubieran ayunado durante treinta y seis horas, y nuevamente después de que hubieran consumido una comida líquida para satisfacer su hambre. Durante el ayuno, todos los sujetos presentaban un flujo sanguíneo más abundante en el hipotálamo, una región cerebral conocida por gobernar la respuesta fisiológica básica al hambre. Pero los hombres hambrientos mostraban una mayor actividad en las zonas paralímbicas del cerebro que gobiernan la emoción, que las mujeres hambrientas; y después de saciarse, en un área de la corteza prefrontal asociada con el procesamiento del placer. Esto sugirió a los investigadores que los hombres experimentaban un placer mayor del acto de comer que las mujeres. Yo lo dudo, aunque debo admitir que mi experiencia es limitada.

El hambre es una cosa; el apetito, el deseo de comer, es otra. Aunque ambos a menudo coinciden, todos sabemos que el apetito puede darse fácilmente en ausencia del hambre. Muchos de nosotros tenemos el deseo de comer mucho antes de que nuestros estómagos se sientan vacíos porque la comida tiene muy buen aspecto o huele muy bien. O porque es mediodía y es hora de comer y alguien nos ha puesto un plato de trucha a la plancha. O porque estamos aburridos y ansiamos el estímulo de un pastel de avellanas. ¿Cuál es el bucle psicológico que traduce el ansia de pan de pita crujiente y hummus con un chorrito de aceite de oliva?

Lo que hemos aprendido acerca del apetito biológico en los últimos diez años es, sin duda, considerable. Quizá haya pensado que usted controla sus propios impulsos sobre la comida en un momento dado, pero los nuevos estudios científicos sugieren que, de hecho, la que dicta sus decisiones dietéticas es una compleja mezcla de transmisores químicos.

Cuando los endocrinólogos de Harvard estudiaron todas las moléculas que regulan el apetito, reduciéndolo o aumentándolo, indicando «come» o «no comas», encontraron docenas de transmisores químicos al acecho en la boca, estómago, intestinos, hígado y torrente sanguíneo.[4] Algunos de estos transmisores actúan con rapidez, de una comida a otra, controlando el apetito y la saciedad de cualquier experiencia alimentaria individual. Otros ejercen su efecto a largo plazo, manteniendo el contacto con las reservas de grasa corporales e indicando al cerebro cuándo están bajas, de forma que éste incremente el apetito. Las señales a largo plazo estimulan la producción de mensajes de «tengo hambre» a corto plazo o bien la anulan. Probablemente usted no sea consciente de estas fluctuaciones químicas, pero ellas dirigen su comportamiento, ya sea conduciéndole hacia el buffet de la comida o permitiéndole continuar con su trabajo.

Dos zonas del cerebro interpretan este grupo de señales y una sofisticada interferencia entre ellas determina el resultado.[5] El receptor de las señales a corto plazo de cualquier comida en especial es el rombencéfalo o tronco del encéfalo caudal. El árbitro de las señales relativas a la necesidad de largo recorrido de comida es el hipotálamo, especialmente un racimo en forma de arco de cinco mil neuronas aproximadamente conocida como el núcleo arcuato. Ya en 1912, los exámenes *post mortem* de sujetos extremadamente obesos revelaron lesiones en el hipotálamo, sugiriendo que esta parte del cerebro podría tener su importancia en la regulación del apetito. Más tarde, los investigadores confirmaron que el núcleo arcuato integra y adjudica los mensajes a veces en conflicto de una asombrosa variedad de hormonas, nutrientes y nervios para decidir cómo tiene que sentirse el cuerpo, hambriento o no.[6] También determina cómo ajustar el metabolismo —el conjunto de reacciones químicas por las cuales el cuerpo extrae la energía de los alimentos o las reservas y las utiliza para todas sus actividades— para moverlo arriba o abajo, para consumir o conservar la energía.

Uno de los jugadores estrella entre las «hormonas del hambre» es la grelina (del inglés antiguo *ghre*, crecer), un pequeño péptido segregado básicamente por el estómago y el duodeno, que actúa sobre el cerebro como un potente estimulante del apetito.[7] Los voluntarios a los que se inyectó grelina desarrollaron un apetito voraz y comieron un 30 por ciento más de lo habitual.[8]

David Cummings y sus colegas de la Universidad de Washington consideran la grelina como una hormona «engordante» («*saginary hormone*», del latín *saginare*, engordar) —el producto de un gen ahorrador que evolucionó para ayudar a los animales a consumir y almacenar grasas, incrementando así sus posibilidades de supervivencia en épocas de escasez—.[9] Cuando los investigadores midieron la grelina circulante treinta y ocho veces durante un período de veinticuatro horas, descubrieron que los niveles de la hormona subían y bajaban de forma dramática durante el transcurso del día.[10] Antes de las comidas, los niveles se disparaban en casi un 80 por ciento, llegando al máximo cuando el estómago estaba vacío, justo antes de cada comida, y después caían en picado hasta mínimos al cabo de una hora y media después de haber comido.

«Sin embargo, el estómago vacío no es el desencadenante del aumento de grelina antes de las comidas», afirma Cummings; en lugar de eso, es el cerebro el que anticipa la comida.[11] Si estamos acostumbrados a realizar cuatro comidas al día a horas regulares, experimentaremos cuatro picos de grelina, uno antes de cada comida esperada. Si estamos acostumbrados a dos, los picos serán dos. A medida que desciende el número de comidas previstas, también lo hace el número de picos, aunque crece la magnitud del aumento repentino, al igual que la sensación de hambre y la cantidad de alimentos ingeridos en cada comida.

Ciertas hormonas se oponen a las acciones de la grelina, entre ellas la leptina.[12] No hace mucho, esta hormona causó un gran revuelo en la prensa como posible remedio infalible para tratar la obesidad. Producida por las células grasas, la leptina se forma y se libera en la sangre en proporción a la cantidad de grasa corporal que uno posee; desde el torrente sanguíneo viaja al hipotálamo, el cual responde modulando el apetito y el ritmo metabólico. Cuanta más grasa tenga, más leptina producen sus células adiposas. La leptina parece ser la forma que tiene el cuerpo de comunicar al cerebro si las reservas de grasa son suficientes, de forma que pueda igualar la ingesta calórica con el gasto energético, una proeza que se le da notablemente bien: para la mayoría de la gente, la ingesta excede el gasto en menos del uno por ciento.[13] (Sin embargo, incluso esta pequeña diferencia puede conducir a un aumento de peso a largo plazo.)

Cuando los niveles de leptina descienden, el cerebro lo interpreta como una señal de alerta de privación y envía señales al cuerpo para que aumente el apetito y haga el metabolismo más eficiente, reduciendo el gasto energético hasta que se haya recuperado el peso perdido. David Cummings explica que con la pérdida de peso y el descenso de los niveles de leptina que la acompañan, el hipotálamo envía señales neurales al rombencéfalo para hacerlo menos sensible a las señales de saciedad de acción rápida procedentes del intestino. «En consecuencia, una persona necesita más alimentos en una comida determinada para sentirse completamente llena, de manera que tendemos a comer más en cada comida hasta que recuperamos el peso corporal inicial. De esta forma, las señales de larga duración gobiernan, en último término, la ingesta de alimentos en las comidas individuales.» Efectivamente, esto es lo que hace tan difícil hacer dieta, y sobre todo mantener el peso a raya. El cuerpo cuenta con este sofisticado mecanismo para protegerse contra la pérdida de peso.

La leptina ha funcionado como terapia para la obesidad tan sólo en raras ocasiones, para personas que genéticamente carecen de esta hormona.[14] En otros casos de obesidad, se puede desarrollar una resistencia a la leptina y elevar aún más los niveles no resulta muy efectivo. Aún así, se trata de una hormona muy poderosa. Los estudios en ratones sugieren que durante el desarrollo neonatal, la leptina modela los circuitos cerebrales, fortaleciendo las vías que suprimen el apetito y debilitando las que lo estimulan.[15] Tomar demasiada comida o demasiado poca en esta etapa crítica de la infancia puede cambiar realmente el modo en el que se configuren los circuitos, afectando al apetito y a la respuesta del cuerpo a la grasa en la vida adulta. De hecho, los investigadores afirman que la configuración de los circuitos del apetito por la leptina en los primeros años de vida puede constituir el puntal biológico de lo que se conoce como valor de referencia del peso corporal, una especie de memoria para el abanico de pesos que el cuerpo quiere mantener a lo largo de la vida. Uno se puede mover en esta escala de referencia durante las dietas y la práctica deportiva, pero sus parámetros no se pueden cambiar.

Así que aquí tenemos un punto de vista sobre el apetito: su deseo de tomar un almuerzo temprano un miércoles de junio puede tener sus raíces, en último término, en los distantes días de la infancia.

Sean cuales sean sus orígenes, el grito de nuestro cuerpo pidiendo comida no será silenciado, así que usted sugiere realizar una pausa para comer y meterse en un taxi con sus colegas para trasladarse a un buffet de ensaladas cercano. ¿Qué va a escoger? ¿Verduras frescas? ¿Pollo frito? ¿Tomates marinados con mozzarella fresca?

Lo que escogemos para comer y el por qué son cuestiones casi tan complejas como el propio apetito. La experiencia, las asociaciones de la infancia, las herencias de nuestro pasado más profundo, todas ellas juegan un papel destacado en la elección de los alimentos. El instinto subyacente de ciertos sabores dulces, salados o *umami* tiene sus raíces en la necesidad de nutrientes esenciales, básicos y calorías. El ácido sólo lo escogemos de forma selectiva, evitando la fuerte acidez o gusto agrio de la fruta verde o pasada. El amargo lo rechazamos, y con toda la razón. Al examinar concienzudamente la barra de ensaladas, yo pasaría rápidamente por las patatas con menta fresca, una aversión adquirida. Hace unos veinte años, mi marido preparó una ensalada de patatas con menta, ajo y aceite de oliva. Por desgracia, las patatas que utilizó estaban pasadas y el fuerte aliño enmascaró el gusto amargo de la solanina, un alcaloide tóxico que se forma cuando las patatas se vuelven verdosas a causa de una exposición excesiva a la luz. Yo comí la ensalada con sumo gusto y me puse malísima. Dos décadas después, no soy capaz de volver a probar ese plato.

La náusea —la antítesis del hambre— es una potente herramienta de protección. La causa de los mareos y el malestar en el estómago continúa siendo un enigma. Pero la mayoría de nosotros ha experimentado esa sensación alguna vez, por alguna conserva de atún en mal estado, demasiado alcohol, tabaco, agua salada, enfermedad, asco, olores desagradables, medicación, embarazo o mareos en el coche (de hecho, la palabra «náusea» procede del griego *naus*, barco). La sensación es tan poderosa que las madres con frecuencia recuerdan la incomodidad de los mareos matinales mucho después de haber olvidado el dolor del parto. Cuando la náusea empeora, las glándulas salivales incrementan su segregación, el corazón late más rápido, la presión arterial se desploma, los vasos sanguíneos de la piel se contraen y nos quedamos pálidos y fríos. Al mismo tiempo, la actividad eléctrica del estómago cambia, relajando la musculatura. El esófago se contrae, el duodeno vacía su contenido en el estómago y después con una contracción gigantesca coordinada por el cerebro, los músculos abdominales y el diafragma aprietan, ejerciendo presión en el estómago situado entre ambos y comienzan las arcadas.

Naturalmente, la elección de los alimentos también puede estar dictada por asociaciones más agradables. La mayor parte de la gente tiende hacia lo conocido. La comida de la se que sustentó mi familia era una mezcla de cocina judía, cocina americana de los años 50 y cocina alemana: *matzo brei*, pastel de carne, bratwurst (esas salchichas de cerdo grandes que te dejan la barbilla llena de un jugo caliente y picante) y con la llegada de mi hermana adoptiva de Seúl, un toque exótico: carne y *kimchi* coreanos, un plato que proporciona una intensa quemadura bucal que algunos encuentran muy placentera.

El pollo asado es una comida que me reconforta, en parte a causa del vínculo íntimo con mi abuela. «Come», me decía, «come», mientras me servía otro trozo de carne blanca en el plato en su pequeño apartamento del Upper West Side. Cuando yo me quejaba de estar repleta, ella me envolvía el pollo que sobraba con papel de embalar, con cazuela y todo, y me lo ponía en el maletín para que me lo llevara a casa en el avión de vuelta. Yo metía este extraño y grasiento paquete en un rincón del compartimiento para equipajes del techo, del cual emanaban vapores aromáticos de romero y ajo para tortura de mis compañeros de viaje. Yo no hacía este embarque culinario por un sentimiento de obligación o deber, sino porque me gustaba ese sabor dulce, tan tierno que parecía deshacerse en mi boca. El toque mágico de la abuela con las aves pasó a su hijo, mi padre, el cual preparaba a sus hijas cuando estaban enfermas unos sabrosos boles de sopa de pollo caliente —la ampicilina judía—, para mí, el sabor del calor familiar.

En la comida que nos reconforta hay algo más que la familiaridad. Algunos tipos de alimentos contienen sustancias que mejoran el estado de ánimo. Comidas como las sardinas, el atún, el salmón, las nueces, cargadas de ácidos grasos omega-3, tienen un impacto importante en nuestro ánimo. En 2005, William Carlezon y un equipo de Harvard descubrieron que, en las ratas, estos compuestos funcionan al menos igual de bien que las drogas antidepresivas con receta como potenciadores del ánimo.[16] Una explicación probable de este efecto es el impacto positivo que los compuestos tienen sobre las mitocondrias cerebrales (las centrales eléctricas productoras de energía de todas las células del cuerpo), que al final mejorarán la comunicación entre las neuronas en zonas clave del cerebro.[17] Sin embargo, Carlezon hace hincapié en que para observar esos efectos hizo falta un mes de alimentación a las ratas con una dieta rica en omega-3. «Períodos de tratamiento más cortos no fueron efectivos», afirma. «Así que un trozo ocasional de pescado no sirve; hace falta un cambio sostenido en la dieta.» El descubrimiento de Carlezon apoya la investigación precedente mostrando una correlación entre consumo de pescado y menor prevalencia de depresión.[18] «Este trabajo nos proporciona nuevas pruebas de que nuestro comportamiento —incluyendo la selección de alimentos que utilizamos para recargar nuestro cuerpo— pueden tener una influencia tremenda sobre cómo sentimos y actuamos», afirma.[19]

Otro estudio sugiere que ciertas comidas no sólo producen un alivio psicológico, sino que también mejoran el trastorno físico.[20] Los investigadores han descubierto que los alimentos ricos en mantequilla, aceite y otras clases de grasas pueden reducir la percepción del dolor. Los sujetos que habían ingerido una comida de tortitas cargadas de crema y con mantequilla derretida noventa minutos antes de que se les sumergiera el antebrazo en agua helada informaron sentir menos dolor que los que habían comido tortitas de igual valor calórico, pero elaboradas con leche desnatada y agua. El mayor alivio del dolor se producía al cabo de una hora y media después de la ingesta. Como una comida líquida no lograba proporcionar el mismo alivio, los científicos sospecharon que el efecto dependía de la llamada estimulación orosensorial —oler, saborear y tocar esas tortitas ricas en grasas—, la cual puede activar los calmantes opioides naturales del cuerpo.

El chocolate, conocido por sus efectos euforizantes, puede operar su magia por el mismo método, provocando tal descarga química en el cerebro que uno se siente bien. Un estudio sugirió que comer chocolate podría crear un humor positivo no sólo en la persona que se está dando el gusto, sino también —si está embarazada— en el bebé.[21] Cuando los investigadores de la Universidad de Helsinki buscaban un vínculo entre la cantidad de chocolate ingerida por las mujeres embarazadas (especialmente por las que se sienten estresadas) y el comportamiento de sus bebés, descubrieron que los bebés nacidos de mujeres que habían comido chocolate diariamente durante el embarazo resultaron ser más activos, más proclives a sonreír y a reír, y menos temerosos que los bebés de las madres que no se mimaron.

Por sabor o familiaridad, comodidad o ansia, ya ha escogido su comida, quizá una ensalada de huevo y verduras, y una generosa porción de pastel de chocolate.

Pruebe un poco del pastel. La boca está llena de sensores de alimentos, y no sólo de los dedicados al gusto. Mientras come con gran placer chocolate cremoso y corteza de mantequilla, esos receptores sumamente sensibles que se encuentran en los dientes y también a su alrededor contribuyen a modular la secreción de saliva, un fluido compuesto por un 99 por ciento de agua y un uno por ciento de magia —magia en la forma de iones de sodio, enzimas y una gran variedad de sustancias orgánicas, entre ellas, mucinas antibacterianas, sin las cuales los dientes se nos llenarían de caries—. Los mecanorreceptores de la lengua clasifican los trozos de cada bocado por tamaño con el fin de situar los trozos más grandes y duros entre los dientes para poder masticarlos. Dentro del diente y en su hueco aún hay más sensores —miles de terminaciones nerviosas, la densidad más grande del cuerpo— que no están ahí para aumentar el dolor de muelas o el del torno, dice Peter Lucas, un antropólogo de la Universidad George Washington, sino para ofrecer una detección de fuerzas a pequeña escala.[22] Esto ayuda con las decisiones anticipadas que efectuamos acerca del sabor, la textura y la calidad de la comida, y si tragárnosla o no.

Mírese los dientes en el espejo. El brillante esmalte blanco que corona cada diente es el tejido más duro que tenemos en el cuerpo y es necesario que así sea. De acuerdo con Lucas, nuestras mandíbulas efectúan una presión de hasta 128 libras (58 kg) en los dientes cuando masticamos, creando fuerzas tensoras para aplastar, desgarrar, triturar y romper los alimentos en partículas. Toda esta presión o carga mecánica es importante no sólo para desgarrar la comida, sino para mantener en buen estado los huesos de las mandíbulas; sin ella, el hueso se encogería paulatinamente con el tiempo. Quite un diente y de este modo reducirá la presión de la masticación y la mandíbula en esa zona disminuirá en un 25 por ciento.

Mire de nuevo esas perlas. Lo más probable es que no brillen como ejemplos estelares de una dentadura ideal. Según los estándares animales, los dientes humanos son extraordinariamente desordenados y la única parte del cuerpo que precisa cirugía de forma regular.[23] Tenemos que agradecer esto tanto a la evolución como a la dieta. Porque el uso de utensilios para comer y la cocción han reducido nuestra comida a pequeñas partículas o a puré, como la ensalada de huevo con puré de patatas y el pastel de chocolate; no masticamos ni mucho menos tanto como nuestros antepasados. Por término medio, pasamos sólo una hora al día masticando (una sexta parte de la que pasa un chimpancé para la misma ingesta calórica). E incluso durante esa única hora, con nuestra dieta de alimentos blandos y procesados, no generamos demasiada fuerza. Comparado con una patata cruda, una cocida reduce la tensión de los molares en más del 80 por ciento.

Según Dan Lieberman, un antropólogo biólogo de Harvard, la masticación, o su falta, puede transformar con rapidez la anatomía de nuestras mandíbulas. Cuando Lieberman administró una dieta blanda a unos pequeños animales peludos llamados hyracoideas o damanes, descubrió que desarrollaban un morro más delgado, con huesos más cortos que los hyracoideas alimentados con una dieta cruda.[24] Desde el punto de vista de Lieberman, algo similar ha ocurrido a nuestra tribu. «Desde el Paleolítico, nuestro rostro se ha reducido de tamaño un 12 por ciento —sostiene Lieberman—, y la mayor parte de esta disminución ha tenido lugar en la boca y la mandíbula.» Por otro lado, nuestros dientes han conservado en gran medida su número y tamaño pese a esta disminución facial, provocando los dientes apiñados y otras enfermedades dentales.

Incluso con ayuda de la saliva y mucha masticación, tragar no es una tarea fácil. Comprendí esto por primera vez mientras observaba lo que sucedía en el interior de la rosada garganta de una estudiante de medicina en la Escuela de Medicina de la Universidad de Virginia. Un otorrinolaringólogo había anestesiado la garganta de la joven y le había insertado por la nariz un tubo de fibra óptica provisto de una cámara, la cual proyectaba la imagen en una pantalla de cine gigante.

«Están contemplando la faringe de Lisa», declaró el anatomista, el doctor Barry Hinton. Ésta es la cavidad donde los huecos de la boca y la nariz se unen en la parte posterior de la garganta, con la que estarán familiarizados todos aquellos que hayan sufrido goteo nasal. En la gran pantalla, la faringe tenía el aspecto de una palpitante cueva rosada. El Dr. Hinton pidió a Lisa que respirase normalmente al tiempo que señalaba los detalles de la laringe, también conocida como caja de la voz, el órgano que desempeña un papel fundamental al respirar y al hablar: su abertura o glotis, y el pequeño repliegue de las cuerdas vocales, que se ensanchaba y se estrechaba con una maestría perfecta cuando ella inhalaba y exhalaba. Aquí se separan los canales para el aire y la comida, conduciendo respectivamente a la tráquea, el camino hacia los pulmones, y al esófago, el túnel hacia el estómago.

«Habla un poco, si puedes», indicó el doctor Hinton. Lisa consiguió cumplir su misión con cierta dificultad, al principio mascullando, y luego sin problema alguno, mientras la ventana de la glotis se estrechaba y se ensanchaba con la pronunciación de la *p* en *please* y de la *t* en *take*, como en *«Please take out this tube»* (Por favor, sáqueme este tubo).

«Una última cosa —dijo Hinton—. Trague». Lisa hizo una mueca de dolor. Después los círculos de coral de los músculos de su garganta se contrajeron en un rápido espasmo, levantando la laringe y balanceando la epiglotis hasta situarla sobre su abertura para cerrar el tracto respiratorio de forma que pudiera tragar sin atragantarse. Fue algo absolutamente asombroso.

Ahora ya está llegando al pastel, mordisqueando aquí y allá a medida que su apetito disminuye. El estómago humano se expande para recibir una comida de un tamaño de hasta dos pintas y media (1 l) (ésa es aproximadamente la mitad de la capacidad del estómago de un perro, y justo una centésima parte del de una vaca). Los alimentos permanecen en el estómago durante unas cuantas horas, dependiendo de su cantidad, antes de pasar, poco a poco, por medio de oleadas de contracciones, al intestino delgado.

Los mecanorreceptores del estómago ayudan a indicar que está lleno. Pero la cuestión no es tan sencilla: al menos media docena de mensajes del estómago y los intestinos refuerzan el mensaje de «dejar de comer». Dos hormonas, la CCK (colecistoquinina) y el PYY (polipéptido pancreático), segregadas por las células intestinales en respuesta a la presencia de alimentos en el intestino, desempeñan un papel clave en la emisión de la señal de saciedad al cerebro.[25] Si damos a alguien una infusión de estas hormonas cesará en su ingesta de alimentos y acabará de comer antes.[26] En un estudio reciente, se inyectó PPY a los participantes y a continuación se les dió a escoger en un buffet libre, y dos horas más tarde comieron un tercio menos de calorías que la gente a la que se inyectó una solución salina; estos efectos supresores del apetito duraron doce horas.[27]

La rapidez con la que se sienta satisfecho depende también de lo que coma. Los alimentos no son todos igual de efectivos a la hora de suprimir las señales de hambre. Los que son ricos en fibra, que progresan con mayor lentitud por el intestino, pueden desencadenar más PYY que la comida rápida compuesta de carbohidratos refinados, los cuales se disuelven rápidamente en el estómago.[28] David Cummings y su equipo han demostrado que tanto las proteínas como el azúcar suprimen la grelina, provocando una rápida disminución del 70 por ciento de la hormona del hambre, mientras que la grasa hace que los niveles de grelina desciendan con mayor lentitud y sólo en un 50 por ciento.[29] Los investigadores sugieren que esta débil supresión de la grelina por los alimentos de alto contenido graso podría ser uno de los mecanismos subyacentes al aumento de peso que acompaña a las dietas ricas en grasa.

Sin embargo, cualquiera que sea el contenido de la cocina, el mensaje finalmente se hace entender: *suficiente*.

Capítulo 5

Después de comer

El sol está alto, sopla una ligera brisa, la comida pesa en el estómago. Mejor volver andando a la oficina. Mientras avanza a grandes zancadas por la acera, colándose a través de la multitud, moviliza más de cincuenta huesos del tobillo y el pie —una cuarta parte de los huesos del cuerpo—, además de múltiples músculos y ligamentos, todos los cuales actúan dinámicamente con el suelo.

«Si no pudiera andar lejos y deprisa, creo que explotaría y me moriría», escribió Charles Dickens. Goethe compuso poemas mientras paseaba. Y lo mismo hicieron Robert Frost y Dante. Algunos observadores han llegado incluso a atribuir al andar, con las piernas y los brazos balanceándose como un péndulo, la transmisión de ritmos de famosos poemas y prosas, incluyendo el *Purgatorio* de Dante, cuyas medidas imitan la forma de andar humana.[1]

Necesitemos andar o no para tener una mente sana o disponer de una métrica contundente, parece que hemos nacido para ello. Para comprender lo que ocurre en el cuerpo durante el acto aparentemente tan simple de la locomoción humana, los científicos analizan el movimiento de los miembros y el gasto de energía de los sujetos que caminan o corren durante una rutina. Participé como voluntaria en uno de esos experimentos en 2005; me llenaron de cables y me pusieron a prueba en el laboratorio de Lieberman en la Universidad de Harvard. Me colocaron sensores de presión en los pies para controlar los golpes de los talones y las puntas. Los sensores de la electromiografía revelaban las descargas de impulsos de los músculos, y los acelerómetros y el giróscopo de ritmos de mi cabeza detectaba su tono, rodamiento y viraje. Una pequeña bola plateada de espuma adherida a mis articulaciones —tobillo, rodilla, cadera, codo, hombro— actuaba como reflector infrarrojo para las tres cámaras de vídeo que registraban en el espacio tridimensional la ubicación de los segmentos articulatorios. Más tarde me colocaron una máscara conectada a un equipo que reunía información acerca de la cantidad de oxígeno que consumía mientras caminaba y corría, una medida de mi gasto energético.

Todo este equipo era casi tan cómodo como un cilicio, especialmente la parte de la cabeza, improvisada a partir de goma, espuma y alambres. Pero llegar a conocer la locomoción valía la pena la incomodidad.

Caminar parece sencillo porque la energía corporal potencial se convierte con facilidad en energía cinética, según explica Lieberman. Un cuerpo humano andando no es muy diferente de un péndulo invertido. El cuerpo pivota alrededor de una pierna relativamente rígida o estirada, con escasa necesidad de aporte energético; la energía potencial ganada con el levantamiento es igual aproximadamente a la energía cinética consumida en el descenso. Con este truco, el cuerpo almacena y recupera la misma cantidad de energía utilizada con cada paso de tal manera que reduce su propio esfuerzo entre un 65 y un 70 por ciento.

Al observar en la pantalla del ordenador los resultados del experimento ordenados en tablas, no tuve más remedio que maravillarme ante la ingenuidad de un cuerpo en movimiento, el preciso mecanismo de descarga de los músculos, la acción de bombeo regular de brazos y hombros, la coherencia de nuestras amplias zancadas. Andar es una forma de locomoción altamente eficiente para nuestra especie, al menos a velocidad óptima. R. McNeill Alexander, un biólogo de la Universidad de Leeds, afirma que aproximadamente 1,22 m por segundo, o un poco más de 4,82 km por hora, es más económico, en parte porque los músculos trabajan mejor con la longitud del paso y la frecuencia característicos de este ritmo.[2] En un estudio realizado por científicos canadienses, se pidió a los atletas que andaran con pasos raros —pasitos remilgados o pasos lentos y pesados—.[3] Descubrieron que los atletas compensaban automáticamente los extraños andares y minimizaban su gasto energético ajustando el ritmo y la frecuencia del paso. Cuando caminamos, según los investigadores, la relación entre la velocidad y la longitud de nuestro paso no es un accidente de la mecánica. El cuerpo controla la forma de andar durante todo el rato realizando los ajustes necesarios, todo ello sin ninguna consciencia por nuestra parte.

Pero ahora va a llegar un poco tarde, así que aprieta el paso. Como deja a un lado la eficiencia energética en favor de una urgencia en la velocidad, su respiración se hace más trabajosa. En reposo, inspiramos y espiramos unas dieciséis veces por minuto, inhalando ocho cuartas partes de aire. Pero si acelera el paso para volver deprisa al despacho o aprieta para atravesar un cruce complicado, la necesidad de aire aumentará en quince o veinte veces. ¿Cómo sabe el cuerpo cuando está bajo de oxígeno y necesita respirar más deprisa?

Durante más de una centuria, los científicos han tratado de descubrir al esquivo sensor de oxígeno. No hace mucho, los bioquímicos de la Universidad de Virginia descubrieron a un candidato probable en un tipo de óxido nítrico conocido como SNO.[4] El óxido nítrico es el gas que se genera durante una tormenta eléctrica y que es conocido por ser el que mejor reacciona con el ozono para crear *smog* (niebla tóxica). Resulta que el cuerpo produce óxido nítrico en sus propias células para un gran número de funciones, desde el control de la musculatura del tracto gastrointestinal hasta la dilatación de los vasos sanguíneos. En la actualidad se cree que la forma SNO del óxido nítrico es también el transmisor que permite a la sangre comunicarse con las regiones del cerebro que controlan la respiración.

Me encanta esta idea de que un gas nacido de los relámpagos también desencadene la rápida respiración necesaria para llevarnos de vuelta al despacho sin tocar el suelo.

Sin aliento, pero vigorizado por la caminata, se sumerge en el lavabo para refrescarse la boca con un rápido cepillado de dientes.

He aquí un dato poco conocido para fomentar el cepillado dental: cepillar no es simplemente una cuestión de eliminar la suciedad de los dientes; Kevin Foster, un biólogo de Harvard, sugiere que, más bien, es un experimento en la evolución social.[5] Nos guste o no, la boca es el hábitat de una importante sociedad de bacterias que moran en los distintos huecos de la lengua, los dientes y las encías. «El cepillado puede mezclar las bacterias que estaban previamente rodeadas por sus semejantes con bacterias de otra parte de la boca que no guardan ninguna relación», explica Foster. Esta mezcla afecta a la evolución de sus comunidades, lo que a su vez determina que provoquen problemas como la caries y el mal aliento.

Que la boca es el vecindario de una vida miscroscópica secreta fue descubierto por primera vez en el siglo XVII por el comerciante de tejidos y naturalista holandés Anton van Leeuwenhoek.[6] Un día, en uno de sus característicos momentos de curiosidad, Leeuwenhoek rascó una pequeña porción de su placa dental y la observó al microscopio. Contempló «con considerable asombro... muchos animáculos diminutos, que se movían de un modo muy hermoso... tan juntos que parecían un enorme enjambre de moscas o mosquitos».

Hasta hace poco no hemos descubierto que la boca alberga comunidades microbianas verdaderamente cósmicas, excediendo sin dificultad en número los aproximadamente seis mil millones de personas que pueblan la Tierra.[7] (Piense en esto: en un largo beso, los participantes intercambian más de cinco millones de bacterias.) Las aproximadamente seiscientas especies diferentes de ocupantes bucales no están distribuidos de forma uniforme, ni flotando a la deriva, sino que florecen en comunidades organizadas que se adhieren juntas en «biopelículas» y se establecen en huecos especializados.[8] Estas biopelículas las protegen y potencian su crecimiento en grupos familiares. El llamado Complejo Rojo, por ejemplo, es una alianza de tres especies que parecen contribuir a la periodontitis. Según Foster, el cepillado altera estas relaciones sociales inhibiendo su capacidad para crecer, prosperar y pudrir sus dientes, irritarle las encías y propiciar la halitosis.[9]

Las investigaciones sugieren que el mal aliento se debe principalmente a que esos diminutos microbios bucales satisfacen su apetito de proteínas.[10] Al digerir las proteínas producen lo que un microbiólogo, Mel Rosenberg, de la Universidad de Tel Aviv, denomina un aroma de «sustancias verdaderamente fétidas»: sulfuro de hidrógeno (ese olor a huevos podridos), metilmercaptano y escatol (que producen el olor de las heces), cadaverina (el olor de los cadáveres en descomposición), putrescina (el olor de la carne corrupta) y ácido isovalérico (el hedor a pies sudados).

Rosenberg, quizá el mayor experto mundial en la amplitud de la investigación sobre los olores y que se describe a sí mismo como un odorólogo, desarrolló una prueba clínica para el mal aliento llamada Halímetro y una prueba con tornasol de fácil uso llamada el test del OK-2-Kiss, que mide la presencia de bacterias problemáticas y el mal olor. Rosenberg ha elaborado una lista de veintidós especies de bacterias conocidas que causan el mal aliento. Según él, normalmente, la saliva se lleva tanto las bacterias como sus apestosos productos metabólicos, pero a veces la saliva no llega hasta la parte trasera de la lengua, donde las bacterias pueden acantonarse y «corromper» la mucosidad posnasal. Una boca seca después de una larga noche de respirar por la boca o una mañana de ayuno pueden empeorar la situación. Y también hablar en exceso. (Es un azote sobre todo para los políticos.) Sin embargo, Rosenberg no aconseja tratar de librarse de las bacterias orales. Afirma que algunas especies desempeñan un papel crucial: cuando se reduce su población, por ejemplo, por el uso crónico de antibióticos, la lengua se convierte en presa fácil para la colonización de la candida, un hongo que provoca la enfermedad.

Entonces, ¿cómo evitar la temida halitosis? Según Rosenberg, los italianos mastican perejil; los iraquíes, dientes de ajo; los brasileños, canela; y los indios, semillas de hinojo. Los tailandeses mascan pieles de guayaba, y los chinos beben vino de arroz con cáscaras de huevo machacadas, o comen caquis, uvas o dátiles rojos. Si usted no tiene acceso a estas especias, hierbas o frutos, Rosenberg recomienda mantener la boca húmeda y cepillarse y pasarse el hilo dental después de las comidas, en especial después de ingerir alimentos ricos en proteínas.

De vuelta a su mesa, con el estómago lleno y la boca relativamente fresca, ya está listo para abordar la montaña de papeles, organizar la tarde, supervisar al personal. Ha olvidado totalmente la ensalada de huevos. Afortunadamente, su cuerpo no. Está empezando todo el proceso de la digestión, supervisando los millones —no, miles de millones— de oscuros pequeños trabajadores que se ocupan del duro trabajo de los huevos, la ensalada y el pastel, de forma silenciosa, invisible, de forma que usted pueda preocuparse de otras cosas.

Los sucesos clandestinos de la digestión fueron descritos hace bastante tiempo por William Beaumont, que adquirió una excelente perspectiva de la materia debido a la extraña desgracia de un cazador canadiense de diecinueve años llamado Alexis St. Martin.[11] Beaumont, un cirujano del ejército norteamericano, fue llamado una mañana de junio de 1822 para tratar a St. Martin de una gran herida en el abdomen. El pobre cazador se colocó en el extremo equivocado de la escopeta. Ésta se disparó accidentalmente alcanzándole a una distancia de tan sólo tres pies, «volándole literalmente integumentos y músculos del tamaño de una mano humana», escribió Beaumont. La herida era tan profunda que la muerte del joven cazador parecía un hecho seguro. Pese a la enorme pérdida de sangre y a los días de fiebre altísima, St. Martin sobrevivió. Pero la herida le dejó un agujero permanente en el estómago; tenía que conectarse una especie de válvula del tamaño de un dedo índice para que los alimentos no le rezumaran durante las comidas. El agujero permitió a Beaumont observar el interior del estómago de St. Martin hasta una profundidad de cinco o seis pulgadas (12-15 cm) y desarrollar más de un centenar de innovadores experimentos sobre el funcionamiento del estómago, sus secreciones y el proceso de la digestión.

«El jugo gástrico puro es un fluido claro, transparente, inodoro; un tanto salado; y notablemente ácido —escribió Beaumont—, el disolvente más generalizado en la naturaleza... ni el hueso más duro podría resistir su acción.» Es cierto. El jugo gástrico que circula por sus entrañas es un poderoso brebaje, compuesto por pepsina, una enzima que degrada las proteínas de los alimentos, y ácido clorhídrico —una sustancia tan cáustica que puede liquidar las bacterias y disolver el hierro—, el cual proporciona el medio ácido que requiere la pepsina para realizar su labor. Oler o probar la comida, o simplemente pensar en ello, estimula las células que recubren el estómago para que segreguen ácido clorhídrico. Entre las proezas más famosas del estómago está su capacidad para digerir, por ejemplo, carne cocida con la ayuda de este ácido sin quemar su propio tejido ni digerirlo —un talento que debe a sus paredes internas, provistas de una capa de mucosa y bicarbonato que actúan como un escudo frente a sus propios contenidos corrosivos—.[12] Cuando los jugos gástricos salen del medio protegido del estómago y retornan al esófago, el resultado es una dolorosa sensación de ardor de estómago. Si es ocasional, este retorno no es más que una molestia, pero si es frecuente, resulta peligroso, ya que los jugos gástricos pueden erosionar o destruir el recubrimiento del esófago. La producción de estos jugos es más baja por la mañana y alcanza su máximo entre las 10 p.m. y las 2 a.m., lo cual explica por qué las úlceras pépticas dan guerra y el ardor de estómago estalla durante estas horas.[13]

A pesar de su equipamiento especial, su estómago es prescindible. El estómago es una instalación efectiva de almacenamiento y una preparación para la digestión de los alimentos, amasándolos en pequeñas partículas, pulverizándolos y esterilizándolos, pero, por lo demás, sólo juega un pequeño papel en el proceso real de la digestión y prácticamente ninguno en la absorción (salvo la de ciertas drogas, como el alcohol y la aspirina). El trabajo de la absorción tiene lugar a través de unas proyecciones en forma de dedo de los intestinos llamadas vellosidades intestinales.

Actualmente, para estudiar con detalle la digestión ya no se precisa un agujero de bala u otra ventana física; podemos observar los oscuros recovecos o tenebrosos agujeros del duodeno, incluso las diminutas vellosidades, sucesos que ocurren a nivel de células y moléculas individuales. Podemos examinar estas actividades en el tiempo, escuchar las señales que se envían dentro y fuera de los intestinos, y contemplar asombrados su inesperada «inteligencia».

Según Michael Gershon, de la Universidad de Columbia, poder digerir nuestras comidas sin sobrecargar al cerebro es, en buena medida, debido a un «cerebro dentro de la barriga» independiente y autosuficiente.[14] El cerebro de la cabeza controla lo que sucede en la parte superior e inferior del sistema digestivo, pero lo que ocurre en medio es gobernado principalmente por lo que Gershon llama «cerebro trasladado al sur».

Dentro del tubo de veintidós pies del tracto intestinal reside una intrincada red de millones de células nerviosas responsable de varias cosas, que controlan tanto el movimiento, como la química de la digestión. Hasta hace pocos años, los científicos no han empezado a desentrañar los secretos de esta red inteligente, conocida como sistema nervioso entérico. Gershon fue de los primeros en sugerir que el sistema estaba gobernado por las mismas sustancias químicas que transmiten instrucciones al cerebro. Él y otros han descubierto al menos treinta sustancias químicas cerebrales de diferentes tipos que actúan como mensajeros en el interior del intestino. Estos mensajes químicos permiten al sistema nervioso entérico desarrollar una multitud de tareas sin la ayuda del cerebro: desde detectar los nutrientes y medir los ácidos hasta detonar las ondas de movimiento que propulsan los alimentos por el tracto digestivo y se coordinan con el sistema inmunitario para defender el intestino.

En opinión de Gershon, entre los dos «cerebros» fluye, hacia delante y hacia atrás, una corriente continua de señales. Piense en esas mariposas que notaba en el estómago antes de hacer la presentación. «Todos experimentamos situaciones en las que nuestro cerebro hace que nuestros intestinos se pongan a cien», afirma Gershon. Pero resulta que el tráfico de mensajes es más denso en dirección norte, del estómago a la mente, en una proporción aproximada de nueve a uno. «La saciedad, la náusea, la urgencia de vomitar, el dolor abdominal, todos ellos constituyen formas del intestino para avisar al cerebro del peligro de los alimentos ingeridos o de patógenos infecciosos», explica Gershon.

El tracto intestinal es sorprendentemente inteligente, versátil, parecido al cerebro. Pero estos logros finales no son sólo suyos: sus bacterias residentes desempeñan un papel bastante más importante en la digestión del que se había imaginado.[15]

Quizá fue un ser estéril y singular en el útero, pero cuando entró en el canal del parto y más tarde en ese mundo de tetinas, manos y ropitas de cama, ya recogió un montón de ayudas microbianas. Pronto, los microbios estuvieron por todas partes, del mismo modo que las palabras llenan las páginas de un libro, en los pliegues de la piel, en los orificios nasales y los oídos, especialmente en los cálidos y acogedores túneles del tracto digestivo, desde la boca hasta el ano. A los dos años, «el cuerpo humano está extremadamente contaminado por microbios», afirma David Relman, un microbiólogo de la Universidad de Stanford. De hecho, «de todas las células que componen un cuerpo humano sano —explica—, más del 99 por ciento son en realidad microorganismos que habitan en la piel, los intestinos y otros sitios». El intestino delgado está densamente poblado, con 100 millones de células bacterianas por mililitro; el intestino grueso o colon por 100 *mil millones* por mililitro. El peso total de todos estos microbios se ha estimado en más de dos libras (1 kg).

En 2005, los científicos trataron de enumerar por primera vez las diferentes especies microbianas que habitan en los intestinos.[16] Los microbiólogos utilizaron la secuencia genómica para realizar un censo de la flora inestinal de tres adultos sanos y descubrieron cerca de cuatrocientas especies, más de la mitad de las cuales eran totalmente nuevas para la ciencia. Los investigadores sospechaban que ésta no era más que la punta del iceberg, y que el número de especies de microbios intestinales se aproximaba a seis o siete mil. Cientos de estas especies llevaban consigo genes que nos dotan con rasgos y funciones útiles para nosotros, y que no hemos tenido que desarrollar por nuestra cuenta. De esta forma, amplían nuestro propio genoma y actúan como un químico maestro fisiológico en nuestro cuerpo. De hecho, al decir de los científicos, la mejor forma de pensar en nuestro cuerpo es como una especie de superorganismo genético, una rica amalgama de genes humanos y microbianos.

Probablemente, mis microbios sean diferentes de los suyos. Los estudios de gemelos y sus parejas maritales sugieren que nuestra composición genética ayuda a determinar los tipos de bacterias que son atraídas a nuestros tractos y que se establecen en ellos. Pero hay una multitud de factores ambientales que también desempeñan un papel: dónde vivimos, qué comemos y bebemos, nuestras hormonas y nuestra higiene. Las bacterias a las que nos enfrentamos en la infancia determinan las poblaciones que portaremos durante nuestra vida. Los bebés nacidos por cesárea pueden tener especies diferentes de los nacidos por vía vaginal. (Los bebés ratones, al menos, tragan diversas partículas bacterianas que flotan alrededor del canal del parto a medida que van avanzando por él.) Los bebés lactados por sus madres tienden a ser colonizados por bifidobacterias y en general tienen menos problemas intestinales que los bebés alimentados con leche de fórmula, los cuales tienen más clostridia, bacteroides y estreptococos. El uso prematuro de antibióticos también puede afectar profundamente a estas poblaciones.

Mientras nuestras comunidades bacterianas permanezcan estables, coexistimos en paz. La carga de microbios es potencialmente peligrosa, pero la densa competición entre ellos por lo general evita que uno de los contendientes domine. Además, los que son posiblemente destructivos se mantienen a raya gracias a las células inmunes del cuerpo, que llegan a conocer a las bacterias residentes, aprenden a neutralizar las toxinas que producen, y organizan un ataque defensivo si los intrusos se aventuran más allá de las paredes del tubo digestivo. Sin embargo, si algo altera la composición de esta comunidad intestinal firmemente integrada —por ejemplo, un trozo de fruta o verdura fresca cargado de bacterias que se ingiere en un lugar donde los microbios locales difieren de los de casa—, puede haber consecuencias desagradables.

En un viaje a Guatemala, sucumbí al deseo de una ensalada en el restaurante del hotel y piqué un par de bocados de lechuga y tomate. Al cabo de poco, fui presa de un sudor febril en la habitación del hotel, y tenía que ir cada pocos minutos al lavabo, una víctima de la diarrea del turista. (Tras veinticuatro horas de agonía, justo cuando una procesión de Navidad pasaba por delante de la ventana a la luz de las velas, me incorporé en la cama totalmente recuperada... lo que mi católico esposo interpretó como un milagro y yo atribuí a un sistema inmune bien preparado.)

La mayoría de nosotros hemos sufrido de forma similar. Soportamos los dolores intestinales hasta que —milagro o no— el sistema inmune aprende a conocer la naturaleza de las nuevas bacterias.

Un trastorno mucho más grave puede derivarse del uso y mal uso de los antibióticos. Esta intromisión en el medio puede crear un desequilibrio de los maridajes habituales de las bacterias, erradicando algunos de los residentes intestinales y permitiendo que una sola variedad —con frecuencia un patógeno, como la *Clostridum difficile*— se multiplique. Aún peor, en las densas comunidades microbianas de los intestinos, donde se produce un intercambio genético, se puede fomentar la evolución de patógenos microbianos resistentes a los antibióticos.

Jeffrey Gordon, de la Universidad de Washington, afirma que muchos de nuestros abundantes colonos microscópicos no constituyen problemas potenciales, ni son espectadores pasivos: «Hay compañeros esenciales para nuestro bienestar digestivo, simbiontes que han evolucionado con nosotros y se han beneficiado de esta asociación, del mismo modo que nosotros de nuestra alianza con ellos». Durante años hemos sabido que esos amigables microbios o comensales nos ayudan a formar las vitaminas y a establecer comunidades firmemente integradas que mantienen nuestros patógenos potenciales. Ellos también metabolizan nutrientes de modo que podemos absorberlos con mayor facilidad (especialmente esos componentes como las paredes celulares de las plantas, que de otro modo resultarían indigeribles). Pero lo que no se ha comprendido aún demasiado bien es cómo realizan sus buenas obras. La mayoría de estos microorganismos son diabólicamente difíciles de estudiar. Es muy difícil mantenerlos vivos fuera de los intestinos. Y aunque los científicos pudieran mantenerlos vivos en el solitario aislamiento de una placa de Petri, las bacterias en cultivo no se comportarían del mismo modo que lo harían en su ecosistema habitual de los intestinos.

Gordon se percató de que la única forma de comprender realmente estas bacterias beneficiosas era estudiarlas en su medio natural. De manera que él y sus colegas discurrieron una ingeniosa forma. En unas burbujas de plástico libre de gérmenes criaron ratones libres de gérmenes, que carecían de los billones de millones de microbios que normalmente residen en ellos. Después introdujeron microbios intestinales comunes uno tras otro y estudiaron sus efectos.

Lo que están descubriendo está revolucionando nuestra perspectiva sobre nosotros mismos y cómo procesamos los alimentos que ingerimos. Gordon ha descubierto que sin nuestras bacterias residentes, nuestros intestinos no se desarrollarían adecuadamente. Una forma que tienen los intestinos de protegerse de las toxinas naturales y de sus propias y potentes secreciones ácidas, es deshacerse de su recubrimiento cada semana o dos. A medida que las células de reemplazo maduran, viajan desde la base hasta los extremos de esas vellosidades semejantes a unos deditos que recubren las paredes intestinales. Gordon ha descubierto que lo hacen sólo con la ayuda de las señales de las bacterias, lo cual asegura su sano desarrollo. Sin esos mensajes microbianos, nuestros intestinos y todas sus importantísimas vellosidades no lograrían crecer normalmente.

Las bacterias intestinales también protegen el recubrimiento intestinal. Los científicos de Yale descubrieron que los microbios ayudan a activar la maquinaria corporal que repara las células dañadas.[17] Al eliminar a nuestras bacterias amigas, los antibióticos pueden inhibir los procesos necesarios para esta protección y sanación. Además, ciertas bacterias nos ayudan a tolerar las proteínas inofensivas de los alimentos y otras materias inocuas que circulan por el interior del tracto alimentario. Si nuestras células inmunes reaccionan a éstas, desencadenando la inflamación, significan malas noticias para nosotros. Un microbio esencial, que tiene el complicado nombre de *Bacteroides thetaiotaomicron*, garantiza que nuestro sistema inmune deje en paz a esos inocentes entrometidos.

Pero aquí viene la verdadera bomba: nuestras *B. theta* y otras bacterias pueden también ayudar a determinar nuestro tamaño influyendo en el número de calorías que se transforman en grasa. Gordon y su equipo han descubierto que los ratones libres de gérmenes pueden comer el 29 por ciento más de comida que los ratones con microflora normal y continúan manteniendo una esbelta figura, con un 42 por ciento menos de grasa corporal.[18] Al añadir una comunidad de bacterias intestinales a los intestinos de los ratones libres de gérmenes se incrementaba su grasa corporal en un 60 por ciento en dos semanas, aunque no comieran ningún alimento adicional. «Eso es debido a que estas bacterias mejoran la eficiencia de la cosecha de calorías de la dieta y ayudan al cuerpo a depositar las calorías extraídas en las células grasas», explica Gordon. Cuando él y sus colegas investigaron el genoma de las *B. theta*, descubrieron que muchos de los genes de los microbios están dedicados a procesar los carbohidratos para la digestión de los cuales carecemos de genes. Sin bacterias como la *B. theta*, los carbohidratos simplemente pasarían por nuestro sistema digestivo sin ningún beneficio calórico.

Recientemente, Gordon y sus colegas de laboratorio llevaron sus experimentos un paso adelante.[19] Al comparar las bacterias intestinales de ratones gordos y delgados, descubrieron que los ratones gordos tenían una mayor proporción de bacterias llamadas Firmicutes y una menor proporción de Bacteroidetes. Cuando trasplantaron la mezcla mocrobiana rica en Firmicutes de los ratones gordos a los ratones libres de gérmenes, los receptores ganaron más grasa corporal que los que recibieron una mezcla de microbios de los ratones delgados. En estudios realizados sobre humanos, el equipo descubrió que proporciones similares de Firmicutes/Bacteroidetes también eran aplicables a las personas obesas y delgadas. Y como las personas obesas del estudio perdían peso durante el curso del año bajo la supervisión de los científicos, su población intestinal pasó a ser más parecida a la de las personas delgadas.

«El mensaje de esos experimentos —dice Gordon— es que la cantidad de calorías disponibles en los alimentos que consumimos quizá no sea un valor fijo, sino que más bien esté influenciada por la naturaleza de nuestros microbios intestinales.» Las diferencias en la composición pueden afectar a la densidad calórica de los alimentos que consumimos, y en última instancia nuestra predisposición a la obesidad. Una lección para nosotros: debemos consumir esas marcas nutricionales con cautela. Dependiendo de nuestras bacterias intestinales ese donut podría tener más calorías para usted —posiblemente hasta un 30 por ciento más— que para su vecino.

He llegado a respetar y admirar el estanque plagado de criaturas diversas que habitan mi cuerpo. Me gusta pensar en ellas deslizándose por mis intestinos después de comer, ofreciendo libremente sus inventos genéticos, resbalando por mis vellosidades intestinales para susurrar palabras de aliento a las células jóvenes, cosechando nutrientes y calorías, o simplemente dando vueltas ociosamente como una peonza en el agua que inunda las cavidades de los órganos, manteniendo a los microorganismos turistas a raya.

El tiempo que tardan los intestinos, las bacterias y el cerebro en digerir una comida depende de lo que comamos y cuándo lo comamos. Las comidas ricas en grasas tardan más en digerirse que las comidas ricas en proteínas o carbohidratos.[20] Se necesita aproximadamente un 50 por ciento más de tiempo para vaciar la cena del estómago que el desayuno, en parte porque la velocidad nocturna de las llamadas ondas peristálticas responsables de vaciar el estómago es la mitad que durante el día.

Otros aspectos del tracto gastrointestinal también presentan ritmos diarios: la actividad de las enzimas en el intestino delgado, la secreción del jugo gástrico y el ritmo al que se absorben las sustancias en los intestinos. Franz Halberg, de la Universidad de Minnesota, determinó que el cuerpo procesa las calorías de forma diferente según la hora del día.[21] Tome una única comida diaria de dos mil calorías para desayunar cada día y seguramente perderá peso. Tome la misma comida a la hora de la cena y probablemente ganará peso, quizá porque el cuerpo quema los carbohidratos con mayor rapidez por la mañana que por la noche.

Si los ritmos diarios influyen en la manera de procesar los alimentos, lo contrario también es cierto: nuestros horarios de comidas afectan al patrón de nuestros ritmos circadianos. Los científicos han descubierto que algunos de esos relojes periféricos de nuestro cuerpo dependen de las horas de las comidas para establecer sus horarios.[22] Un patrón de comidas regulares, tres veces al día, es el *zeitgeber* (sincronizador) dominante de los relojes que residen en las células de nuestro hígado, riñones y páncreas. Esto tiene bastante sentido desde el punto de vista fisiológico. Los principales órganos corporales tienen que anticipar el procesamiento de la comida y el agua, preparándose para las tareas requeridas por anticipado con el fin de estar listos para absorber alimentos, secretar hormonas digestivas y controlar la producción de orina.

Juegue con este patrón regular de comidas —como hacen por necesidad algunos trabajadores por turnos o los miembros de la alta sociedad— y estropeará esos relojes periféricos, provocando un caos en su tracto intestinal. (Un estudio reciente demostró que la alimentación diurna de los roedores habitualmente nocturnos invierte por completo el horario de los relojes de sus tejidos periféricos.)[23] Esto puede ayudar a explicar por qué los trabajadores por turnos y los viajeros que sufren *jet lag*, que comen fuera de horas, padecen con frecuencia trastornos digestivos hasta que se adaptan a los dictados de sus nuevos horarios.

Así pues, en condiciones normales, ¿cuánto tardan la ensalada de huevos y el pastel en realizar todo el recorrido digestivo? Los estudios sobre el tiempo que tardan los llamados tránsitos intestinales son muy escasos, porque, según afirman los científicos, no resulta práctico medirlo sobre el terreno en grandes grupos. Pero no hace mucho, los gastroenterólogos superaron los obstáculos.[24] En un muestreo de 677 hombres y 884 mujeres en East Bristol, Inglaterra, se persuadió a los participantes de que anotaran con todo detalle tanto su dieta como sus evacuaciones, incluyendo una descripción cuidadosa de la forma de sus deposiciones (utilizando la escala Bristol, desde el 1 «pequeños trozos duros, con forma de avellana», hasta el 6 «trozos blandos con los bordes desiguales»). De estos informes, además del interrogatorio sistemático sobre hábitos intestinales, los investigadores estimaron que el tránsito de las comidas desde el alimento hasta las heces tardaba unas cincuenta y cinco horas para los hombres y setenta y dos horas para las mujeres. Esto puede parecer muchísimo tiempo y es tentador dudar de la universalidad de estas cifras dada la usual dieta británica. Pero otros estudios confirman que el ritmo medio se sitúa entre dos y dos días y medio. Sin embargo, hay una gran variabilidad de una persona a otra y de una comida a otra. «Normalmente una comida es, desde el punto de vista químico y físico, una mezcla de diversos materiales —explica el fisiólogo Richard Bowen—.[25] Algunas sustancias muestran un tránsito acelerado, mientras que otras se retrasan en el flujo descendente.» El consumo de alcohol tiende a agilizar el tránsito en ambos sexos, igual que la ingesta diaria de fibra; en las mujeres, los anticonceptivos orales lo retrasan. El tiempo del tránsito es, por lo general, más corto en las mujeres más mayores que en las más jóvenes; el cambio tiene lugar alrededor de los cincuenta años, lo que sugiere que las hormonas sexuales femeninas tienen cierta influencia.

¿Quiere acelerar las cosas? La forma más segura y natural al decir de los expertos es ingerir más fibra alimentaria.

Los alimentos sólo pasan unas pocas horas en el estómago y unas pocas más en el intestino delgado. Después de que nuestras células intestinales hayan hecho su trabajo, lo que queda pasa en forma líquida al colon. Las docenas de horas restantes las pasa aquí, donde se absorbe el agua —del orden de más de siete litros y medio al día— y los residuos se preparan para su eliminación. A causa de su contenido bacteriano, estos últimos tienen que ser procesados «con cautela» por el cuerpo, observa Michael Gershon, confinados, pero también expulsados a través del único portal del colon que se utiliza una vez al día.

Con frecuencia pensamos en comida. Pero muy pocas veces pensamos en qué pasa con ella. Las heces, de la palabra latina para desechos, están compuestas básicamente de agua, mucosa, pigmentos biliares (que son los responsables de su color marrón oscuro), algunas grasas, células muertas, gases, una gran cantidad de fibra (fundamentalmente celulosa indigerible, o fibra, de los alimentos de origen vegetal), bastantes bacterias que han perdido su adherencia al colon y unos 1.200 tipos diferentes de virus.[26] La fibra proporciona la mayor parte de la masa. Algunos tipos de fibras pasan directamente por nuestro tracto alimentario casi intactos, sin proporcionar calorías, pero sí una sensación de saciedad, además de constituir un buen ejercicio para nuestro colon, ofreciéndole algo que exprimir.

Una dieta pobre en fibra produce unos 115 gramos de excrementos al día; una rica en frutas, verduras y cereales, unos 370 gramos. Una dieta carnívora produce un olor más fuerte; láctea, el más débil. El hedor de las heces se debe al escatol (también presente en el mal aliento), un subproducto de la degradación del aminoácido triptófano.[27] La nariz humana es muy sensible al escatol, pero no siempre lo encuentra nauseabundo. De hecho, se dice que el compuesto se utiliza en muy pequeñas cantidades como condimento en el helado de vainilla.[28]

El olor muy pocas veces escapa de las heces almacenadas en el colon, salvo en el evento de la flatulencia. Los gases —pedos es el término más común utilizado como mínimo desde la época de Chaucer, que escribió «Este Nicholas dentro de poco se tira un pedo»— es la liberación de una burbuja de gases intestinales, dióxido de carbono, hidrógeno, nitrógeno y metano, que se producen en parte por tragar nitrógeno y en parte por la acción de los microbios intestinales sobre los alimentos. La mayoría de nosotros expulsamos gases aproximadamente una vez cada hora, dependiendo de lo que hayamos comido y si nos encontramos estresados.

Evitar que esto ocurra es extremadamente difícil. Los científicos han investigado el fenómeno en un informe sobre un programador de treinta y dos años que experimentaba una flatulencia extrema.[29] «Los esfuerzos conscientes de suprimir el aire al tragar rara vez son efectivos —afirmaron los investigadores— y el único "tratamiento" que en teoría impide tragar aire es evitar el cierre de las mandíbulas sosteniendo un objeto entre los dientes. Nuestro paciente… probó esta maniobra. Por desgracia, este tratamiento no fue efectivo, como lo demostraron los 66 gases durante un período de 13,5 horas durante el cual mantuvo un objeto apretado entre los dientes.»

Entonces, ¿qué ocurre cuando modificamos nuestra flora bacteriana mediante el uso de antibióticos o eliminando el sustrato fibroso sobre el cual prospera? «Hemos descubierto que la ingesta de una dieta en la que todos los carbohidratos se suministran en forma de arroz blanco reduce la producción de flato», dicen los científicos. (Una solución bastante draconiana si tenemos en cuenta el limitado valor nutricional del arroz blanco.) Los antibióticos no logran reducir el problema de forma apreciable. Consumir los llamados alimentos probióticos, cultivos de bacterias vivas, para inducir una flora que consuma el hidrógeno de forma eficiente puede resultar útil en teoría, afirman; sin embargo, estas «modificaciones de la flora» todavía no se han logrado.

Hasta aquí lo que respecta a los residuos. ¿Qué ocurre con los energéticos frutos de su comida encapsulados en la ensalada de huevo y el pastel? Un montón de descubrimientos nuevos han puesto de manifiesto algunos de los secretos de la forma en que el cuerpo utiliza las calorías que consume, arrojando luz sobre misterios tales como por qué su delgada compañera Esme puede comer lo que le plazca y nunca engorda nada, mientras que la regordeta Phoebe que consume muchas menos calorías y está constantemente a dieta mantiene obstinadamente, sin embargo, su exceso de peso. Si usted se parece más a Phoebe que a Esme, hay un par de cosas que puede hacer para inclinar la balanza.

Cuando realiza las tareas de la tarde, ¿está sentada tranquilamente en su mesa, igual que un bulto estático? ¿O está moviendo el pie nerviosamente? ¿Paseando por lo pasillos? ¿Levántandose cada cinco minutos para estirarse, para ir a buscar la página que le falta al manuscrito o para coger otro vaso de agua? El factor nervioso podría ser un indicador de su tendencia a ganar peso.

Eric Ravussin del Pennington Biomedical Reasearch Center en Baton Rouge, Louisiana, afirma que sólo para vivir, para mantener el latido del corazón, la circulación de la sangre, el funcionamiento de riñones, pulmones y células del cuerpo, quemamos entre el 50 y el 70 por ciento de las calorías que consumimos.[30] Éste, el llamado metabolismo basal, es el ritmo al cual el cuerpo quema calorías mientras se encuentra en reposo para producir la energía necesaria para mantener el cuerpo en funcionamiento. Un 20 por ciento del gasto energético diario va al cerebro, alrededor de un 10 por ciento al corazón y a los riñones, otro 20 por ciento al hígado y hasta un 10 por ciento a la digestión.

Recientemente me hice una prueba de mi metabolismo basal en un centro de salud local por medio de un calorímetro portátil, un instrumento relativamente nuevo diseñado para ayudar a la gente con problemas de peso a averiguar cuántas calorías queman diariamente. «Intentar perder peso sin conocer su metabolismo basal —explica la documentación— es como mantener su talonario equilibrado sin saber cuánto dinero gasta.»

El terapeuta infantil del centro me pidió que respirara en una boquilla mientras que la máquina medía cuánto oxígeno inhalaba y exhalaba. La gente con un metabolismo basal alto necesita más oxígeno porque oxida (o queman) más calorías por hora. Yo confiaba en obtener una puntuación alta porque creía que la gente con un metabolismo basal alto generalmente están protegidos contra el aumento de peso.

Sin embargo, mi metabolismo era de unas decepcionantes 1.180 calorías al día, un poco por debajo de la media. Resulta que el metabolismo basal viene en parte determinado por el tamaño y la composición corporal. La gente grande normalmente tiene un índice más alto que la menuda; cuanta más masa tenga que mover, mayor es su metabolismo basal. La fisioterapeuta me dijo que había visto todo el abanico, desde 700 al día en una mujer muy menuda de más de setenta años a 3.500 diarias en un hombre de 1,83 m que pesaba más de 181,5 kg. Por término medio, un hombre de 80 kg de treinta años quema unas 25 calorías por cada kilo de peso, lo que vienen a ser unas 2.000 calorías al día. Para las mujeres, normalmente se sitúa alrededor de las 1.400 al día, a menos que esté embarazada o criando, lo que requiere entre 300 y 800 calorías más.[31] Un factor importante es la cantidad de masa muscular del cuerpo. Los levantadores de pesas queman hasta un 15 por ciento más de calorías durante todo el día, incluso durante el sueño.

No obstante, la fórmula no es tan simple. «Aunque el metabolismo basal parece ser fijo para una determinada persona —afirma Ravussin—, puede haber diferencias considerables incluso entre personas del mismo sexo, peso y composición corporal.» ¿Por qué? Los científicos apenas están empezando a desentrañar el misterio.

Una pequeña parte de las calorías que ingerimos las quemamos diariamente mediante la termogénesis, la generación de calor corporal inducida ya sea por exposición al frío o por una ingesta excesiva de alimentos. En estos tiempos, la exposición al frío no constituye un factor importante. «Porque los humanos tenemos estrategias conductuales (la ropa) para mantener la temperatura corporal en los entornos fríos —explica Ravussin—, la termogénesis inducida por el frío sólo explica una pequeña parte del gasto energético diario.»

La llamada termogénesis inducida por la dieta, o TID, es la forma en que el cuerpo convierte las calorías excedentes directamente en calor —en esencia, malgastar energía— y varía enormemente de una persona a otra. Los científicos de Harvard han demostrado que la TID está bajo el control del sistema nervioso simpático, que aumenta la actividad del corazón, el páncreas, el hígado, los riñones y otros tejidos y órganos en respuesta al abuso.[32] Normalmente nuestras células queman sólo la energía que necesitan. Pero cuando comemos en exceso, el cerebro detecta el hartazgo y activa la TID para quemar algunas de las calorías de más como calor. Uno de los genes responsables de esta increíble proeza produce una proteína que actúa como una especie de interruptor para acelerar la cantidad de energía que quema una célula en respuesta a la ingesta excesiva de alimentos.[33] Las variaciones de este gen pueden ser una parte de la razón por la que ciertas personas que se hartan de comer nunca engordan ni un gramo, mientras que otras que comen la misma cantidad engordan demasiado.

Puede haber otra explicación termogenética para la división ligero/pesado. En un estudio de dos meses, los científicos de la Clínica Mayo de Minnesota mantuvieron un nivel constante de ingesta de alimentos y actividad física en un grupo de sujetos; después los sobrealimentaron con 1.000 calorías más al día.[34] Utilizando equipos vanguardistas para determinar cuál era el destino de esas calorías de más, el equipo descubrió que, por término medio, un tercio se acumulaba en forma de grasa, un tercio iba al metabolismo basal y un tercio se quemaba a través de la llamada actividad termogenética no asociada a la práctica de ejercicio físico (NEAT, *non exercise associated thermogenesis*). Esto incluye todo el movimiento nervioso, los cambios de posición, el ponerse en pie, los desplazamientos, el movimiento de dedos o pies, en pocas palabras, toda la actividad física no planificada que uno realiza durante el día.

Comer en exceso no estimulaba la misma cantidad de NEAT en todas las personas. Algunos aumentaron los movimientos nerviosos en respuesta al hartazgo y lograron mantener un peso casi estable; otros, que se movían menos, ganaron hasta 4 kg. Este movimiento nervioso natural de un individuo probablemente está controlado, al decir de los investigadores, por niveles genéticamente determinados de sustancias químicas del cerebro y explica una gran parte del consumo de calorías, entre el 15 y el 50 por ciento. Esto puede significar la diferencia entre ganar 0,5 kg extra de ese pastel excedente o quemar esas calorías de más durante las actividades del día.

En 2005, el equipo de la Clínica Mayo se dispuso a señalar las diferencias individuales en el gasto energético.[35] Con sensores de precisión, los investigadores midieron las posturas y posiciones corporales de veinte autoproclamados teleadictos durante un período de diez días. La mitad de los sujetos eran delgados y la otra mitad ligeramente obesos. Todos ellos llevaban ropa interior con sensores incorporados con el fin de registrar el movimiento cada medio segundo. Con ayuda de esta ventana secreta a la energía de los sujetos, los científicos descubrieron que la gente delgada se movía unas dos horas y media más al día que la gente con sobrepeso. La diferencia en los niveles de actividad equivalía a un gasto o ahorro de hasta 350 calorías diarias.

«Cuando la gente decide aumentar el gasto energético para controlar el peso, normalmente sólo incluyen ejercicios estructurados en sus cálculos», explica Eric Ravussin. Pero la diferencia en NEAT observada entre los individuos obesos y delgados sugiere que la obesidad podría evitarse pasando menos tiempo sentados y haciendo más viajes a la máquina de agua. Los investigadores no recomiendan que nos demos de baja de los gimnasios, ni de los clubes deportivos, sólo que observemos los beneficios comparativos para la salud de las actividades NEAT y quizá que las intensifiquemos. En otras palabras, para mantener una cintura delgada, no se pase el día sentado, sino levántese siempre que tenga la oportunidad y por todos los medios retuérzase, jueguetee, muévase y sacúdase.

LA TARDE

La tarde sabe lo que la mañana nunca sospechó.

Proverbio sueco

Capítulo 6

La somnolencia

Es media tarde, cuando el día, la luz, el calor están en su punto máximo, pero, de pronto, usted no lo está. Durante una hora o así después de comer, usted ha seguido funcionando bien, trabajando en su informe, escribiendo esa carta tan difícil, con la mente fresca y plena agudeza. En este momento, filtrándose por la espalda y los hombros, apoderándose de su cuello para enturbiar su cerebro, llega ya: una lenta oleada de sueño. Los párpados se le cierran y no para de pestañear; la cara se afloja salvo por las mandíbulas que se estiran a causa de un incontrolable bostezo tras otro. Se rinde ante la agotadora tarea que le ocupa y le cuesta mucho pasar los minutos, llenándolos de las diversas tareas mundanas que se han acumulado durante la mañana.

Es la modorra, «donde nunca ocurre nada y nunca cambia nada —dice Norton Juster en *The Phantom Tollbooth*—, donde pensar, pensar en pensar, suponer, conjeturar, razonar, meditar o especular es ilícito, ilegal y poco ético».[1]

A la mayoría de nosotros, la somnolencia nos sobreviene entre las 2 y las 4 p.m., un bajón en el día cuando la confusión y la fatiga se mueven para enturbiarnos el pensamiento y entumecer nuestras extremidades, cuando estamos poco atentos y olvidadizos y rendimos tan poco en cuestiones de destreza manual, aritmética mental, tiempo de reacción y razonamiento cognitivo como si nos hubiéramos tragado varias botellas de cerveza.

Si viviéramos en Brasil o Panamá, podríamos irnos a casa a dormir la siesta (una palabra derivada del latín para la sexta hora o la mitad del día). Pero nosotros carecemos de esta civilizada tradición, así que tenemos que luchar contra nuestro aturdimiento.

¿Se puede evitar este bajón —a menudo llamado declive de después de comer o declive posprandial (del latín *prandium*, o desayuno tardío)—? ¿O hay alguna forma de evitar esta somnolencia?

Ésta y otras cuestiones relativas al cansancio, la fatiga, el descanso y los ritmos constituyeron el centro de atención de un grupo de científicos que se reunieron no hace mucho en el marco del encuentro anual de la Sociedad del Sueño y Ritmos Biológicos de Isla Amelia, en el norte de Florida.[2] Frente a las costas, se estaba formando una gran tormenta: las olas blancas del mar embravecido rompían en la costa y un viento cálido y huracanado azotaba las palmeras y barría la playa formando remolinos punzantes de arena voladora. La gente recogía las sombrillas y las toallas y corría en busca de refugio mientras una masa oscura de ominosas nubes se acercaba desde el este.

Sin embargo, dentro del auditorio bien aislado donde se celebraba la conferencia, las cosas discurrían en la más absoluta calma y comodidad: los asientos mullidos, el suave zumbido del acondicionador de aire, las luces tenues en previsión del pase de diapositivas de la conferencia. La siguiente intervención era la de Mary Carskadon, de la Brown University, conocida entre otras cosas por diseñar un sistema para medir la alerta mediante un análisis de la latencia del sueño —es decir, cuánto tardamos en quedarnos dormidos— que actualmente era la regla de oro para evaluar la somnolencia durante el día.[3] Su disertación ese día prometía novedades sobre la alerta y el ciclo de sueño-vigilia en diferentes etapas de la vida.

A pesar de mi ansiosa anticipación de sus palabras, las condiciones conspiraban contra una atención lúcida. En la Escala de Somnolencia Stanford de 7 puntos, yo debía dormir como un tronco entre 5 («nebuloso; pierde interés en permanecer despierto») y 6 («soñoliento, mareado, luchando contra el sueño; prefiere permanecer echado»).[4] Mi mente vagaba débilmente en el léxico del letargo: languidez, laxitud, sosería, pereza, apatía, sopor, torpeza, cansancio, fatiga, somnolencia y una palabra que acababa de aprender: pandiculación, el acto de estirarse y bostezar.

No era la única. El hombre que estaba sentado junto a mí tenía los ojos cerrados, y su cabeza se balanceaba suavemente al compás de la respiración. De vez en cuando, el repentino golpeteo de la barbilla al caer sobre el pecho le despertaba y se estiraba momentáneamente, pero luego la cabeza volvía a caerle. La mujer de mi izquierda reprimió un bostezo; yo también intenté sofocar uno —dos veces—, pero al final lo dejé escapar con esa profunda y satisfactoria inhalación, de duración media de seis segundos, aunque para los hombres suele ser un poco más prolongada.

Según los neurocientíficos, un bostezo puede producirse solo o asociado con estiramiento y/o erección del pene (lo cual contribuye a explicar su duración en los hombres).[5] Su función continúa siendo en gran parte un misterio. Antiguamente se creía que desempeñaba un papel en la respiración: desencadenado por niveles bajos de oxígeno o altos de dióxido de carbono en la sangre, el bostezo era el mecanismo del cuerpo para tomar más oxígeno o para deshacerse del dióxido de carbono sobrante. Pero cuando Robert Provine, un psicólogo de la Universidad de Maryland, probó esta teoría sobre el bostezo comparando el efecto de respirar varias mezclas de gases, descubrió que el aire rico en oxígeno o alto en dióxido de carbono carecía de un efecto significativo. Incluso la gente que respira oxígeno puro siente la necesidad de bostezar.[6] Actualmente se cree que bostezar es parecido a estirarse, una forma de aumentar la presión sanguínea y el ritmo cardíaco y flexionar los músculos y articulaciones durante períodos de transición entre la vigilia y el sueño.

También se considera una señal social. «Los bostezos pueden ser una forma primitiva de comunicación no verbal para indicar los pensamientos o la condición mental», afirma Steve Platek, de la Universidad de Liverpool. Esto puede ayudar a entender por qué son tan contagiosos. Como dice el doctor Seuss, muchas veces sólo hace falta un bostezo para desencadenar otros muchos.[7]

Los seres humanos comienzan a bostezar en el útero, hacia las once semanas después de la concepción, pero esta acción no llega a ser contagiosa hasta el primer año de vida, y sólo en la mitad de la población. Para sondear la naturaleza del bostezo contagioso, Platek y sus colegas desarrollaron una serie de experimentos para comprobar su efecto sobre ciertas personas susceptibles.[8]

El equipo analizó los rasgos de la personalidad de sesenta y cinco estudiantes que revelaban su nivel de conciencia y empatía y después les mostraron vídeos cortos de personas bostezando, mientras los observaban a través de un vidrio espejado. Poco más del 40 por ciento de los sujetos bostezaban en respuesta al vídeo. Había una firme correlación entre una puntuación alta en el test de conciencia/empatía y la susceptibilidad al bostezo contagioso. Los científicos lanzaron la hipótesis de que las personas que bostezan de forma contagiosa son más conscientes y diestras a la hora de leer los pensamientos de los demás cuando observan su rostro. Un estudio posterior con fMRI mostró que ver a alguien bostezar evoca actividades en partes del cerebro que participan en estas habilidades.[9] «El bostezo puede ser más un reflejo de nuestra naturaleza como seres sociales que de nuestros ciclos de sueño», concluye Platek.

Así pues, he aquí un nuevo indicador de carácter y potencial para la amistad: bostece y verá quién responde a su bostezo.

¿Qué ocurre en el interior del cuerpo durante esta pausa? A media tarde, ¿estamos simplemente cansados, hechos polvo por los esfuerzos de medio día? Según Carskadon, los niños no experimentan este bajón al mediodía, incluso después de una gran actividad física, pero los jóvenes en la fase media o última de la pubertad sí. Durante la adolescencia, este hundimiento se afianza en nuestra vida diaria y está presente casi cada tarde en nuestra vida a partir de entonces. En los ancianos, la franja del cansancio se amplía para incluir el período entre las 11.30 a.m. hasta las 5.30 p.m.

Naturalmente, la fatiga se acumula durante el día, dependiendo de nuestro nivel de actividad durante la mañana (y por supuesto de lo que hayamos dormido la noche anterior). En una ocasión, en el instituto, hice el papel de madre de Hellen Keller en una serie de representaciones vespertinas de *The Miracle Worker*. Recuerdo haber mirado a hurtadillas desde detrás del telón antes de una representación y ver a mi propia madre en la tercera fila del público. Ella se incorporó, estirando la cabeza y me miró directamente, o eso parecía, porque tenía los ojos cerrados. Cuando volví a casa a última hora de la tarde, me había dejado una nota: «No sé cómo puedes hacer ese papel un día tras otro».

Yo interpretaba el papel de mi solícita madre durante tres horas al día varias veces por semana. Mi madre desempeñó ese papel veinticuatro horas al día durante más de una década. El esfuerzo de hacerlo —de dar la comida, bañar, ayudar a mi hermana discapacitada mientras se ocupaba de una familia de siete— le arrebató prácticamente toda su resistencia.

Incluso aquellos que no estamos lastrados con este tipo de trabajo extremo de asistencia nos cansamos de trabajar muchas horas —muchas más que hace una generación. Desde entonces, los americanos lograron exprimir el equivalente al valor de otra semana de trabajo durante el año laboral—. El problema es el siguiente: cuando uno se llena hasta los topes el día con una actividad implacable y tiene pocos momentos para descansar y reponerse, el cuerpo empieza a acusarlo. Algunos biólogos evolucionistas consideran esta clase de fatiga como el detector de humos del cuerpo o la señal de aviso, su forma de advertirnos que debemos bajar el ritmo para evitar el perjuicio físico y mental del sobreesfuerzo.

Un profundo ritmo estacional ampliamente ignorado por la sociedad moderna también puede contribuir a la fatiga.[10] El letargo es uno de los principales síntomas de desorden afectivo estacional (SAD, *seasonal affective disorder*), una reacción a la luz menguante del invierno. Una amiga noruega me habló una vez de una palabra que usaban para referirse a la estación en su país, *morketiden*, o época oscura, cuando un manto de oscuridad cubre no sólo el paisaje invernal, sino también el mundo anímico interior. Russell Foster, un biólogo circadiano de la Imperial College Faculty of Medicine de Londres, cree que en el SAD subyace el ritmo persistente de nuestro marcador circadiano, que aún conserva la capacidad para detectar y reaccionar a los cambios estacionales de la duración del día. En respuesta a las horas de luz más cortas, el cerebro segrega melatonina durante un período más largo en las horas de sueño y reduce su producción de serotonina, el neurotransmisor que participa en la regulación del humor. Sin embargo, en la sociedad moderna no rebajamos el ritmo para acomodar nuestra química estacional cambiante; en invierno, continuamos trabajando largas horas y nos vamos a dormir tarde, y nuestro cuerpo sufre. Para un pequeño porcentaje de personas —mayor en los países de altas latitudes—, la disminución invernal de la luz del día y la consecuente superproducción de melatonina puede originar un caso auténtico de SAD: aumento de peso, actividad física reducida y fatiga abrumadora. La exposición diaria a una fuente lumínica durante períodos prescritos puede mejorar los síntomas del desorden.

Pese a los abundantes estudios, la ciencia continúa la lucha por comprender la fatiga común. Figura como una de las quejas más frecuentes de este país, y da cuenta de hasta quince millones de visitas al médico al año. Pero a pesar de su ubicuidad, no es un estado fácil de cuantificar, ni siquiera de definir.

La fatiga no es simplemente tener sueño. Se puede tener sueño sin estar fatigado, y estar fatigado sin tener sueño. Puede ser física —la sensación de cansancio del cuerpo—, emocional —sentirse desmotivado y aburrido— o mental —falta de concentración o agudeza—. Puede disminuirse a través de sugerencias alentadoras y motivadoras (los investigadores han descubierto que la percepción de la fatiga puede manipularse durante una actividad física exigente simplemente ofreciendo unas observaciones sobre el resultado), o mediante incentivos financieros (un estudio demostró que la gente a la que se prometía una recompensa de 5 dólares era capaz de mantenerse suspendida en una barra de paralelas casi el doble de tiempo que los sujetos de control o los sujetos a los que simplemente se animaba a participar en el experimento), o por la simple sugerencia de que el esfuerzo que uno realiza es menor que antes, aunque no sea así.

La fatiga puede ser tan grave que llegue a producir incapacidad y, sin embargo, por temor o excitación, es posible olvidarla con rapidez. Puede surgir de la pena, la decepción, la enfermedad física, el dolor, la maligna y agotadora tristeza de la depresión, la falta de sueño o el trabajo incesante. Algunos científicos se sienten tan frustrados ante la esquiva cualidad de este concepto que argumentan que habría que ignorarla por completo.

Yo soy partidaria de la definición de mi madre: la fatiga es el enemigo.

En cualquier caso, el agotamiento después de medio día de vigilia no es el enemigo al que nos enfrentamos cada tarde. Después de todo, nuestra energía muchas veces repunta después del bajón del mediodía. Tampoco es culpable el reflujo de la temperatura corporal, como es el caso de los bajones paralelos en las primeras horas de la mañana. Entonces, ¿quién es el culpable? El decaimiento después de comer ¿es una consecuencia del sándwich de pavo y de la ensalada de maíz devorada previamente bajo el sol de la terraza?

Ciertas pruebas sugieren que una comida copiosa contribuye a la laxitud. Se cree que «el estiramiento gástrico» posee cierta influencia de inducción al sueño (igual que la ausencia de comida puede tener cierta influencia como excitante).[11] Asimismo, el movimiento de los alimentos desde el estómago hasta el duodeno puede agudizar la somnolencia. En los gatos, el simple acto de estimular suavemente el recubrimiento del intestino delgado produce una acusada somnolencia.[12] La insulina también puede jugar un papel importante. Inmediatamente después de un festín, muchas veces el cuerpo experimenta un aumento temporal de energía a causa del incremento de la glucosa o azúcar en la sangre. Pero entonces se produce un aumento de la insulina, la hormona que transporta el azúcar a las células. En un esfuerzo por almacenar el exceso de azúcar, la insulina puede extraer demasiada de la sangre, dejando muy poca para la energía inmediata. Una comida abundante rica en grasas puede empeorar en picado el estado de alerta y rendimiento, según los investigadores de la Universidad de Sheffield, posiblemente porque la grasa desencadena la liberación de CCK, la hormona de la saciedad, la cual, según se ha demostrado, causa sedación en los seres humanos y en otros animales.[13]

No obstante, los estudios demuestran que el bajón tiene lugar se tome o no se tome un almuerzo. Cuando los científicos compararon la somnolencia de la tarde en jóvenes que habían tomado una comida pesada, una ligera o que no habían comido nada, encontraron que el 92 por ciento de los que habían comido algo hacían una siesta de noventa minutos seguidos, independientemente del tamaño de su comida; los más rápidos también durmieron, aunque sólo treinta minutos.[14] La comida puede agravar o prolongar la somnolencia, afirman los investigadores, pero no la inducen.

Nadie está seguro acerca de qué provoca el hundimiento de la tarde. El trabajo de Carskadon y otros sugiere que puede proceder de un fallo en el sistema de coordinación de dos procesos opuestos que funcionan en nuestras vidas.[15] Primero está el mecanismo del sueño homeostático que actúa como un termostato del sueño, contando las horas que llevamos despiertos. El recuento de la necesidad de dormir comienza en cuanto nos levantamos por la mañana y contabiliza la deuda de sueño a través de las horas. A medida que se forma, esta fuerza homeostática ejerce más y más presión para liquidar la deuda, y a medida que el día avanza cada vez tenemos más sueño.

Cada hora y media o dos horas, sentimos una oleada de sueño especialmente fuerte. Peretz Lavie confirmó este particular cuando analizó la propensión de la gente al sueño pidiéndoles que intentaran dormir cada 20 minutos durante un período de 24 horas, un total de 72 intentos.[16] Lavie descubrió que aproximadamente cada 90 a 120 minutos se abre una «puerta del sueño» —una ventana de la «capacidad para dormir» en la que podemos quedarnos dormidos de forma relativamente fácil—. El ciclo es más pronunciado por la noche (cuando los trabajadores por turnos sufren ataques alternos de lucidez e intensa somnolencia), aunque también funciona durante el día. Este patrón de vulnerabilidad al sueño se desarrolla al margen de si se ha dormido bien o no la noche anterior.

Lo que nos mantiene despiertos y alerta durante estas oscilaciones periódicas de la puerta del sueño es el otro proceso que determina nuestra jornada: el mecanismo de alerta circadiana, controlado por nuestro temporizador central, el núcleo supraquiasmático. Dale Edgar, de la Stanford University School of Medicine, confirmó la ubicación del mecanismo de alerta en un estudio realizado con monos ardilla.[17] Esta especie tiene patrones de sueño-vigilia similares a los de los humanos —permanecer despiertos durante dieciséis horas y después dormir profundamente durante ocho—: cuando Edgar destruyó el núcleo supraquiasmático de los monos, volvían a quedarse dormidos una y otra vez durante todo el día.

Según Mary Carskadon, en el curso de un día entero despiertos, este sistema de alerta circadiana marca un ritmo distinto al del termostato del sueño. La señal de alerta es más baja a primera hora de la mañana, digamos alrededor de las 3 a.m., cuando la temperatura corporal se encuentra en su nadir. A medida que el día avanza, la señal de alerta se hace cada vez más fuerte, contrarrestando la creciente presión homeostática del sueño. Una oleada especialmente potente de alerta nos recorre unas pocas horas después de despertarnos, lo cual explica nuestra agilidad mental a última hora de la mañana. A primera hora de la tarde, la señal de alerta es tan poderosa que crea una «zona despierta» unas cuantas horas antes de que empiece su declive en la noche circadiana.

A lo largo del día y de la noche, por tanto, nuestro cuerpo está sometido al tira y afloja de estos dos procesos. Para la mayoría de las horas de luz diurnas, el mecanismo de alerta anula el impulso homeostático del sueño y precipita nuestros cuerpos a un estado despierto y activo. Pero hacia el mediodía, afirma Carskadon, «la presión del sueño se acumula antes de que la alerta que depende del reloj alcance la fuerza adecuada para contrarrestar la somnolencia»; nos vence una oleada de amodorramiento y las puertas del sueño se abren de par en par.

Lo intensamente que cada uno sufre este bajón de la tarde depende de nuestro cronotipo, afirma Carskadon.[18] «Los tipos nocturnos tienden a experimentar oleadas de mayor amplitud —explica—, con picos de alerta más altos y depresiones de somnolencia menos profundas, además de un gran pico de alerta por la noche.» Por otra parte, los tipos matutinos, «presentan una curva de alerta relativamente plana durante el día, que cae en picado de forma bastante dramática por la noche».

Pero la mayoría de la gente experimenta algun tipo de depresión o bajón a mediodía, afirma Carskadon. Para los que están en la carretera, estas horas son peligrosas. Estudios sobre accidentes relacionados con la fatiga realizados en Israel, Texas y Nueva York muestran que los accidentes de un solo vehículo (salirse de la carretera, por ejemplo) son más comunes no sólo a altas horas de la madrugada, entre la 1 a.m. y las 4 a.m., sino también a media tarde, entre la 1 p.m. y las 4 p.m.[19] Este doble pico también aparece en la distribución temporal de los accidentes de autobuses públicos en Holanda y de los accidentes ferroviarios en Alemania. De hecho, estudios de todo el mundo muestran una punta por la tarde en los accidentes de tráfico relacionados con el sueño. Hacia las 4 p.m. los conductores tienen tres veces más probabilidades de quedarse dormidos al volante que a las 10 a.m. o a las 7 p.m.[20] En un mundo en el que el error humano puede causar accidentes que impliquen a un gran número de personas, estos descensos en la eficiencia pueden tener un impacto catastrófico.

Los que estábamos sentados en el confortable auditorio escuchando las conferencias sobre el sueño no nos habríamos sentido atontados de haber estado fuera en el tormentoso tiempo costero de Isla Amelia. El viento racheado y las olas rugientes de una tormenta inminente habrían disparado nuestro ritmo cardíaco, dilatado nuestras pupilas, habrían cerrado de un portazo las puertas del sueño. Pero normalmente no contamos con vientos huracanados para mantenernos despiertos. Entonces, ¿qué puede hacernos recobrar la alerta?

Hay dos opciones. Tratar de controlar el ritmo, concentrarse en el trabajo o la conducción o la tarea que se esté desarrollando, e ignorar la puerta abierta al sueño bajo nuestra responsabilidad. O abandonarse a él: detenerse en un área de descanso de la carretera, apoyar la cabeza en el escritorio o, si tiene la suerte de tener un sofá a mano, estirarse y echar un sueñecito.

«¡Una mala costumbre! ¡Una mala costumbre!», dice el Capitán Giles en *La línea de sombra* de Joseph Conrad reprendiéndose a sí mismo mientras se retira a echar una cabezada por la tarde.

Cabezada, siesta, sueñecito, descanso que implica sueño, pero no pijama... una siesta se define desde el punto de vista técnico como un episodio diurno de sueño de más de cinco minutos y menos de cuatro horas. Aunque muchos la consideran un comportamiento degenerado, hacer la siesta tradicionalmente ha tenido mala reputación, menospreciada como el desafortunado adorno de una comida excesivamente indulgente, un sofocante calor a mediodía o una total pereza. Si a uno lo cogen «echando una siesta»… eso está bien para los niños, pero en los adultos es un signo de debilidad, pereza o senilidad. Incluso en la profesión médica, la tendencia a hacer siesta ha sido considerada tradicionalmente con suspicacia, indicativo de una escasa higiene del sueño o de desórdenes tales como la apnea del sueño o la narcolepsia.

Me complace informar que en los últimos años la siesta ha alcanzado un nuevo estatus. Los estudios demuestran que la siesta no sólo garantiza una pausa a una hora del día en que definitivamente no estamos en nuestra mejor forma, sino que también tiene poderosos efectos de recuperación sobre el rendimiento, sin guardar ninguna proporción con su duración.

Algunos sabios ya hacía tiempo que lo sospechaban.

Dormir la siesta es habitual en las culturas tradicionales, desde Papúa Nueva Guinea, donde la gente propicia una siesta de dos horas al mediodía, evitando así el abrasador sol ecuatorial del mediodía, hasta la gélida Patagonia, donde los yahgan, cuando están cansados, se tumban a dormir a cualquier hora y en cualquier parte, hasta los habitantes de Pukapuka, un atolón de las Islas Cook, que diferencian entre más de treinta y cinco clases de siestas basándose en la profundidad del sueño y la posición y el movimiento del durmiente.[21]

«Hay que dormir en algún momento entre la comida y la cena —aconsejó Winston Churchill— y no hay que hacerlo a medias.[22] Quítate la ropa y métete en la cama.» En la Segunda Guerra Mundial, el primer ministro británico se las arreglaba para estar alerta y despierto a todas horas por la noche. «*Tenía* que dormir durante el día —decía Churchill—. Era la única forma de poder asumir todas mis responsabilidades… No crea que se trabaja menos por dormir durante el día… Se consiguen dos días en uno… bueno, al menos uno y medio, estoy seguro.» También se dice que el presidente Lyndon Johnson se ponía el pijama a mediodía para poder dormir profundamente durante media hora, lo cual le permitía coger fuerzas para trabajar por la noche.

Claudio Stampi, un investigador italiano del sueño, ha analizado historias —algunas probablemente apócrifas— de personajes famosos que subsistieron únicamente a base de sueño robado durante las siestas.[23] Thomas Edison, por ejemplo, era un insomne nocturno incurable que trabajaba incesantemente para acumular patentes, incluyendo aquélla por la que es conocido principalmente, que agravó seriamente su propia condición. En lugar de dormir ocho horas por la noche, cosa que consideraba «una regresión deplorable al primitivo estado del hombre de las cavernas», Edison subsistía a base de frecuentes siestas. Se dice que Leonardo da Vinci dormía quince minutos cada cuatro horas, sumando un total de menos de dos horas de sueño diarias. Haciéndolo quizá ganó veinte años adicionales de trabajo durante sus sesenta y siete años de vida.

Puede parecer que la siesta no tiene un efecto reanimante; la inercia del sueño de una siesta muchas veces nos deja un poco aturdidos. Pero generalmente no somos buenos jueces de nuestro propio estado de descanso. Como indica el pionero investigador del sueño William Dement, diversos estudios demuestran que las siestas mejoran la alerta, el humor, la vigilancia y la productividad en las últimas horas del día, especialmente para los trabajadores a turnos y para los que se ven obligados a trabajar largos períodos.[24]

Según Dement, cuando los investigadores de la NASA probaron los efectos de la siesta en los pilotos que tenían que volar largas distancias por encima del Pacífico durante la noche, se produjeron importantes descubrimientos.[25] Durante esos vuelos de largo recorrido, el tiempo de reacción de la tripulación de la cabina normalmente caía en picado y los pilotos frecuentemente se sumían en «microsueños», breves episodios de sueño de entre 3 y 10 segundos de duración. En el estudio de la NASA, se indicaba a algunos tripulantes que fueran a descansar 40 minutos durante los vuelos transoceánicos, arrojando una media de unos 26 minutos de sueño. Un grupo de control del personal de la cabina del piloto en vuelos similares no descansó nada. En los vuelos sin descanso, la tripulación experimentaba un total combinado de 120 microsueños durante la última hora y media de vuelo, incluyendo 22 en la última media hora, cuando el avión descendía para aterrizar. Las tripulaciones de los vuelos que habían dormido siesta sólo experimentaban 34 microsueños en el mismo período y ninguno en la última media hora. Su tiempo de reacción, vigilancia y alerta también había mejorado.

«Todo el mundo conoce la necesidad de hacer siestas en el sector de los transportes —afirma Fred Turek, un investigador del sueño de la Northwestern University y orador en la conferencia de Isla Amelia—.[26] Pero aún así se hace muy poco al respecto.» En su parlamento, Turek enseñó dos diapositivas: una con la cifra de mil millones de dólares, el coste de un Spirit B-2, el bombardero más caro del mundo; la otra con 8,8 dólares, el coste de una hamaca Wal-Mart utilizada por los pilotos del B-2 para sus siestas energéticas. Según Turek, dinero bien gastado, aunque no utilizado lo suficiente para este fin.

Incluso en aquellos de nosotros que llevamos una vida menos agotadora que los pilotos de largo recorrido o los camioneros, un sueñecito oportuno mejora la alerta y el humor.[27] Un estudio demostró que para los sujetos soñolientos que realizan conducciones monótonas a primera hora de la tarde en un simulador de coche durante una o dos horas, una siesta inferior a quince minutos a media tarde mejoraba el tiempo de reacción y reducía la incapacidad para conducir tanto como tomar dos tazas de café.[28] Los investigadores japoneses que realizaron recientemente un estudio de dos semanas en el lugar de trabajo de los empleados de una fábrica obtuvieron resultados similares: una breve siesta tumbados en una butaca después de comer mejoraba notablemente su rendimiento en el trabajo.[29]

Las siestas pueden incluso aumentar la percepción. Sara Mednick y sus colegas de la Universidad de Harvard estudiaron sujetos a los que presentaban una tarea de percepción visual cuatro veces al día.[30] El rendimiento de los que estaban privados de una siesta empeoraba a lo largo de las cuatro sesiones de pruebas. Pero los que dormían una corta siesta entre la segunda y la tercera sesión —no sólo un descanso, echados tranquilamente con los ojos cerrados, sino una verdadera siesta completa con sueño en onda lenta y fase REM— mostraban una mejora sustrancial de la agudeza perceptual.

En un estudio posterior, Mednick demostró que hacer la siesta también facilita el aprendizaje.[31] Tanto los que la hacen como los que no, pasaron una hora por la mañana aprendiendo a identificar la orientación de tres barras que se encendían en la pantalla de un ordenador. Después se evaluó a todos los sujetos para evaluar qué habían aprendido, primero a las 9 a.m. y después a las 7 p.m. El grupo de los de la siesta, que había dormido una hora o más antes de repetir la evaluación, mostró un resultado superior en un 50 por ciento en cuanto a la exactitud respecto a los que no habían dormido la siesta... pero de nuevo sólo si habían dormido lo bastante profundamente como para disfrutar de sueño en onda lenta y REM. En esta fase tendría que sacudirla con fuerza para lograr despertarla. Su respiración es lenta y regular; los músculos están laxos. La glándula pituitaria quizá haya empezado a liberar oleadas de hormonas gonadotrópicas, las cuales juegan un papel esencial en el desarrollo de los órganos sexuales, y hormonas del crecimiento, que estimulan la división y la multiplicación de las células. En pocas palabras, según afirman los investigadores, hacer la siesta nos hace más agudos, sanos, seguros. Algunas empresas de Japón, Europa y Estados Unidos están empezando a tener en cuenta estos estudios e incluyen las siestas en el horario laboral con el fin de fomentar la seguridad y la productividad.[32]

Entonces, ¿cuál es la mejor hora para hacer una siesta y cuál debería ser su duración? Los estudios más recientes relativos a la siesta afirman que entre quince y veinte minutos de descanso a alguna hora entre la 1 p.m. y las 2.30 p.m. pueden aliviar la fatiga, estimular el rendimiento cognitivo y recargar las pilas de la mente.[33] Las siestas más prolongadas de, por ejemplo, entre cuarenta y cinco minutos y una hora pueden precisar un tiempo de recuperación —alrededor de unos 20 minutos— mientras se disipa el aturdimiento de la inercia del sueño. «No obstante, las siestas de esta duración son sensibles a la hora del día», afirma Mednick. Las siestas matutinas serán de un sueño más ligero; las siestas a última hora de la tarde, de un sueño profundo más «saneador».[34]

Echar un breve sueñecito al mediodía es la respuesta natural de nuestra necesidad biológica de descanso. El cuerpo humano está «programado» para una siesta, dice Mary Carskadon. Hacer la siesta no es nada vergonzoso.[35]

Capítulo 7

Agotado

En lugar de optar por una breve siesta, quizá escoja la ruta química hacia la claridad mental, deslizándose fuera de la oficina y dando la vuelta a la esquina en busca de un café doble. Ya antes incluso de tragarse ese brebaje negro, ha comenzado a sentirse menos soñoliento. Quizá sea el aire fresco. O quizá los nervios.

La tensión ha ido en aumento durante el día, con un lío tras otro. Al volver de la cafetería, empieza a inquietarse por la cantidad de trabajo que se amontona en su mesa, por el comentario sarcástico de su supervisor, por el plazo límite en ciernes y porque va a ser imposible llegar a tiempo a casa para el partido de futbol de su hija. Al llegar al cruce, oye una bocina y dirige hacia allí la mirada justo a tiempo de ver un Ford Bronco que acelera mientras usted tiene el semáforo en rojo. Retrocede hasta la acera, derramando el café, sin aliento primero, irritado después, al percatarse de que ha escapado por los pelos de ser aplastado. Su corazón late muy deprisa, las rodillas le tiemblan. A esta hora del día, la oleada de cortisol y demás hormonas del estrés debería ir disminuyendo en su cuerpo, camino de su nadir nocturno. Pero, de repente, repuntan en su torrente sanguíneo. Si antes no estaba alerta, ahora se siente agotado y muerto de miedo.

William James escribió en una ocasión que «la evolución del bruto al hombre se caracteriza sobre todo por la disminución en la frecuencia de situaciones verdaderamente terroríficas...[1] En la vida civilizada concretamente, muchas personas han pasado de la cuna a la tumba sin haber llegado a sentir ni siquiera una punzada de auténtico miedo». Quizá sea cierto que tenemos muchas menos probabilidades que nuestros antepasados de enfrentarnos al horror de acabar como almuerzo de otros animales. Pero esa amenaza ha sido sustituida por otros peligros, reales e imaginarios. Me acuerdo de cuando tenía que agacharme bajo el pupitre en tercer grado durante los simulacros de bombardeos atómicos de la Guerra Fría, de ir en un coche conducido por un amigo adolescente borracho, de mirar por la ventana de un avión de hélice y ver un motor incendiado, de despertar en mitad de la noche por el ruido de un intruso que había roto la ventana de mi apartamento.

Estoy pensando en un incidente que tuvo lugar durante un brillante día de otoño, retrospectivamente más cómico que temible, aunque en aquella ocasión no me lo pareció así. Una tarde volvía a mi casa desde la de una amiga con mi hija Nell, ambas hechas polvo después de un largo fin de semana de actividad deportiva. Cuando subíamos por la colina en dirección a nuestra casa, nos dimos cuenta de que algo hacía que los perros del vecindario ladraran como locos. Nuestro vecindario es un enclave ecléctico de casas urbanas y rurales en el límite de la ciudad, en el que las aceras no son más que un adorno esporádico para las casas más nuevas, donde la gente tiene dos o, a veces, tres perros y pide el tractor prestado para arar el jardín y plantar maíz y patatas.

Por el rabillo del ojo vi una masa negra que ocultaba los escalones de la casa victoriana del otro lado de la calle. A unas diez yardas de donde nos encontrábamos había un enorme toro plantado entre la digitaria del césped de mi vecino, con los ojos muy abiertos y golpeando el suelo con una pezuña, agitado sin duda por la cacofonía canina. Debía de pesar una tonelada.

Se me puso la piel de gallina en los brazos y el cuello. Nell me miró: «¿Mamá?». Ambas nos quedamos heladas. El toro soltó un bramido. Yo dí un salto, agarré la mano de Nell y corrí hacia nuestra puerta. Sabía que el toro no era sanguinario. Sabía que no era más que un *Bos taurus* perdido que había ido vagando sin rumbo hasta nuestro vecindario desde los corrales de carretera abajo. Pero aún así, yo albergaba un sentimiento motivado por el pánico de ser una presa. Tenía punzadas por las piernas, y me temblaban las rodillas. Me temblaban tanto las manos que no podía abrir la puerta. Los ágiles deditos de Nell la abrieron con rapidez y entramos corriendo en la casa.

Desde la seguridad de la ventana delantera, observamos cómo el toro se desvanecía por detrás de la casa de los vecinos al tiempo que aparecían tres coches de policía. Un montón de policías robustos salieron de los coches y se dirigieron al patio trasero. Desaparecieron durante un instante. Después, de repente, volvieron a aparecer corriendo, con los ojos saliendo de las órbitas, boquiabiertos, resollando pesadamente. «¡Compañero! —le gritó uno a otro—, nunca te había visto correr así.»

Durante las cinco horas siguientes, el toro aterrorizó al vecindario trotando entre los parterres de flores y los jardines de hortalizas, tirando vallas, incluso tropezando por las escaleras de uno de los porches, antes de que la policía lograra, por fin, acorralarlo en una zanja cubierta de hierba entre dos casas, y un trabajador de los corrales le disparara un dardo tranquilizante.

Un toro fugitivo, un coche deportivo temerario, un jefe autoritario: la reacción del cuerpo es la misma, una rápida pero sofisticada respuesta de emergencia que afecta a casi todos los aspectos de nuestro ser.

Todo empieza con un temor subconsciente. «Estamos hechos para enfrentarnos al peligro primero y pensarlo después», explica Joseph LeDoux, director del Centro de Neurociencia del Temor y la Ansiedad de Nueva York. En una serie de brillantes estudios, LeDoux ha clarificado los circuitos cerebrales que controlan el temor y ha descubierto lo que considera como dos caminos separados para asustarse, lo que él llama el «camino bajo» y el «camino alto».[2]

Según LeDoux, el camino bajo es la razón de que aún estemos aquí.

El temor se origina en lo más profundo del cerebro, en una estructura con forma de almendra que se denomina amígdala. Cuando vemos un posible objeto peligroso u oímos un sonido amenazador —digamos, la sombra de un depredador o el sibilante siseo de un coche a toda velocidad—, una versión preconsciente clara y simple del estímulo, una parte pequeña, tosca y fragmentaria del sonido o imagen relampaguea a lo largo del camino bajo. Este sendero primitivo y visual no viaja a través de la corteza «del pensamiento», sino que va directo a la amígdala, sin ninguna consciencia y mucho antes de que la imagen o el sonido completo sea totalmente reconstruido en la mente. La amígdala envía una señal de «¡alerta!» instantánea que moviliza al cuerpo para responder con rapidez al peligro potencial.

Según LeDoux, al mismo tiempo, una versión más completa del estímulo también se abre camino a través del camino alto, hasta la corteza sensorial, en la que se examina con detenimiento, se procesa en detalle y se analiza para crear un cuadro preciso de la situación. El camino alto puede confirmar el peligro, o bien puede estimar que el miedo no procede y que el riesgo no es real —por ejemplo, un tocón grande y oscuro de un árbol en vez de un corpulento toro— y desconectar la respuesta del miedo.

Pero esta vez la amígdala ya ha desencadenado las defensas del cuerpo: el susto, la inmovilidad, el vello erizado, la movilización para luchar o huir. «Sólo se tardan doce milisegundos en activar la respuesta al miedo en la amígdala —afirma LeDoux—. Se tarda tres veces más, entre treinta y cuarenta milisegundos, para que los [mismos] estímulos lleguen hasta la corteza sensorial.» Esos milisegundos de más pueden significar la diferencia entre la vida y la muerte; de aquí el valor evolutivo del camino bajo.

Volvamos al episodio en el que casi le atropella el Ford Bronco. El mensaje de «¡alerta!» enviado por la amígdala fue sólo el primer paso de su salvación.[3] El mensaje de advertencia fue recogido por el hipotálamo, en la base del cerebro, el cual a su vez transmitió una alerta química a las glándulas pituitaria y suprarrenal, dos pequeñas glándulas con forma de judía situadas encima de los riñones. Éstas responden liberando una descarga de hormonas del estrés que producen el familiar torrente de adrenalina, acelerando el latido cardíaco, incrementando la presión sanguínea y suministrando sangre, oxígeno y combustible extra a sus músculos, sobre todo a los largos músculos de las piernas.

Mientras tanto, los tubos bronquiales de los pulmones se dilatan para inhalar oxígeno extra que alcanza el cerebro para mantenerlo alerta y vigilante. Las reservas de energía y grasa del cuerpo liberan glucosa y ácidos grasos para producir más combustible. Esas señales hormonales que sisean por todo su cuerpo desencadenan la constricción de los vasos sanguíneos que irrigan la piel y la liberación del factor de coagulación fibrinógeno para ayudar a restañar la pérdida de sangre de cualquier daño potencial. El cortisol, la hormona del estrés, produce cambios en el sistema inmunitario, preparándolo para daños en la piel, el músculo y el hueso, y para una posible infección. Mientras tanto, el cerebro va bombeando endorfinas, que actúan como analgésicos para reducir el dolor, si es necesario. Los rápidos aumentos de adrenalina y cortisol también sirven para estimular la agudeza mental. Al mismo tiempo, su cuerpo va ralentizando esas otras funciones que no va a necesitar en una emergencia: la digestión, la reproducción, el crecimiento.

«La idea de esta actividad es desplazar todos los recursos a las zonas del cuerpo más necesarias para enfrentarse a un reto inmediato», explica Bruce McEwen, un neuroendocrinólogo de la Rockefeller University.[4] Naturalmente, esto tiene sentido: cuando vemos un león o un coche deportivo que se dirige hacia nosotros, señala McEwen, es mejor utilizar nuestra energía para escabullirnos que para digerir un huevo o para que nos crezca una uña del pie.

En los últimos diez años, los científicos que han trabajado para comprender íntegramente la naturaleza de la respuesta de luchar o huir, también conocida como respuesta del estrés, han revelado noticias sorprendentes. «Este tipo de respuesta de estrés agudo es bueno para el cuerpo —declara McEwen—. Se trata de una reacción protectora; agudiza nuestros sentidos, mejora nuestra memoria, incluso incrementa nuestra respuesta inmunológica.» De hecho, argumenta McEwen, el estrés en sí mismo es bueno mientras sea efímero. Aunque un breve ataque de estrés consume mucha energía, hace maravillas respecto al rendimiento y, en realidad, puede producir un sentimiento de bienestar físico y mental. La respuesta de estrés constituye un sistema brillante para enfrentarse a los desafíos a corto plazo, ya sea levantar un coche para liberar a un niño atrapado debajo, capear un huracán, dar una conferencia o correr más deprisa que un toro.

Sin embargo, lo importante es la brevedad. Lo que nos hace sentir realmente estresados es algo crónico, repetido o una exposición excesiva al estrés: soportar el ruido, el tráfico, las presiones del tiempo, las preocupaciones diarias acerca del trabajo y la familia, las deudas, los padres que se hacen mayores, los problemas conyugales. «Este tipo de acumulación de una presión psicológica, que nos hace perder el sueño, dejar de hacer ejercicio y comer mal, nos desgasta muchísimo —explica McEwen—. Éste es el auténtico peligro.» No es muy distinto de la diferencia que hay entre un dolor agudo, que actúa como un sistema esencial de alarma, y el dolor crónico, que tiene escaso propósito y causa muchos perjuicios. El estrés crónico puede activar enérgicamente el sistema de respuesta del cuerpo, colapsarlo o hacerlo descarrilar, de forma que se rebele contra sí mismo, desencadenando una enfermedad grave, e incluso la muerte.

Los científicos saben desde hace años que el estrés que no remite pasa factura al cuerpo, pero ahora empiezan a comprender cómo se instala en el cuerpo esa presión psicológica a largo plazo.

A medida que avanza el día y frunce el ceño —un jefe irritado, papeles desordenados, asuntos familiares que se dejan a un lado—, usted sacude nerviosamente la rodilla y encoge los hombros, posiblemente arruinando su decisión de no comprar una galleta con el café y preguntándose si aún tiene esa chocolatina para emergencias en el cajón de su mesa. La cabeza empieza a dolerle. Se inclina hacia delante para recoger un montón de notas del suelo de la oficina y siente una punzada de dolor en la parte baja de la espalda.

La palabra «estrés» se ha utilizado tanto que ha perdido gran parte de su significado. Deriva del latín *stringere*, que significa tensar. Un científico húngaro, Hans Selye, fue el primero en acuñar el término, en el verano de 1936, en un breve reportaje para la revista *Nature*, titulado «Un síndrome producido por diversos agentes nocivos».[5] Catorce tensos años después, Selye publicó una obra de mil páginas sobre el tema, que él generosamente dedicó a aquellas personas del mundo que padecen una tensión a causa de «daños sostenidos, pérdida de sangre o exposición a condiciones extremas de temperatura, hambre, fatiga, necesidad de aire, infecciones, venenos o rayos mortales... que se encuentran bajo la agotadora tensión nerviosa de perseguir un ideal —cualquiera que sea—, a los mártires que se sacrifican por otros, además de aquellos heridos por la ambición egoísta, el temor, los celos, y el peor de todos, el odio.» Todo lo cual describe a una gran parte de nosotros en una u otra ocasión, incluyendo al propio autor. Selye, que según era sabido trabajaba una media de diez a catorce horas diarias, siete días por semana, también dedicó su obra a su mujer, quien, afirmaba él, comprendía que «yo no puedo, no debería curarme de mi estrés, sino simplemente aprender a disfrutarlo».

En opinión de Seyle, el estrés era cualquier tipo de crisis en el cuerpo, cualquier exigencia de daño, desde el hambre o la privación de sueño hasta un esfuerzo muscular agotador, una infección o un suceso que provoca miedo. Actualmente, los científicos tienden a definir un factor estresante como algo que altera la homeostasis del cuerpo y la respuesta al estrés como la miríada de adaptaciones que finalmente restablecen el equilibrio.[6] Si el trastorno es breve, el cuerpo normalmente se recupera con rapidez.

Pero, según Bruce McEwen, la respuesta al estrés no se formó con la perspectiva de la vida moderna en mente: un alud de factores estresantes sin fin caracterizan la existencia contemporánea. A nuestro cuerpo le cuesta distinguir la diferencia entre una amenaza inmediata y con peligro para la vida y, por ejemplo, una pelea con la familia o la continua pesadez de las preocupaciones por el dinero. Como sugiere McEwen, las peleas mano a mano o una precipitada carrera hacia la seguridad no son la respuesta apropiada para una esposa enfadada o para un salario insuficiente. Esta clase habitual de estrés puede aumentar durante el día, la semana, el año, y la respuesta al estrés se estanca en una marcha alta hasta que los mecanismos que supuestamente deben ayudarnos finalmente se vuelven en contra nuestra. Además, con frecuencia realizamos las elecciones equivocadas para este estrés incensante, explica McEwen. Comemos comida más calórica, bebemos más alcohol, trabajamos más duro y más horas, nos acostamos demasiado tarde, no hacemos ejercicio, y acabamos sintiéndonos aún más ansiosos, exhaustos, enfermos.

Pocas semanas después del ataque terrorista del 11-S, una tarde di una conferencia a los estudiantes de medicina de la Universidad de Virginia acerca de los recientes descubrimientos en genética y sus efectos sobre las opciones personales en medicina. Había sido un mes difícil. Mi sobrino, un joven que había ido por primera vez a Nueva York a estudiar finanzas, se encontraba en la torre sur cuando fue alcanzada. Milagrosamente, logró salir. Otros muchos no lo lograron. Los días posteriores al ataque trajeron oleadas de angustia y dolor. Como tantos otros, yo luché por seguir adelante, aunque no conseguía dormir bien, encontraba difícil concentrarme y me retrasaba en el trabajo. Estaba nerviosa ante esa charla, por tener que hacerme cargo de un tema de tanto alcance y complejidad y no tener tiempo para preparármelo. Para calmarme, para obviarlo, hice ejercicio, comidas decentes, dediqué tiempo a la familia y al reposo.

Al empezar la conferencia, me sentía segura, si bien un tanto acalorada y sonrojada, sensaciones que registré como excitación y los efectos de la adrenalina. La temperatura del cuerpo ligeramente elevada no es una mala cosa en circunstancias normales y desde luego se ha relacionado con un rendimiento superior (algunos científicos afirman que posiblemente sea porque una temperatura corporal más alta incrementa la función neuroconductual). Pero es una cuestión de grados. Cuando la temperatura supera los 101°F (38,5° C), las funciones mental y física se resienten. Durante el turno abierto de preguntas al final de la conferencia, empecé a sentirme mareada y confusa, y respondí a las inteligentes preguntas de los estudiantes con respuestas vagas, prolijas, claramente estúpidas.

«¿Responde esto a su pregunta?»
Probablemente no.

Cuando llegué a casa, descubrí que tenía una temperatura de 103 °F (39,5 °C). Era el principio de una grave neumonía que me mantuvo postrada en cama durante un mes.

Ya en la década de 1900, Sir William Osler observó que el estrés en forma de vida frenética puede hacernos enfermar, pero hace unos años una serie de nuevos estudios han aportado pruebas concretas de la forma en que el estrés psicológico afecta la susceptibilidad a todo tipo de desastres. Las hormonas constituyen la clave de esta relación. El estrés excesivo altera las normales subidas y bajadas circadianas de hormonas, aplanando las curvas en los picos. Generalmente, una pequeña dosis temporal de hormonas del estrés es buena para el cuerpo, dice McEwen; las dosis grandes a largo plazo, no lo son. Los niveles altos constantes de adrenalina elevan la presión sanguínea, lo que puede provocar cicatrices o lesiones en los vasos sanguíneos del corazón y el cerebro donde se forma el material que obstruye las arterias: las placas.

Igualmente, un exceso de cortisol puede ser mortal, y causar pérdida ósea e incrementar la grasa abdominal. Los niveles elevados de cortisol que acompañan al estrés crónico, en realidad, aumentan el ritmo al que los alimentos se transforman en grasa y deciden dónde se deposita ésta. McEwen y su colega Elissa S. Epel, una investigadora de la Universidad de California en San Francisco (UCSF), descubrieron que niveles elevados de cortisol en mujeres que soportan un gran estrés conducen a grandes acumulaciones de grasa abdominal, incluso en mujeres que de otro modo serían delgadas.[7] La hormona activa los receptores de grasa del abdomen y la barriga, de forma que los depósitos de grasa se acumulan allí en lugar de en las caderas y nalgas —lo cual aumenta el riesgo de enfermedades cardíacas, diabetes y ataques de apoplejía—. El exceso de cortisol también hace que el hígado produzca más glucosa para la energía, explica McEwen. Normalmente, el hígado libera una gran cantidad de glucosa por la noche. Cuando la dosis típica aumenta por la acción del cortisol, el exceso circula toda la noche mientras estamos descansando y no lo usamos, favoreciendo que nuestro cuerpo gane peso, presente una resistencia a la insulina, y pueda desarrollar diabetes.

Para empeorar las cosas, a menudo respondemos al estrés a largo plazo tratando de automedicarnos con alimentos ricos en grasas. En los días siguientes al 11-S, rechacé mi comida sana habitual y me dediqué con sumo gusto al bizcocho de plátano, la pasta, las galletas de chocolate, cualquier cosa cargada de grasa o azúcar. Pronto me enteré de que mis amigos estaban haciendo lo mismo. Es una respuesta corriente al sentirse agotado, buscando la tranquilidad que da la comida reconfortante. «El estrés nos abre el apetito», dice McEwen.

Hasta hace poco, había numerosas anécdotas que afirmaban que comer un pastelito de chocolate o una chocolatina podía aliviar temporalmente los nervios, pero no existían demasiadas pruebas en el sentido de una confirmación científica. Eso cambió con la investigación de la UCSF que demostraba que las señales que el cuerpo envía después de consumir alimentos ricos en calorías pueden variar temporalmente la actividad del sistema hormonal del estrés.[8] Sin embargo, con el estrés a largo plazo, el exceso de calorías puede significar una considerable adición de grasa extra, y una incapacidad para recuperarse de un suceso estresante. Cuando los científicos de la Universidad de Maryland estudiaron ratas alimentadas con una dieta rica en grasas durante diez semanas, descubrieron que las ratas se recuperaban del estrés mucho más despacio que las ratas alimentadas con una dieta normal.[9]

Nuestro sistema inmune también se resiente. Creadas para ser sensibles a las señales de estrés agudo, las células inmunes transportan los receptores de cortisol y otras hormonas del estrés de forma que respondan con rapidez a las lesiones y a las infecciones potenciales. Un solo acontecimiento estresante tiende a acelerar el sistema, mejorando su rendimiento. Pero el estrés que no remite tiene el efecto inverso. Unos 150 estudios sugieren que un estrés incesante debilita la respuesta inmune y hace a la gente más vulnerable a las infecciones.[10] La gente que soporta condiciones estresantes durante más de un mes —un dolor debilitante tras la muerte de un miembro de la familia, un divorcio o la pérdida de un trabajo— tiene muchas más probabilidades de contraer un resfriado que los que están menos agotados.[11] También son más propensos a ofrecer una respuesta inmune más débil a una vacuna.[12]

De forma que el estrés acumulativo también ralentiza la curación de las heridas. Un estudio reveló que en las mujeres que cuidan de parientes enfermos de Alzheimer —un trabajo altamente exigente que requiere una atención intensiva y exhaustiva—, las pequeñas heridas en la piel tardaban una media de nueve días más en curarse que las heridas en los sujetos de control.[13] Resulta que el estrés psicológico inhibe un componente clave de las primeras fases de la curación de las heridas, la secreción de sustancias químicas que participan en la curación conocidas como citoquinas proinflamatorias.[14]

Más insidioso incluso es el efecto del estrés y la alerta constantes sobre el aprendizaje, la memoria y la propia estructura del cerebro. El hipocampo, una parte del cerebro crucial para la memoria, tiene muchos receptores de cortisol y por ello es especialmente vulnerable al exceso de hormonas. McEwen ha demostrado que incluso el estrés temporal, si es lo suficientemente grave, puede destruir las dendritas de las neuronas del hipocampo, esas largas proyecciones a través de las cuales reciben las señales las neuronas.[15] «Éste puede ser un mecanismo protector contra el daño permanente —afirma—. Al cancelar el contacto con otras células, las células del hipocampo evitan apagarse de forma permanente, como un cortocircuito.» Sin embargo, el hipocampo normalmente desempeña un papel para impedir la respuesta al estrés señalando al hipotálamo que deje de producir hormonas del estrés. De esta forma, el daño a la estructura por parte del estrés a largo plazo puede desembocar en la liberación de más hormonas aún, desencadenando un ciclo de hormonas elevadas y mayor destrucción.

Una especie de proceso inverso tiene lugar en la amígdala, con un desagradable efecto parecido de aumento de la ansiedad y el estrés.[16] Los científicos han descubierto que el estrés repetitivo hace que las neuronas de la amígdala florezcan en dendritas ramificadas. Esto crea más conexiones de falsas rutas con las neuronas sensoriales y, por tanto, más rutas de acceso para la información emocional subconsciente. Como resultado, incluso un pequeño componente sensorial en una situación potencial de miedo —un detalle inocente interpretado inconscientemente— puede desencadenar un estallido de actividad en la amígdala, intensificando el miedo. En opinión de Joseph LeDoux, este mecanismo puede explicar ciertos tipos de ansiedades «indescriptibles».

Quizá la más inquietante sea la noticia de que el estrés desgasta el propio ADN.

Eche un vistazo a su alrededor, a su casa o a su oficina. ¿Quién parece cansado o exhausto? ¿Quién tiene las facciones hundidas? «Las personas que están estresadas durante largos períodos suelen tener un aspecto demacrado», dice Elissa Epel de la UCSF.[17] Todos lo sabemos de forma intuitiva. Para comprender la razón de esto, Epel y su equipo reclutaron a cincuenta y ocho madres de familia de edades comprendidas entre los veinte y los cincuenta. Treinta y nueve de las madres dispensaban —como era el caso de la mía— cuidados básicos a un niño enfermo crónico de enfermedades como la parálisis cerebral o el autismo. Las mujeres rellenaban un cuestionario para determinar su nivel de estrés percibido. Después el equipo estudiaba su ADN, centrándose en unas minúsculas estructuras llamadas telómeros, que actúan como temporizadores que informan a la célula de su edad. Los telómeros recubren el extremo de los cromosomas como esos antiguos taponcitos de plástico de los cordones de los zapatos, que evitan que el ADN se desenrolle. Cada vez que una célula se divide, una parte de su telómero se agota. Tras múltiples divisiones, los telómeros se gastan tanto que la célula deja de dividirse y muere.

En 2004, el equipo publicó sus notables resultados: las madres que sufrían el mayor estrés psicológico percibido tenían telómeros sustancialmente más cortos. También presentaban una actividad mucho menor en una enzima llamada telomerasa, que ayuda a conservar los telómeros. Comparado con las células de las mujeres de la misma edad que no sufrían estrés, las células de las madres muy estresadas habían «envejecido» el equivalente a entre nueve y diecisiete años. Los científicos sospechaban que la causa subyacente de este envejecimiento prematuro podía ser una superabundancia de sustancias químicas llamadas radicales libres —desencadenadas por las hormonas del estrés— que dificultaban la actividad de la telomerasa.

La respuesta de nuestro cuerpo a los acontecimientos estresantes puede estar determinada en parte por nuestros genes. Eche un vistazo a su alrededor a sus amigos y colegas. ¿Quién se preocupa por cada detalle? ¿Quién se deja llevar por la corriente? Mientras que un amigo se preocupa y se inquieta por un problema o un lío, otro no parece inmutarse por nada. La mayoría de nosotros conoce a alguien que parece buscar experiencias estresantes y deleitarse con el peligro.

Mi amiga Miriam es uno de esos espíritus intrépidos. Mujer menuda, pero fuerte y siempre optimista, parece navegar entre los traumas de la vida con facilidad y resistencia. En la facultad, sus amigos la llamaban «Mitomim» por mitocondria, esas diminutas centrales energéticas que se encuentran en el interior de nuestras células. Miriam parece sentirse más feliz cuando tiene que presionar el cuerpo y la mente, para subir corriendo el Monte Washington o, digamos, para esforzarse en seguir adelante contra una marea de diferentes tareas pendientes. Un año, no mucho después de cumplir cuarenta y cinco años, escaló la pared vertical del Matterhorn durante las oscuras horas que preceden al amanecer y en mitad de una tormenta de lluvia y granizo —sólo por diversión—. Al año siguiente sufrió una colisión frontal con el coche que casi acabó con ella; según explicó, cuando recobró el sentido su primer pensamiento fue si debía arruinarle la mañana a su marido con la noticia.

Y después está Mary, para quien la más mínima dosis de estrés, mental o físico, es tan tóxica que la sume en la desesperación. Mary entra en la categoría de personas que no pueden adaptarse a esos suaves traumas como hablar en público o enfrentarse al jefe. En respuesta al estrés cotidiano de la vida, ella expone en exceso su cuerpo a las hormonas del estrés.

¿Qué es lo que explica el abismo entre la feliz Miriam y la frágil Mary?

No hace mucho, esto se habría considerado una línea de investigación estéril, siendo despreciada esta disparidad como una cuestión de algo tan nebuloso como el temperamento o la naturaleza humana. Pero recientemente ha surgido lo que algunos pueden considerar como un posible fundamento biológico de estas diferencias. Si estamos o no descarrilados por los hechos estresantes de la vida está influenciado por ciertos genes —específicamente, por la longitud de los llamados genes que codifican la serotonina—.[18] Estos genes, que aparecen en dos tamaños, cortos y largos, afectan a la expresión de la serotonina química que regula el humor. Estos genes ocuparon las primeras páginas hace unos años, cuando los científicos del National Institute of Mental Health demostraron que la versión corta estaba débilmente ligada a la neurosis, una tendencia a la ansiedad, la timidez, la melancolía y la baja autoestima, lo cual le ganó el alias de «gen de Woody Allen».[19] Las personas bendecidas con dos largas copias (alrededor de un 30 por ciento de la población) son más propensas a responder con elasticidad a una racha de experiencias vitales estresantes. Los que poseen copias cortas (aproximadamente un 20 por ciento de la gente) tienen dos veces y media más probabilidades de sufrir un grave estrés. El resto, dotados de una de cada versión, son moderadamente vulnerables.

Esto no quiere decir que se pueda reducir el carácter optimista de Miriam a un simple retazo de ADN. Tampoco que tener una doble dosis de los genes largos confiera una inmunidad completa ante los efectos del estrés crónico. Ningún gen por sí solo tiene la responsabilidad total de la tolerancia al estrés o de la tendencia a una gran ansiedad; probablemente en esa mezcla figuran cientos de genes. Pero los nuevos estudios sugieren lo siguiente: la interacción de la composición genética (dos variantes cortas del gen) y la experiencia (más acontecimientos vitales estresantes, como una lesión incapacitante, problemas en una relación íntima, desempleo a largo plazo) pueden colocar a Mary en el extremo susceptible de la escala, doblando con creces sus probabilidades de sucumbir a los achaques relacionados con el estrés. Y dos versiones largas del gen podrían dar a Miriam una probabilidad relativamente remota de sufrirlo, al margen del número de episodios estresantes que se le presentaran.

Entonces, ¿qué tiene que hacer alguien que se preocupa por todo?

Tratar de sentir que controla la situación, dice Esther Sternberg, una experta en la ciencia de las emociones y salud y directora del Integrative Neural Immune Program en los National Institutes of Health.[20] Al sentir que vamos en el asiento del conductor, por decirlo así —capaces de emprender acciones que afecten a nuestro propio destino—, desterramos los sentimientos de indefensión y pánico, y reducimos los efectos del estrés a largo plazo.

A modo de ejemplo, Sternberg explica la historia de un piloto de la marina estadounidense a quien conoció en una ocasión, que volaba de forma rutinaria en un caza a reacción F-14 como transportista de aviones. El piloto admitió que cuando volaba por obligación —por ejemplo, cuando despegaba o aterrizaba su nave en un transporte en mitad de la noche durante una tormenta en el Mar del Japón— sentía todo eso que sentimos todos cuando estamos estresados. Su corazón se aceleraba y le sudaban las palmas de las manos. Pero no estaba completamente abrumado porque sentía que controlaba la situación y era capaz de utilizar los mecanismos de respuesta al estrés en beneficio propio.

Sternberg explica que cuando no se puede controlar la situación, otra estrategia es intentar calmarnos mediante respiraciones profundas y meditación. Richard Davidson, de la Universidad de Wisconsin, y sus colegas analizaron recientemente los cambios fisiológicos que subyacen a la llamada meditación consciente.[21] Con esta técnica, la persona que practica la meditación se centra en el momento presente, en la tranquila consciencia de la respiración, dejando que los sentimientos y los pensamientos inunden la mente sin juicios ni acción. Diversos trabajos han demostrado que la meditación consciente puede constituir un poderoso antídoto contra los desórdenes de la ansiedad, el dolor crónico y la hipertensión; un estudio llegó a demostrar incluso que tenía un efecto significativo sobre el número de enfermos de psoriasis que mejoraban.[22]

El equipo de Davidson estudió a cuarenta y un empleados de una compañía biotecnológica. Veinticinco de los participantes se sometieron a un programa de meditación de ocho semanas. Cuando los científicos midieron la actividad eléctrica del cerebro antes y después de las sesiones de ocho semanas (y de nuevo, cuatro meses después) descubrieron que los que practicaban la meditación mostraban una mayor actividad eléctrica que los que no la practicaban en la corteza prefrontal izquierda del cerebro, una región que previamente aparecía asociada a las emociones generalmente positivas —entusiasmo, optimismo, confianza—. Además, el equipo puso de manifiesto un vínculo entre esta actividad mental positiva y la salud, en concreto la fortaleza del sistema inmunitario. Las personas que practicaban la meditación y mostraban un aumento de actividad en la corteza prefrontal izquierda también exhibían la respuesta más vigorosa a una vacuna antigripal; unos meses después del experimento, produjeron los niveles más elevados de anticuerpos contra la gripe. La magnitud del incremento en la actividad de la parte izquierda del cerebro predijo la magnitud de la respuesta de los anticuerpos a la vacuna: mayor activación del lado izquierdo, más anticuerpos producidos.

Otro remedio para la emoción nerviosa es la música. Poco tiempo después del 11-S, en la iglesia de una calle limitada por el arbolado de mi ciudad natal, se reunió un coro de cientos de cantores para cantar la *Misa de Réquiem en D Menor* de Mozart. La iglesia estaba diseñada para una congregación de trescientos, pero ese día la multitud invadió las naves y el vestíbulo y se desbordó fuera de las dos enormes puertas de entrada. La mayoría de nosotros estábamos allí para encontrar consuelo, aunque no podíamos soportar los sombríos discursos, las vigilias y las ceremonias formales en conmemoración de los perdidos en el ataque. Escuchar a los vecinos y amigos interpretar la obra maestra final e inconclusa de Mozart parecía una forma muy adecuada de rendir tributo a tantas vidas inacabadas.

La misa por los muertos dio comienzo. Yo sólo entendía un poco del latín —*requiem*, naturalmente, y *recordare* y *lacrymosa*—, así que en vez de eso escuché los puros, brillantes sones de la música en la cual los más pequeños cambios estaban cargados de significado, creaban orden, melodía y armonía a partir del caos.

En *La montaña mágica*, el personaje de Thomas Mann llama a la música arte «políticamente sospechoso» a causa de la forma en que puede conmover a la gente, apelando directamente a sus emociones, alterando su ánimo, incluso incitándola a la acción a sabiendas de que se trata de un error. Pero por esa misma razón, la música tiene el poder de recordar, suavizar, sanar —que fue lo que hizo aquel día, en grandes dosis—. Pensemos en la forma en que la música reconforta en bodas, desfiles y funerales. Pensemos en la forma en que algunas piezas nos dan escalofríos —el último movimiento de la *Quinta Sinfonía* de Beethoven, por ejemplo, o el *Adagio para cuerda* de Samuel Barber—. Se ha demostrado que la música con un tempo rápido en clave mayor produce en los que la escuchan muchos de los cambios físicos asociados con la alegría: excitación, latido veloz, liberación de endorfinas, piel de gallina.[23] La música en tempo lento en una clave menor produce cambios relacionados con la tristeza, una experiencia de emoción «negativa» a la que, aunque parezca mentira, la mayoría de la gente considera gratificante y se desea como algo placentero y reconfortante.

No hace mucho, los científicos del Montreal Neurological Institute pidieron a un grupo de músicos que escogieran alguna música que evocara esas poderosas respuestas, y después realizaron escáneres de PET de su cerebro mientras escuchaban la música de su elección.[24] Los escáneres registraron una intensa actividad en el camino neural del cerebro asociado con un profundo placer y gratificación —el mismo camino que se activa con la comida, el sexo y las drogas—. Otros estudios sugieren que la música puede reducir la presión sanguínea y desencadenar la producción de endorfinas, esos opiáceos naturales que libera el cuerpo en respuesta al dolor o el estrés.[25]

Es interesante notar que otras especies comparten nuestra susceptibilidad a la música tranquilizadora. Las vacas lecheras producen más leche cuando escuchan una pieza clásica como la sinfonía *Pastoral* de Beethoven o una canción popular como *Moon River* que cuando están expuestas al rápido golpeteo del *Pumping Up Your Stereo* de Supergrass o *Size of a Cow* de Wonder Stuff.[26]

Cuanto más lenta, más calmante parecía la música para reducir el estrés y relajar a las vacas frisonas, incrementando su producción de leche en una pinta y media (0,5 l) por vaca al día. Ojalá se me hubiera ocurrido poner algo de Puccini esa tarde para pacificar a nuestro toro renegado antes de que estresara a todo el vecindario.

Posiblemente, el más antiguo de todos los remedios para el estrés sea uno que siempre he creído que era, con mucho, tan bueno como una copa para reparar el daño del día: el humor y el compañerismo. Y ahora la ciencia confirma mis sospechas. En opinión de Bruce McEwen, las personas con sólidas redes sociales consiguen manejar mejor el estrés, sobre todo con relación a las enfermedades cardíacas, la inmunidad y la función cerebral. «El apoyo social es un poderoso talismán» contra las presiones estresantes.

Y también una buena carcajada. Allan Reiss y sus colegas de la Universidad de Stanford utilizaron la neuroimagen para observar el interior de la cabeza de los voluntarios y determinar qué regiones del cerebro pasaban a ser activas cuando se mostraba a los sujetos a una serie de cuarenta y dos tiras cómicas que habían sido consideradas desternillantes por un grupo de edad y formación afín.[27] La neuroimagen reveló que los cómics provocaban no sólo a la moderna corteza del pensamiento que se utilizaba para analizar los chistes, sino también los antiguos circuitos cerebrales de placer, las regiones mesolímbicas, esas mismas áreas ricas en dopamina que se disparan a causa del alcohol y las drogas que alteran la mente.

Que los chistes activen la primitiva importancia del cerebro y el sistema de placer sugiere que la risa existe desde tiempos remotos y que posee un valor de supervivencia.[28] E. B. White escribió en una ocasión: «El humor se puede diseccionar, igual que una rana, pero muere en el proceso y sus entrañas son desalentadoras para cualquiera ajeno a la pura ciencia».[29] Descomponer las raíces neurales de una buena carcajada puede parecer una forma ideal de deshacer el arco iris. Pero me gusta saber que la risa es una terapia antiestrés arraigada en las antiguas hebras neurales de la alegría.

Según Bruce McEwen, lo que más afecta a la ecuación del estrés son las elecciones personales que hacemos cada día.[30] Para la mayoría de nosotros, «el verdadero problema es nuestro estilo de vida actual», afirma McEwen, nuestra costumbre de trabajar demasiadas horas y demasiado duro, de privarnos de sueño, de comer demasiada comida rica en grasas, todo lo cual nutre de forma directa nuestra carga de estrés y perturba nuestra respuesta normal al mismo.

¿Cómo dirigir al cuerpo en la dirección correcta? Serénese con meditación o música. Ríase. Y lo más importante, según

McEwen: coma bien, descanse lo suficiente, deje los alimentos grasos y el tabaco, y, sobre todo, salga y haga ejercicio físico, una buena excusa para salir del trabajo un poco antes y acercarse al gimnasio.

Capítulo 8
En marcha

«A ver las piernas, señor; muévalas», grita Sir Toby Belch en *Noche de Reyes*. Hacerlo reducirá significativamente su ansiedad, le aclarará la mente, incluso le aliviará la depresión. Yo intento ir a correr después del trabajo unas cuantas veces por semana por las empinadas calles de Charlottesville, que prefiero antes que cualquier pista para correr. (En una pista o ruta me siento igual que Robin Williams, como un hámster.) Correr me mantiene en forma, y lo que es más importante, es la mejor cura que conozco para mi estrés y malestar.

El término «euforia del corredor» ha existido durante décadas, pero no había demasiadas pruebas científicas que apoyaran el hecho de que el ejercicio afecta al humor. Eso ha cambiado últimamente. Más de un centenar de estudios han puesto de manifiesto que la actividad aeróbica reduce los sentimientos de ansiedad.[1] La gente que lo practica diariamente obtiene los mayores beneficios, pero tan sólo quince minutos de actividad dos o tres veces por semana puede levantar los ánimos durante dos a cuatro horas después de practicarlo.

Incluso un simple paseo a buen ritmo alrededor del parque supone un alivio para las ansiedades temporales, como el miedo escénico. No hace mucho, los investigadores sometieron a los jóvenes músicos del Royal College of Music de Londres a una prueba.[2] Cuando se pidió a cada estudiante que tocaran para ellos, descubrieron que la ansiedad previa a la actuación aceleraba el ritmo cardíaco de los estudiantes en un 15 por ciento. Después el equipo pidió una segunda actuación, pero dio instrucciones a la mitad de los estudiantes de pasear durante veinticinco minutos por el parque antes de realizar la nueva actuación; la otra mitad, se quedó mirando un vídeo. Los que habían paseado tenían ritmos cardíacos significativamente inferiores y afirmaron encontrarse más relajados y más capaces de concentrarse en su actuación que sus compañeros sedentarios.

Anteriormente, el efecto temporal del bienestar del ejercicio vigoroso se atribuía única y exclusivamente a las endorfinas. Es cierto que la actividad cardiovascular prolongada —correr, remar, montar en bicicleta— incrementa los niveles de endorfina hasta dos y cinco veces.[3] También es cierto que el aumento de las endorfinas a menudo se asocia con un humor mejor.[4] Pero no queda claro si ambos fenómenos están relacionados: según algunos neurocientíficos, las endorfinas que circulan por la sangre no cruzan fácilmente la barrera hematoencefálica semipermeable para llegar hasta el cerebro.[5] El efecto euforizante puede ser debido a un incremento de los niveles de otras sustancias químicas, como la noradrenalina, la serotonina y la dopamina —esa sustancia activa en la estimulación del centro de recompensa del cerebro—.[6] Con toda probabilidad, la mejora del humor procede de la interacción de estas y otras sustancias químicas, según John Ratey, un profesor de psiquiatría de la Universidad de Harvard.[7] Según él, una sesión de ejercicio enérgico no difiere mucho de tomar un poco de Ritalin para mejorar la atención y un poco de Prozac antidepresivo y de ponerlos exactamente donde hace falta para que funcione.

En realidad, cuando se trata de aliviar los síntomas de una depresión a largo plazo, el ejercicio regular moderado puede funcionar también como terapia farmacológica. En un estudio llamado SMILE (Standard Medical Intervention and Long-term Exercise), James Blumenthal y un equipo de investigadores de la Universidad de Duke descubrieron que caminar de forma vigorosa, correr o montar en bicicleta durante cuarenta o cuarenta y cinco minutos, tres veces por semana, es al menos tan efectivo como una poderosa píldora antidepresiva para mejorar una depresión importante y mantener los síntomas a raya.[8]

El equipo estudió a adultos mayores de cincuenta años que padecían una depresión grave. Los sujetos se dividieron en tres grupos: los primeros recibían medicación; los segundos una combinación de medicación y un programa de ejercicios; y los terceros únicamente el programa de ejercicios. Al cabo de cuatro meses, los sujetos de los tres grupos reportaron menos síntomas de depresión. En el seguimiento que se realizó posteriormente, el grupo de los ejercicicos presentaba menores índices de reincidencia que el grupo de la medicación.

La actividad física también ofrece un alivio a aquellos que sólo tengan una depresión moderada. Un estudio puso de manifiesto que los pacientes que practicaban alguna actividad media hora tres días por semana declaraban tener la mitad de los síntomas de la depresión que antes de iniciar el programa.[9]

No es de extrañar, por tanto, encontrar la otra cara de la moneda de este fenómeno. Un sondeo entre más de 6.800 hombres y mujeres realizado durante un largo período de tiempo reveló que la *inactividad* física se asocia a más síntomas depresivos y menos sentimientos de bienestar emocional.[10]

¿Cómo obra el ejercicio físico su magia sobre el estado anímico? Algunos científicos han especulado con la posibilidad de que el truco esté en una mejor forma física aeróbica o posiblemente en una reducción de la cantidad de sueño REM que uno obtiene de noche (que podría ser la forma en que actúan también algunos fármacos antidepresivos). Blumenthal sospecha que la gente que hace ejercicio también siente una mayor seguridad y confianza en sí misma, la sensación de tener el control —hacer algo positivo y en beneficio de la salud, explica— que se traduce en un mejor humor.[11]

Y aunque no esté estresado o deprimido, hay otra buena razón para escaparse de la oficina y dirigirse directamente al gimnasio: la última hora de la tarde y la primera de la noche se consideran las horas óptimas para muchas clases de actividades atléticas.[12] Su cuerpo generalmente está en su mejor forma a última hora del día. Nuestra percepción del agotamiento es baja. Nuestros músculos son más poderosos y nuestras articulaciones más flexibles. Las manos y la espalda son un seis por ciento más fuertes que en las horas previas del día.

La práctica de ejercicio a última hora también beneficia al desarrollo muscular. Haga ejercicio por la noche y ganará hasta un 20 por ciento más de fuerza muscular que si se entrenara por la mañana. Al final del día literalmente respiramos mejor: las vías aéreas están en su punto de máxima apertura a última hora de la tarde.[13] Además, el corazón trabaja de forma más eficiente y el tiempo de reacción alcanza su máximo. Esto tiene que ver en parte con la temperatura corporal, que normalmente va subiendo durante el día y llega al máximo a última hora de la tarde, al anochecer. Por cada grado centígrado que sube la temperatura del cuerpo, el ritmo cardíaco se acelera en 10 latidos por minuto y la velocidad de los estímulos nerviosos aumenta en 2,4 metros por segundo.

Por todas estas razones, la mayoría de los récords deportivos se producen entre las 3 p.m. y las 8 p.m., cuando los nadadores nadan más rápido y los corredores son más veloces. Para los atletas de élite, el entrenamiento y el rendimiento a estas horas óptimas puede comportar ciertas ventajas. Para el resto de nosotros, el ejercicio simplemente es más fácil a última hora del día.

Aún así, si usted no tiene más remedio que realizar sus ejercicios a primera hora de la mañana, no se desespere. Los estudios indican que las personas que entrenan por la mañana pueden alcanzar un ritmo de rendimiento físico superior. A primera hora de la mañana, cuando la temperatura corporal es relativamente baja, usted puede empezar a entrenar a un ritmo más lento que los que practican por la tarde, pero irá aumentando de forma gradual hasta que su temperatura corporal alcance el nivel óptimo. Al final de la sesión de entrenamiento, estará trabajando más duro que los que se entrenan a última hora.

También el dolor de espalda es menos severo a primera hora del día.[14] Nuestra postura erecta somete los discos intervertebrales a presión igual a la de varias toneladas por pulgada cuadrada. Esta presión puede comprimir los nervios que parten de la espina dorsal, provocando el dolor de espalda que tiende a empeorar a medida que avanza el día, ya que la gravedad durante las horas en que estamos erguidos comprime efectivamente el espacio que hay entre los discos. En cambio, la columna vertebral se estira durante la noche, cuando la «descargamos» colocándonos en posición horizontal para el sueño. Como resultado de la descarga y el estiramiento, la altura del cuerpo alcanza un máximo por la mañana (una fracción de una pulgada) y el dolor de espalda se alivia/mitiga.

Además, las primeras horas de la mañana son las mejores para la práctica de actividades que implican equilibrio, exactitud y habilidades motoras finas. Si la noche sirve mejor al nadador y al corredor, la mañana ayuda al cirujano y al arquero, y también al neófito: la última hora de la mañana es idónea para aprender nuevas habilidades motoras y para recordar las complejas instrucciones del entrenador.

Quizá esto explique una humillante sesión de prácticas que sufrí en una ocasión con una experta arquera a última hora de la tarde. Debería haberlo sabido.

«La cara hacia arriba, la vista en el blanco, y soltar.» Allison Duck plantó sus pies en la estrecha franja de hierba detrás del gimnasio, colocó una flecha en la cuerda de su potente arco curvado, estiró la cuerda hasta el punto de máxima tensión y con toda calma soltó la flecha que se clavó limpiamente en el anillo azul de la diana.

Ella hacía que pareciera muy fácil. Allison se enamoró del tiro con arco en su Carolina del Sur nativa cuando tenía nueve años. En la actualidad, medía 1,83 metros y era de complexión robusta, con unos músculos torácicos que denotaban el levantamiento de pesas que practicaba para desarrollar su fuerza; ha estado practicando el tiro con arco casi a diario durante más de diez años y da clases con regularidad.

Éste fue mi primer intento con el tiro con arco, así que estudié atentamente el caso de Allison. Prácticamente todos los movimientos corporales —atarse los cordones, amasar la pasta, bailar— se aprenden mejor observando la acción de un modelo o profesor. El cerebro humano está programado para imitar. Hasta los niños muy pequeños presentan una cierta capacidad rudimentaria para la mimesis; al cabo de una o dos horas, los bebés pueden imitar el ceño, la sonrisa y otras expresiones faciales.[15] Los estudios más recientes sugieren que nuestro cerebro posee sistemas de «espejo» para la imitación, redes de neuronas especiales que descargan impulsos tanto cuando desarrollamos una acción como cuando observamos a otro desarrollando esa misma acción.[16] Cuando yo veo a Allison disparar el arco, mis neuronas espejo automáticamente simulan la acción en mi propia mente. Esto me ayuda a comprender su movimiento y sus intenciones —qué pretende hacer a continuación—. Estas útiles neuronas se encuentran localizadas en muchas zonas del cerebro, incluyendo la corteza premotora y la parte posterior del lóbulo parietal. Durante la imitación, la red de neuronas espejo del área premotora está con frecuencia más activa durante la visualización del movimiento que durante su realización propiamente dicha.

En esta clase, hice todo lo que pude por imitar la postura de Allison, colocando mis pies de tal forma que mi costado izquierdo estuviera de cara al blanco y girando la cara, el pecho y las caderas ligeramente hacia él, con la espalda recta. Hasta aquí, todo bien. Pero entonces surgió el problema.

El tiro con arco se ha descrito como una competición del arquero contra sí mismo. Es vital mantener una sosegada inmovilidad. De hecho, mantener la mano firme es tan esencial que se dice que los arqueros intentan soltar la flecha durante los intervalos que se producen entre cada latido del corazón.

Admito que el sosiego no es mi punto fuerte. Cuando hacía teatro durante mi época universitaria, había un ejercicio que nunca me salía bien: el esfuerzo consciente de relajar cada músculo del cuerpo, en los muslos, brazos, cuello, mejillas. Yo era incapaz de suprimir la tensión nerviosa. Y desde luego fracasé cuando hubo que relajar la lengua. Pienso lo mismo que Pascal: «Nuestra naturaleza reside en el movimiento; la calma total es la muerte». Después de todo, sólo el 10 por ciento de la masa corporal está hecha para la contemplación y el juicio sereno; el 90 por ciento restante es para la acción.

Coloqué la flecha, intentando, tal y como me aconsejó Allison, mantener el hombro bloqueado en una posición baja, la cabeza recta, los dedos relajados al agarrar el arco. Pero mi cuerpo empezó a agitarse nerviosamente y los brazos me temblaban. Anhelé poseer el singular músculo «de agarre» de la almeja, que puede contraerse y encerrarse en ese estado, aliviando la incomodidad que sufre con la desagradable postura de mantener las valvas abiertas para capturar una presa.

Pero no tuve la suerte del molusco. Los músculos se me agarrotaron; los hombros me temblaban. «Dispara», instó Allison. En el momento de soltar la flecha, me incliné ligeramente hacia la derecha, enviando la flecha directamente a la pared del gimnasio, donde se clavó firmemente en el metal ondulado.

«Vaya —comentó Allison irónicamente—, *esto* nunca había pasado».

¿Habrían sido mucho mejores mi equilibrio y el control de la motricidad fina, mi capacidad para imitar a Allison y para absorber sus intrucciones para el entrenamiento a una hora más temprana? Nunca lo sabré. En cualquier caso, mi plan es continuar corriendo. Como escribió un médico del siglo XVI: «No todos los movimientos constituyen un ejercicio, sólo los que son intensos». En mi libro, el tiro al arco no cumple los requisitos. Entonces, ¿qué los cumple? Algunos investigadores modernos argumentan que sólo la actividad vigorosa y sostenida como correr, nadar o entrenarse en un gimnasio durante una hora es suficiente para proporcionar los beneficios completos de la práctica deportiva, especialmente para evitar ennfermedades cardiovasculares.[17] Otros creen que una actividad más moderada una vez al día es suficiente para ofrecer, al menos, ciertos beneficios y constituye una meta más realista para la mayoría de la gente. El Gobierno americano recomienda al menos treinta minutos de actividad moderada diaria, a ser posible más.

Pero, ¿qué es moderado? ¿Una carrera lenta? ¿Un paseo rápido? ¿Hacer pesas tres veces por semana? ¿Y pasar la aspiradora o encerar el coche? Aunque las tareas domésticas y de jardinería habituales apenas si entran en la categoría de ejercicio intenso, algunos estudios sugieren que estas tareas podrían contar como ejercicio, dependiendo de la forma en que se realicen.

No hace mucho, unos científicos australianos convencieron a una docena de hombres y una docena de mujeres para que llevaran unas correas en la cabeza, un anillo nasal y una válvula de respiración para medir la energía que consumían al barrer, cortar el césped, limpiar los cristales y pasar la aspiradora.[18] Resultó que algunas de las actividades más vigorosas cumplían los requisitos de intensidad moderada en el ejercicio si se realizaba con una adecuada duración y frecuencia: por ejemplo, media hora de rastrillar enérgicamente las hojas o cortar el césped unas cuantas veces por semana.

Subir escaleras también cuenta, afirman unos científicos de Singapur.[19] Este equipo reclutó a más de cien hombres y mujeres para que subieran y bajaran veintidós tramos cortos de escaleras (el número medio en un típico edificio de apartamentos de muchas plantas de Singapur, en los que viven la mayoría de los residentes). Los resultados fueron impresionantes. Bajar las escaleras era equivalente a un paseo enérgico de 2,6 millas (3 km) por hora y subir era más parecido a correr a unas 6 millas (10 km) por hora. Subir y bajar consumía casi 30 calorías. Subir escaleras es una actividad idónea para las masas, concluyó el equipo: conveniente, privado, no requiere un equipo especial y es barato.

Por desgracia, sólo una cuarta parte de los americanos adultos suben bastantes escaleras como para llegar al ejercicio diario mínimo imprescindible recomendado y cerca de una tercera parte son completamente sedentarios.[20] Tan sólo el 2,7 por ciento va andando al trabajo; menos del 0,5 por ciento va en bicicleta. Una existencia tan indolente constituye una ruptura radical respecto a la existencia aeróbica de nuestros antepasados. Las pruebas sugieren que los primeros cazadores caminaban hasta doce millas (20 km) diarias y, sin lugar a dudas, también corrían largas distancias.[21]

Pascal tenía razón: estamos hechos para la actividad física, no para la pereza. Sin un entrenamiento de algun tipo —andar, subir escaleras, remar, cazar—, nuestros huesos serán finos y quebradizos y los músculos se atrofiarán. La pérdida de masa muscular y ósea a causa de la falta de ejercicio físico suele comenzar a finales de la década de los treinta y principio de los cuarenta.[22] A los cincuenta años, los sedentarios habrán perdido hasta un siete por ciento de la masa muscular; a los ochenta, cerca de un 40 por ciento.

La buena noticia es que nunca es demasiado tarde para resistirse al declive.

Pongamos que usted empieza su entrenamiento levantando tres pesos de su elección. Continúe con esta rutina y comprobará una notable plasticidad de músculos y huesos.

Cuando los levanta, los músculos del brazo trabajan por pares, uno levanta el brazo y el otro lo hace bajar tirando del mismo hueso en dirección opuesta. Cuando un músculo se contrae y ejerce una fuerza, su homólogo se relaja y se estira. La fuerza del músculo contra el hueso potencia la actividad de las células responsables de la formación de los huesos, los osteoblastos. Cuanto más fuerte estiramos el músculo, mayor estímulo para el crecimiento óseo.

Quizá usted no sea capaz de percibir su creciente fortaleza ósea, pero sí que notará la transformación de sus músculos. El entrenamiento de resistencia obra su magia en el músculo a través de dos mecanismos: adaptaciones en las propias fibras musculares y cambios en las señales neurales que las desencadenan.[23]

Nacemos con todos los músculos que vamos a tener para siempre, más de 650. Las proteínas que componen las fibras musculares se rompen continuamente y otras nuevas se incorporan.[24] Que su bíceps se desarrolle, se atrofie o se quede igual depende del equilibrio entre el ritmo de formación y destrucción. Para decantar este equilibrio, hay que cargar el músculo. Un entrenamiento duro puede llegar a doblar el tamaño de un músculo; incluso un esfuerzo ligero puede potenciar la fuerza. En un estudio, los participantes a los que se pidió que cogieran un objeto con la máxima fuerza durante un segundo al día ganaron una media del 33 por ciento en fuerza de agarre en cinco semanas.

En reposo, las fibras musculares son suaves y blandas. Pero cada fibra está enervada por una neurona de la espina dorsal. Cuando son estimuladas por un impulso nervioso, las fibras se acortan, transformándose de una goma blanda en metal elástico. La práctica del ejercicio hace ganar fuerza muscular a base de reforzar esas señales nerviosas y sincronizarlas.

Esto contribuye a explicar por qué sólo con *pensar* en hacer ejercicio se puede potenciar la fuerza. Los científicos han descubierto que someter a la gente a un régimen de gimnasia mental —dándoles instrucciones sobre doblar un dedo o un codo o flexionar el músculo de un brazo— realmente fortalece los músculos que participan en la acción. Un equipo de científicos de la Cleveland Clinic Foundation de Ohio pidieron a un grupo de voluntarios que realizaran «contracciones mentales» del dedo y el codo durante quince minutos al día, cinco días por semana, durante doce semanas.[25] Los científicos descubrieron que el entrenamiento mental no afectaba al tamaño del músculo, pero incrementaba significativamente la fuerza muscular en un 35 por ciento en la mano y en un 13 por ciento en el codo —probablemente porque servía para reforzar las señales nerviosas del cerebro al músculo—. Ésta podría ser la teoría subyacente de la técnica de visualización que utilizan muchos atletas para mejorar su rendimiento, ensayando mentalmente los movimientos de una tarea atlética antes de realizarla. Sin embargo, los investigadores hicieron hincapié en que este ejercicio mental jamás podría sustituir un régimen diario de ejercicio vigoroso, incluyendo ejercicios con pesas.

Los expertos afirman que para mantener la masa muscular y ósea a lo largo de la vida, habría que cargarlas mediante un levantamiento de pesas dos o tres veces por semana.[26] Las investigaciones más recientes sobre el aumento de masa muscular gracias a este tipo de ejercicios de resistencia —hacer que los músculos ejerzan una fuerza casi máxima durante breves períodos— son irrefutables.

Sin embargo, hay una pega: no todo el mundo se beneficia en el mismo grado. En 2005, un equipo de la Universidad de Massachusetts, Amherst, observó los cambios en la fuerza y el tamaño de los bíceps de 585 hombres y mujeres después de doce semanas de levantar pesas dos veces por semana.[27] Los hombres mostraban un mayor aumento de tamaño comparados con las mujeres, mientras que las mujeres aventajaban a los hombres en el aumento relativo de la fuerza. Sin embargo, tanto hombres como mujeres variaban enormemente en su respuesta a idénticos programas de entrenamiento. Algunos sujetos ganaban poco en tamaño o potencia muscular, mientras que otros doblaban su fuerza e incrementaban en pulgadas el tamaño del músculo. Al menos parte del beneficio de la práctica deportiva depende, al parecer, de los genes.

Si jamás ha levantado pesas o si se incorpora a una sesión especialmente agotadora, quizá lo pague después. El dolor muscular generalmente alcanza su máximo entre veinticuatro y cuarenta y ocho horas después del ejercicio vigoroso.[28] Los estiramientos no lo evitan.[29] Mi peor caso de agujetas o «dolor muscular de aparición tardía», como los estudiosos del deporte lo llaman, se produjo pocos días después de subir a un volcán en Guatemala. La caminata hasta la cumbre de doce mil pies (3,600 m) fue lenta y ardua, pero fue la bajada a la mañana siguiente la que me destrozó los muslos. Esa misma semana, más adelante, paseaba en círculos alrededor de la hermosa ciudad colonial de Antigua, evitando escrupulosamente los bordillos de la calle. Era tan doloroso para mi cuadríceps ejecutar ese movimiento de bajada que sólo podía sortear los bordillos balanceando torpemente las piernas de lado para bajar hasta el suelo.

El dolor muscular se produce a causa de las llamadas contracciones intensas —el alargamiento de músculos contraídos que se produce con el movimiento descendente (por ejemplo, bajar un peso o descender por una pendiente empinada)—. Para enseñar esta lección a sus estudiantes de la Universidad de Aberdeen, el fisiólogo del deporte Henning Wackerhage les pide que suban a un banco quinientas veces con una pierna y que bajen con la otra.[30] «Con frecuencia, los estudiantes están convencidos de que en unos días tendrán agujetas en la pierna que tienen que elevar —explica Wackerhage—. Pero se llevarán una sorpresa. La pierna que tienen que elevar normalmente está perfecta, mientras que algunos de los músculos de la pierna que baja normalmente están doloridos.» Subir cuestas o llevar una carga pesada parece un trabajo duro (y lo es para el corazón y los pulmones), pero bajar una pendiente o bajar esa carga es más duro para los músculos.

Las agujetas están causadas por la microrrotura de fibras musculares, que, tras un día o dos, se inflaman.[31] Los glóbulos blancos que migran al sitio para ayudar a reparar las minúsculas roturas liberan sustancias químicas que provocan el dolor, un mecanismo de protección para advertir del daño y la necesidad de reposo.

La parte positiva es que los músculos responden a la lesión haciéndose más largos y fuertes.[32] Las células satélite diseminadas por la superficie de las fibras musculares proliferan, se dirigen al área dañada y se insertan en el tejido muscular. Allí prestan sus recursos para formar proteínas a las fibras musculares. Con su ayuda, las fibras pueden producir más proteínas, reparando así no sólo las roturas sino yendo más allá para fortalecerse a sí mismas. Los músculos se adaptan al entrenamiento de forma que son más resistentes al daño de subsiguientes prácticas deportivas y se reparan a un ritmo superior.

Quizá usted ya haya cambiado a correr. Nuestra especie está hecha para ello en miembros, pulmones y corazón, afirma el antropólogo biólogo Dan Lieberman: «Somos capaces de correr a una amplia escala de velocidades y alternar nuestros patrones de respiración para adecuarse a ellas, y somos capaces de utilizar la energía almacenada en nuestros músculos y tendones».[33]

Lieberman explica que cuando corremos cambiamos del modo «péndulo invertido» del caminar a un modo «saltador» lleno de vitalidad, utilizando los tendones y ligamentos de nuestras piernas a modo de muelles elásticos. La elasticidad es esa propiedad que hace que los objetos retornen a su forma original después de deformarse. Cuando nuestro pie toca el suelo al correr, los tendones y ligamentos se estiran, absorbiendo la energía elástica del impacto, como un arco cuando se curva; cuando el pie rebota, los tendones y ligamentos se vuelven a contraer, retroceden y liberan su energía. A través de este estiramiento y retroceso, los tendones realizan gran parte del esfuerzo de la carrera, mitigando el trabajo de los músculos.

Resulta que el secreto de la rapidez es maximizar este rebote. La velocidad no está en función de lo rápidamente que se reposicionen las piernas en el aire, sino de la fuerza con la que uno se impulse contra el suelo. Con ayuda de una máquina de correr provista de una placa de fuerza para analizar a corredores de destreza diversa a la máxima velocidad, un equipo de investigadores de Harvard descubrió que prácticamente todos los corredores tardaban el mismo tiempo en reposicionar las piernas, lo que se denomina tiempo de oscilación.[34] Pero los corredores más rápidos aplican una mayor fuerza vertical al suelo con cada zancada, lo que resulta en una mayor fuerza hacia arriba capturada por los tendones y ligamentos elásticos. Por tanto, la diferencia entre usted y Marion Jones no es su rapidez para mover las extremidades, sino su «fuerza de impulso», que es la que determina lo lejos que irá con cada zancada.

A pesar de que estamos hechos para correr, no deja de ser agotador y proporciona un entrenamiento aeróbico, aumentando la cantidad de oxígeno que extraemos del aire que respiramos. La cantidad de actividad aeróbica que obtenemos determina en gran medida nuestra forma física. La gente mayor que se dedica a la práctica aeróbica regular está en mejor forma que sus compañeros sedentarios más jóvenes. Con este tipo de ejercicio, el latido cardíaco se acelera, disparándose hasta el triple de su ritmo habitual, y con él su rendimiento —el llamado volumen minuto de cada latido del corazón—. La sangre también circula más rápido, gracias en buena medida a la tortuosa arquitectura del corazón.

La importancia de la sinuosa y descabellada curvatura del corazón fue revelada recientemente a través de imágenes de resonancia magnética. Científicos británicos mostraron que la sangre fluye por las asimétricas y curvadas cavidades del corazón con unos movimientos en torbellino que redirigen su entrada y la expulsan, a la manera de un tirachinas, hacia la salida de cada cavidad.[35] Cuando el ritmo cardíaco se acelera durante el esfuerzo, las cavidades asimétricas se estiran vigorosamente hacia delante y hacia atrás, cada una de ellas ayudando a llenar la otra, y enviando después la sangre a toda velocidad por los vasos sanguíneos, de forma que el tiempo medio que tarda una célula sanguínea en viajar por todo el circuito corporal se reduce de un minuto a quince segundos.

Al mismo tiempo, el cuerpo cambia sus prioridades en cuanto a dónde va la sangre. En reposo, alrededor de un 20 por ciento de la sangre que sale del corazón va a los músculos, el 24 por ciento al sistema digestivo, el 19 por ciento a los riñones y un 34 por ciento al cerebro y otros órganos diversos. Pero cuando nos entrenamos vigorosamente —correr, montar en bicicleta, nadar—, la cantidad que va a los músculos aumenta espectacularmente hasta el 88 por ciento, reduciéndose el flujo al estómago y a los riñones hasta un total de tan sólo el 2 por ciento (lo cual explica el potencial para los dolores de estómago si se realiza un ejercicio duro después de una comida).

Hace tiempo que los científicos saben que la actividad aeróbica tiene el efecto de hacer que el corazón bombee de forma más eficiente, reduciendo la presión arterial y aumentando el volumen de sangre y el ritmo del flujo. Pero hasta hace poco no han llegado a comprender la forma en que esto protege contra los problemas cardíacos. Resulta que el riesgo de sufrir un ataque al corazón aumenta a causa de la inflamación, que puede provocar la rotura de placas u otros eventos en el interior de las arterias coronarias. Los investigadores han descubierto que la resistencia del mayor flujo sanguíneo durante la práctica deportiva activa los mecanismos antiinflamatorios de nuestros vasos sanguíneos, reduciendo potencialmente el riesgo tanto de infarto como de apoplejía.[36] Incluso el ejercicio de baja intensidad puede disminuir las probabilidades de sufrir una dolencia cardíaca al incrementar el nivel de colesterol «bueno» en el torrente sanguíneo y también al eliminar del cuerpo las células adiposas de las vísceras, las cuales liberan hormonas que inflaman partes del sistema cardiovascular.[37]

Si se quiere obtener el máximo beneficio del entrenamiento, el cardiólogo Michael Miller aconseja mirar nuestra comedia favorita mientras estamos en la máquina de correr o contar chistes a nuestro compañero de carrera: el beneficio de la risa para la salud de los vasos sanguíneos es casi igual al de la actividad aeróbica. En 2005, Miller utilizó fragmentos de la película *Kingpin* para hacer reír a carcajadas a veinte voluntarios mientras él medía la dilatación de las arterias y el flujo sanguíneo.[38] La risa provocada por aquel programa tan divertido hizo que el endotelio —el recubrimiento interior que protege los vasos sanguíneos— se dilatara o se expandiera, incrementando el flujo sanguíneo en un 22 por ciento. (Las inquietantes y angustiosas escenas de *Saving Private Ryan*, por otra parte, constriñeron las arterias y redujeron el flujo sanguíneo en un 35 por ciento.) Esto sugirió a Miller que la risa era buena para el corazón, compensando el impacto negativo del estrés sobre los vasos sanguíneos del cuerpo. Miller no recomienda reemplazar el *jogging* por los chistes, sino que sugiere una dosis diaria de quince minutos de sana hilaridad para complementar los ejercicios aeróbicos.

¿Cuándo dejar el entrenamiento? ¿Cuando se cumplen los treinta minutos? ¿Cuándo se ha finalizado la ruta de correr? ¿Cuando el cuerpo dice «basta»? La mayoría de nosotros no nos presionamos lo bastante duro, ni el suficiente tiempo para alcanzar lo que los atletas de resistencia llaman «la pared», esa barrera física y psicológica que hace que los ciclistas se tambaleen y a los corredores les fallen las piernas. Aún así, incluso el más mínimo cansancio que podamos sentir es auténtico. Pero, ¿dónde se origina, en los músculos o en la mente?

En mis recorridos más largos corriendo, recorro más de siete u ocho millas (11-13 km) antes de cansarme realmente. Mi amiga Francesca Conte recorre cuatro veces esa distancia. Una de las mejores en el deporte de la ultramaratón, Francesca corre de forma rutinaria carreras de cincuenta y cien millas (80-160 km), en su mayor parte por terreno desigual, senderos de una pista a través de los bosques —y las gana—. Para hacerlo, se entrena intensamente corriendo de día y de noche, en invierno, por caminos rocosos cubiertos de hielo, y en verano, cuando suda tan profusamente que pierde hasta un 7 u 8 por ciento de su peso corporal. A veces corre tanto y tan duramente que, según explica, se le desconecta el cerebro y no puede controlar la ruta, ni calcular hasta dónde ha corrido, ni siquiera recordar su propio apellido.

De formación científica, Francesca es inteligente, consciente, metódica —casi fanática—, pero explica unas historias de sus entrenamientos que dan que pensar. En una ocasión, para mantenerse por delante de un aspirante hacia el final de una carrera de cien millas, corrió siete veces consecutivas una milla (1,6 km) en siete minutos cuesta abajo, sufriendo un dolor extremo en los muslos con cada zancada. Ganó la carrera, pero al día siguiente tenía los cuadríceps inflamados y amoratados, y casi no se sostenía en pie.

Otra vez, se le metió en la cabeza prepararse para una gran carrera otoñal donde se corría la distancia del Sendero de los

Apalaches del Parque Nacional de Great Smoky Mountains, una extensión de setenta y una millas (114 km) de terreno accidentado. Pese a los pronósticos del tiempo de fuertes vientos y nieve abundante en puntos elevados, ella y sus compañeros corredores condujeron todo el día para llegar al principio del sendero a las 7 p.m. Y comenzaron a correr por la montaña a oscuras.

Francesca adora correr de noche. «Es como bucear —dice—, todo está en calma y tranquilidad.» Esa noche no fue una excepción, con un cielo estrellado y la luna brillando entre las nubes. Pero diez millas (16 km) más arriba, se levantó el viento, y empezó a caer aguanieve, seguida de una lluvia torrencial helada. Muy pronto, el camino quedó cubierto de una gruesa y resbaladiza nieve medio derretida y la ropa de Francesca estaba calada. «No podíamos detenernos más que unos pocos segundos porque el viento nos hacía tambalear de forma incontrolable —explica—. Era imposible comer o beber. A medida que pasaba el tiempo, cada vez me sentía más débil y fría y quería correr más y más, moverme lo bastante rápido para conservar el calor.» Cansada, hambrienta, en serio riesgo de hipotermia, apretó. Al cabo de diez horas, lo consiguió... pero, según dice, a ella le parece que «sólo sobrevivió».

Francesca y yo tenemos opiniones diferentes sobre el cansancio. Que ella pueda presionarse a sí misma hasta esos extremos y continuar corriendo más allá del agotamiento nos lleva a preguntarnos por la naturaleza de la fatiga.

«Es el cerebro, no el cuerpo —me dijo Francesca—. Las condiciones más duras son aquellas para las que tu mente no está preparada, las que no esperas. Cuando hace mal tiempo, por ejemplo, o cuando estás a diez millas del final de una carrera de cien millas y ves una colina empinada que habías olvidado que estaba en el recorrido. De pronto, te sientes completamente agotada. Pero no son los músculos, es la cabeza.»

La ciencia ha empezado a darle la razón.

Hipócrates sostenía que la fatiga muscular del ejercicio es el resultado de carne que se derrite. Durante el siglo pasado, los fisiólogos creían que esa sensación se produce cuando los músculos alcanzan su límite físico: cuando se quedan sin oxígeno o el combustible del cuerpo conocido como glucógeno, o cuando producen una cantidad excesiva de toxinas como el ácido láctico.

Sin embargo, algunos misterios han dado al traste con esta hipótesis. Para empezar, la fatiga no siempre va acompañada de una escasez de energía u oxígeno. En realidad, según Timothy Noakes, un fisiólogo del ejercicio de la Universidad de Cape Town, Sudáfrica —y también corredor de ultramaratones—, a los músculos no les falta de nada durante el ejercicio.[39] No utilizan todas sus reservas de combustible y se apoyan tan sólo en un 30 por ciento de sus fibras incluso en las tareas más agotadoras. «No hay pruebas de que utilicemos toda la capacidad de esfuerzo de nuestro músculo esquelético, incluso cuando nos entrenamos hasta el agotamiento», afirma Noakes. Además, los atletas como Francesca muchas veces parecen tener algo extra guardado para el final de la carrera, lo cual les permite recuperar su velocidad —para correr esa millas en siete minutos, por ejemplo—. Si los músculos estaban tan estragados o envenenados por sus propios subproductos ¿cómo se explica ese *sprint* en las últimas millas de una carrera?

«Ningún estudio ha establecido aún claramente una relación directa entre una única variable fisiológica y la percepción del esfuerzo o la fatiga», explica Noakes.[40] Como Francesca, Noakes piensa que la fatiga comienza en el cerebro. Para demostrar el componente mental de la fatiga, él y sus colegas situaron a dieciséis corredores bien entrenados en cintas para correr y les pidieron que valoraran periódicamente su propia fatiga percibida.[41] Al comienzo del experimento, el equipo de Noakes dijo a los atletas que iban a correr a la máxima velocidad durante diez minutos cuando, de hecho, tenían que correr veinte minutos. Entre el minuto diez y el once, cuando se informó a los corredores que tenían que correr diez minutos adicionales, los sentimientos de fatiga percibida se dispararon.

Según la teoría de Noakes, el cerebro tiene una especie de «gobernador central» que establece el nivel de fatiga percibida basada en las expectativas asociadas a una tarea y establece una estrategia de pauta subconsciente para proteger al cuerpo del agotamiento y el daño. Lo hace supervisando una mezcla de indicaciones. Entre ellas se incluyen señales psicológicas de los músculos acerca de su ritmo de funcionamiento y de las reservas de energía y oxígeno, además de señales del centro para la regulación de la temperatura del cerebro. Desde el punto de vista de Noakes, el gobernador central es lo que hizo que aquellos corredores se sintieran cansados entre el minuto diez y el once, antes de que se ajustara a la nueva información. Cuando el cerebro siente que el cuerpo está llegando a su límite, explica Noakes, responde a través de unos bucles de información a los músculos, desencadenando las sensaciones de fatiga. Utiliza indicios conscientes además para establecer una estrategia de paso, aplazando la fatiga hasta el final esperado de una carrera y creando la sensación de agotamiento abrumador sólo cuando es hora de acabar. De esta forma, el cerebro se protege a sí mismo y al resto del cuerpo de un colapso catastrófico.

Exactamente qué tipo de señales utiliza el gobernador central, que se transmiten velozmente entre el cerebro y los músculos para regular la fatiga, continúa siendo en gran medida un misterio. Una posibilidad es una molécula llamada interleucina-6 (IL-6).[42] Después del ejercicio prolongado, los niveles en sangre de la molécula aumentan entre sesenta y cien veces más de lo normal. Si damos IL-6 a los corredores entrenados varones se sienten cansados, van más despacio y disminuye su rendimiento. Algunos científicos aducen que quizá los atletas de resistencia como Francesca tengan receptores de IL-6 menos sensibles que los suyos o los míos, de forma que la fatiga para ellos es realmente una bestia diferente.

La teoría de Noakes todavía es controvertida, pero me gusta su elegante explicación de experiencias corrientes: el cansancio que siente Francesca ante la perspectiva de una inesperada cuesta al final de una de sus carreras. O lo contrario: el sentimiento que experimentamos muchos novatos de que la primera milla de una carrera de diez millas es algo más fácil que la primera milla de una de cuatro, aunque no haya ninguna diferencia objetiva. A largo plazo, nuestro gobernador central nos dice que todavía no debemos sentirnos cansados; aún es demasiado pronto en la carrera.

Ya ha concluido su entrenamiento. Vamos a considerar sus beneficios. «El ejercicio vigoriza y revitaliza todas las facultades —dijo John Adams—. Transmite alegría y satisfacción a nuestra mente y nos hace aptos para todo tipo de trabajo, y todo tipo de placer.»

Es cierto. En realidad, el ejercicio moderado nos hace sentir *menos* cansados porque aporta fuerza y resistencia. Estimula el humor. Fortalece los músculos y los huesos, y mejora la salud cardiovascular. Un estudio realizado en 2006 reveló que reduce la incidencia de resfriados en las mujeres posmenopáusicas, quizá al incrementar el número de glóbulos blancos, conocidos como leucocitos, que luchan contra las infecciones.[43] Aumenta la sensibilidad a la insulina, disminuyendo así el riesgo de diabetes del tipo 2. Y controla el peso.

El ejercicio puede ayudarnos a controlar la ingesta calórica haciendo que algunos alimentos parezccan demasiado dulces para tomarlos en grandes dosis. En 2004, un equipo de investigadores japoneses informó de que, al menos en los atletas, un buen entrenamiento aumentaba la sensibilidad a los sabores dulces. Pero el impacto más poderoso de la actividad física sobre el peso procede, con diferencia, de su efecto sobre el equilibrio de la energía corporal. Una hora de ejercicio vigoroso puede quemar aproximadamente una cuarta parte de la ingesta de energía diaria y también elevar el ritmo metabólico. Incluso después del entrenamiento, tendemos a quemar más calorías que antes y el efecto puede durar horas. Nuevos estudios muestran que este metabolismo intensificado surge en parte del estímulo de la circulación sanguínea y de la temperatura corporal, además de los esfuerzos del cuerpo por reponer las reservas de oxígeno y eliminar el ácido láctico.[44]

Los amish de Pennsylvania demuestran a la perfección este fenómeno.[45] Aunque comen bastantes cantidades de alimentos ricos en calorías —empanadas, pasteles, huevos, jamón—, sus tasas de obesidad son extraordinariamente bajas, menos de una séptima parte de la media en EE.UU. La clave de su delgadez reside en su activo estilo de vida. Los fisiólogos del ejercicio han descubierto que los hombres amish caminan unas nueve millas (14,5 km) al día; las mujeres, unas siete (11 km). Además, los hombres dedican unas diez horas a la semana a enérgicos trabajos agrícolas (las mujeres unas 3,5), y 43 horas a la semana a actividades más moderadas, como la jardinería (las mujeres, 39 horas).

Cualquier persona que se preocupe por el control del peso tiene que tomar buena nota de esto. Los investigadores han calculado que la ingesta decreciente de energía o el gasto creciente de energía de sólo cincuenta a cien calorías al día puede desencadenar el aumento de peso en un 90 por ciento de la gente.[46] Para la mayoría de nosotros estas cien calorías extra podrían eliminarse con facilidad a base de un poco del estilo de vida amish: veinte minutos de jardinería, caminar una milla, ir en bicicleta un cuarto de hora.

Últimamente se ha tenido noticia de que el ejercicio no sólo aumenta el metabolismo, sino la potencia del cerebro. Aquí el beneficio del ejercicio quita la respiración: el entrenamiento desencadena cambios en el cerebro que mejoran el aprendizaje y la memoria, y protegen contra la demencia.

Hace algunos años, la estudiosa del cerebro Henriette van Praag dio a un grupo de ratones libre acceso a una rueda para correr y mantuvo alejado al otro grupo.[47] Descubrió que los ratones que corrían con regularidad aprendían las tareas más rápido que los que no corrían —y su cerebro producía más células nuevas—. Los ratones que corrían cinco kilómetros al día aprendían a navegar por un laberinto de agua con mayor rapidez que sus colegas sedentarios. Cuando van Praag y su equipo examinaron el cerebro de los ratones descubrieron que los que corrían producían dos veces y media más células nuevas en el hipocampo, esa parte del cerebro esencial para el aprendizaje y la memoria.

¿Qué podía haber provocado la proliferación de nuevas células cerebrales? Los investigadores descubrieron que el ejercicio espolea el crecimiento de los capilares que rodean al cerebro, que incrementa el flujo sanguíneo, eleva los niveles de oxígeno y potencia la cantidad de factor neurotrófico derivado del cerebro (o BDNF), una molécula de la mayor importancia para ayudar a las células del cerebro a desarrollarse y a crecer, que el neurocientífico Carl Cotman denomina «la droga maravillosa del cerebro».[48] Las células cerebrales de los ratones que corrían también mostraban evidencias de una mayor plasticidad sináptica, ese mecanismo vital para el aprendizaje y la memoria.

«Cabe suponer que los mismos cambios observados en el cerebro de ratas y ratones en respuesta al ejercicio también deben subyacer bajo algunas de las mejoras que apreciamos en los procesos cognitivos de los adultos humanos», explica Art Kramer, un psicólogo de la Universidad de Illinois y experto en los beneficios mentales de la buena forma física.[49] En efecto, nuevas pruebas indican que el ejercicio no sólo agudiza el pensamiento de las personas, puede moderar —incluso detener— el declive cognitivo que normalmente acompaña a la edad.

Éstas son realmente excelentes noticias, sobre todo teniendo en cuenta la cantidad de nuevos estudios que apuntan a la manera en que la edad sabotea al cerebro. No hace mucho, Naftali Raz de la State University y sus colegas midieron cambios durante cinco años en el volumen de ciertas regiones determinadas del cerebro en adultos sanos.[50] El equipo descubrió una disminución generalizada, aunque variaba según las regiones. La disminución sustancial tenía lugar en el cerebelo —ese «pequeño cerebro» situado tras el tronco encefálico que posibilita el movimiento, el equilibrio y la postura—, además del hipocampo, esencial para la memoria.

No queda clara la relación entre esos cambios en el tamaño de las regiones cerebrales y el deterioro de la función cognitiva que acompaña al envejecimiento. Pero los fallos son evidentes. A medida que la vida inicia el declive a partir de los veinte años, también lo hace la memoria de trabajo, la velocidad perceptual, el rápido procesamiento de la información nueva, la capacidad para resistir las distracciones. Cuando nos hacemos mayores, tenemos más dificultades para aprender nuevas habilidades y más problemas para comprender textos, encontrar las palabras apropiadas (el fenómeno de la punta de la lengua) y recordar el nombre de los amigos y conocidos. Esto no es senilidad o demencia, sino un envejecimiento cognitivo normal. Incluso mi padre, con una agudeza como nunca en sus setenta ya entrados, admite necesitar una pegatina para el coche que diga: «Freno por los nombres».

Tim Salthouse, de la Universidad de Virginia, cree que la disminución gradual del rendimiento mental se debe a que el cerebro procesa con mayor lentitud los estímulos de nivel inferior.[51]

Si la mente avanza con lentitud para procesar la información nueva, tiene menos tiempo para dedicar a tareas de reflexión más complejas, como por ejemplo la capacidad para planificar, tomar decisiones, multitarea, actualizar información, discriminar lo trivial de lo importante, y seleccionar de la memoria. «Sin embargo, la razón por la cual el procesamiento mental se ralentiza con la edad no está claro —explica Salthouse—. Quizá haya una pérdida de neuronas, lo cual deriva en rodeos neurales o quizá se producen reducciones relacionadas con la edad en la cantidad de neurotransmisores o una degeneración de la mielina, la vaina que recubre la neurona y que participa en la comunicación neuronal.»

Afortunadamente, el ejercicio físico ofrece esperanzas. Un importante estudio canadiense mostró que la actividad física durante la vida está relacionada con un menor riesgo de deterioro cognitivo y demencia de cualquier índole.[52] Esta relación era especialmente fuerte en el caso de las mujeres. Esto fue confirmado en 2004,[53] cuando los investigadores de Harvard estudiaron patrones de ejercicio físico y rendimiento mental en dieciocho mil mujeres de edad que forman parte del Nurse's Health Study en la Harvard School of Public Health. Las mujeres que caminaban o realizaban algún otro ejercicio de forma regular obtuvieron mejores resultados en las pruebas de memoria y otras pruebas cognitivas que las mujeres menos activas; de hecho, según constató el equipo, las mujeres que hacían ejercicio obtenían un resultado como si fueran tres años más jóvenes. La actividad física en la mediana edad puede ser crítica en cuanto a este efecto protector. Los estudios revelan que los ancianos que habían practicado algún ejercicio físico al menos dos veces por semana cuando tenían una edad mediana, tenían un 50 o 60 por ciento menos de probabilidades que sus homólogos sedentarios de desarrollar demencia o pérdida de memoria. El ejercicio físico parecía beneficiar especialmente a los que presentaban un gen asociado con un mayor riesgo de Alzheimer en la ancianidad.

Art Kramer y sus colegas investigaron recientemente los cambios que se producen en el cerebro humano con el ejercicio físico.[54] Su estudio demostró que los sujetos en mejores condiciones físicas presentaban una disminución inferior relacionada con la edad del tejido cerebral en áreas decisivas para la memoria y el aprendizaje que los sujetos menos activos, y que los ancianos en buena forma física tenían un flujo sanguíneo más intenso en las áreas frontales del cerebro que normalmente se asocian con la atención en el cerebro de los jóvenes. Los estudios previos por medio de imagen han revelado que los jóvenes utilizan esas regiones frontales del cerebro para llevar a cabo una variedad de tareas cognitivas. A medida que envejecemos, nuestro cerebro muestra menos especificidad a la hora de desarrollar estas mismas tareas —posiblemente porque incluimos nuevas regiones del cerebro para compensar las pérdidas en la eficiencia de nuestras neuronas en estas áreas—. «Quizá el ejercicio cardiovascular, al estimular el flujo sanguíneo, ayuda a nuestro cerebro a volver el reloj hacia atrás, biológicamente hablando», afirma Kramer, restaurando así la eficiencia de esas áreas en las que nos apoyamos en la juventud.

Piense en ello cuando esté refrescándose tras un duro entrenamiento: la mente que inicia la natación, la carrera, el remo vigoroso, se ve alterada, reforzada, protegida por el torrente de sangre y modificada por las sustancias químicas que originalmente puso en movimiento.

ANOCHECER

Si sobrevives al ocaso, vivirás la noche.

DOROTHY PARKER

Capítulo 9
De fiesta

Lubricán, la hora entre el perro y el lobo. Por fin ha salido del trabajo y ha llegado a casa, después de hacer ejercicio o no, y quizá sintiéndose aún un poco estresado. Para dejar atrás las preocupaciones del día, puede probar la ruta hacia el olvido que Shakespeare sugiere en Julio César: «Dadme una copa de vino. En ella ahogaré todas mis penas».[1] El fin de una jornada laboral es un momento tan bueno como otro cualquiera para tomar una copa. La tolerancia al alcohol alcanza su máximo en estos momentos, justo a tiempo para la hora del coctel. La hora del día influye en lo rápido que se metaboliza el alcohol y en la medida en que afecta a los diferentes órganos y funciones del cuerpo.[2] El alcohol ingerido a primera hora del día es más intoxicante que la misma dosis al anochecer. En un estudio realizado con veinte hombres, los que recibieron una gran dosis de vodka a las 9 a.m. obtuvieron peores resultados en las pruebas del tiempo de reacción y funcionamiento psicológico que los que recibieron la misma dosis a las 6 p.m.[3]

Deténgase un momento antes de dirigirse a la fiesta de la oficina y tome asiento con su copa de vino o de ginebra para contemplar el crepúsculo. Me encanta este momento del día: la luz del anochecer, el tránsito a la noche, cuando la claridad de las formas se disuelve, cuando todo lo cercano se vuelve distante y borroso con la luz que se bate en retirada. El cuerpo se deleita en los umbrales, nos dice el poeta Theodore Roethke. Le encanta la dulce invasión del sueño o sumirse en él y también estas cosas que sentimos en la cúspide de la noche. El sol rubicundo que se perfila en el horizonte ayuda a disolver las tensiones y a alargar la hora.

En realidad, esta hora del día puede afectar su percepción de los minutos que transcurren.[4] Al final de la tarde y principio de la noche, cuando la temperatura corporal alcanza su máximo, el paso del tiempo parece ralentizarse un poco. Para el cronómetro de intervalos del cerebro, un minuto en tiempo real puede parecer varios segundos más largo.

Las drogas como la marihuana y el hachís tienen un efecto expansor del tiempo muy parecido.[5] William James escribió acerca del «curioso incremento» en el tiempo percibido que acompaña a la intoxicación de hachís.[6] «Pronunciamos una frase y antes de que lleguemos al final nos parece que el principio dista ya mucho, indefinidamente. Entramos en una calle corta y es como si nunca fuéramos a acabar de recorrerla.» Esa copa de vino o de ginebra, por otra parte, puede hacer que el tiempo vuele. El alcohol reduce el tiempo percibido en comparación con el tiempo del reloj, posiblemente evitando que el cerebro reciba tantas entradas sensoriales por segundo.[7]

Sin embargo, la cuestión de si la bebida oculta alguna cosa desagradable es objeto de un vivo debate. Dependiendo de los detalles concretos, de la persona y la situación, el alcohol puede disminuir el estrés o intensificarlo. Un factor clave puede ser nuevamente la hora. Si consumimos alcohol antes del inicio de un acontecimiento estresante, la bebida puede reducir su impacto, según Michael Sayette de la Universidad de Pittsburgh —por la sencilla razón de que la bebida evita que experimentemos el suceso de forma plena—. Se denomina miopía del alcohol. La intoxicación altera la capacidad del cerebro para valorar la información nueva y relacionarla con ideas estresantes. En otras palabras, un suceso traumático después de una fiesta puede resultar menos angustioso porque la bebida garantiza que no nos demos cuenta del todo de lo que pasa.

Según Sayette, la miopía del alcohol también puede aliviar la ansiedad y la depresión *después* de un acontecimiento estresante, siempre y cuando el alcohol vaya acompañado de algun tipo de distracción, como una fiesta. Esta combinación mantiene nuestra mente casi literalmente libre de preocupaciones. Sin esta distracción, beber alcohol después de un suceso puede tener un efecto inverso, exacerbando el estrés —esto fue bautizado por un investigador como «efecto llanto sobre la cerveza».

También depende mucho de la dosis. Esa primera copa nos deja alegres y habladores, quizá un poco tambaleantes sobre nuestros pies; la segunda o tercera nos hacen arrastrar las palabras, alteran nuestra percepción, afectan a nuestro equilibrio corporal y dificultan nuestra capacidad para darnos cuenta de nuestros propios errores. Todo se reduce a la concentración de alcohol en la sangre o control de alcoholemia. Esto, a su vez, está determinado por la rapidez con la que bebamos, además de la velocidad a la que el alcohol sea absorbido por el torrente sanguíneo y el ritmo al que el cuerpo lo distribuya y metabolice.

Existen fórmulas caseras. El control de alcoholemia normalmente se expresa en forma de porcentaje, expresando los gramos de alcohol por decilitro de sangre. (Por ejemplo, un 0,08 por ciento equivale a 0,08 gramos por decilitro, una proporción que haría sentir a la mayoría de nosotros bastante borrachos.) Después de que una persona empiece a beber, el tiempo que tarda el test de alcoholemia en llegar al máximo puede tardar entre diez y noventa minutos.[8] Una hora después de consumir dos cervezas con el estómago vacío, un hombre de 160 libras (72 kg) de peso puede alcanzar en un test de alcoholemia alrededor de un 0,04 por ciento.[9]

Yo puedo tomarme un par de copas en toda una noche. Pero más allá de esto, mi cuerpo grita «¡Basta!». Esta escasa tolerancia es bastante típica de mi género. Las mujeres alcanzan unos niveles máximos de alcohol en sangre más altos que los hombres después de consumir las mismas dosis de alcohol y se intoxican con menos cantidad.[10] Antiguamente se creía que esta diferencia de género era una simple cuestión de tamaño o peso corporal: las mujeres, en general de menor estatura que los hombres, alcanzaban un mayor nivel de alcoholemia con menos alcohol porque hay un límite hasta el que puede llegar. En un cuerpo mayor el licor viaja más lejos, se diluye más y pierde potencia —desde luego es así en un hombre grande, por ejemplo, de doscientas libras (90 kg)—. Pero según un trabajo de los investigadores de la Universidad de Stanford, la auténtica diferencia procede de la composición de la masa corporal en hombres y mujeres, y quizá algunas divergencias de género en sustancias químicas.[11] Las mujeres tienen proporcionalmente más grasa corporal y menos agua que los hombres del mismo peso. Como el alcohol se dispersa a través del agua del cuerpo, las mujeres —a causa de su volumen inferior de agua— alcanzan mayores niveles de alcohol que los hombres después de consumir cantidades iguales. Además, las mujeres pueden sufrir un colapso y eliminar el alcohol y sus subproductos de forma menos eficiente.

Pero el nivel de alcoholemia está influenciado por una multitud de factores más allá del género y la composición corporal; por ejemplo, si el estómago está lleno o vacío (un estómago lleno hace más lenta la absorción); y las horas de sueño que se hayan tenido (en un estado de privación de sueño, el alcohol pega fuerte, de tal forma que si se bebe una copa parecen dos).[12]

El nivel moderado de bebida recomendado por la mayoría de expertos es de una bebida estándar (una cerveza o un vaso de vino) al día para las mujeres y dos para los hombres. Para evitar que el perro se metamorfosee en lobo, escribió el poeta George Herbert, «no bebas la tercera copa, que no puedes dominar cuando ya está en tu interior».

Empieza la noche. Ha llegado a la fiesta y ha comenzado a mezclarse con la gente en la habitación atiborrada, lanzándose a una animada discusión con un colega. Aunque ha tomado una sola copa de vino, su mente le falla cuando se le acerca un conocido: en mitad de las presentaciones, se queda temporalmente en blanco en cuanto a su nombre. Está ahí, tentador, en la punta de la lengua, pero no puede recordarlo de ninguna manera, y se queda plantado de pie durante un momento desagradable antes de mascullar: «¿Os conoceis?».

William James describió este fallo como una clase de vacío intensamente activo en nuestra mente: «Es como si hubiera una especie de fantasma del nombre, haciéndonos señas en una dirección determinada, provocándonos un hormigueo en algunos momentos con un sentimiento de inminencia y después dejándonos de nuevo hundidos sin el ansiado nombre».[13] Es uno de los «siete pecados de la memoria»[14] descritos por Daniel Schacter, un psicólogo de la Universidad de Harvard. La investigación de Schacter sugiere que este vacío activo en particular tiene sus raíces en la ausencia de significado de la mayoría de los nombres propios, lo cual denomina efecto panadero/Panadero. Nos explica: si yo le digo que soy el panadero, le estoy dando información acerca de lo que hago y a qué me dedico, lo cual ayuda a construir una estructura de recuerdos. Si yo le digo que mi nombre es Panadero, tan sólo le ofrezco un término carente de significado. Esto significa que el recuerdo está aislado, privado de lazos o vínculos mentales, y es muy vulnerable a olvidos temporales.

Es aquí cuando resulta de utilidad algun tipo de estretagia de asociación que relacione el nombre con un animal o un objeto. O quizá sirva una solución tecnológica al dilema, como la diseñada por Hewlett-Packard:[15] un auricular especial para el teléfono móvil provisto de una pequeña cámara que enfoca en nuestro campo de visión y se conecta por medio del teléfono móvil a nuestro ordenador personal, donde accede a una base de datos de nombres y caras. Cuando se fija en una cara, refresca nuestra memoria con un aviso vocal.

A menudo olvidamos los nombres; pero raramente olvidamos las caras. Si sondea el mar de caras de la fiesta, podrá señalar a los que conoce en una fracción de segundo. Este don para reconocer los rostros familiares en diferentes contextos, independientemente de la vista, la edad, la luz y la postura, es un logro perceptual asombroso. Las máquinas generalmente no pueden hacerlo. «Las pruebas en el mundo real de sistemas automatizados de reconocimiento de caras no han arrojado resultados esperanzadores»,[16] escribe Pawan Sinha, del Massachusetts Institute of Technology. A modo de ejemplo, cita una prueba de software de reconocimiento de caras diseñada para identificar pasajeros con vínculos terroristas. El sistema tuvo un índice de éxito inferior al 50 por ciento, y del orden de cincuenta falsas alarmas por cada cinco mil pasajeros.

El filósofo Ludwig Wittgenstein aludía al rostro como «el alma del cuerpo» y Shakespeare lo llamaba «un libro en el que los hombres pueden leer cosas extrañas». Milan Kundera escribió que no, que la cara no es más que una «combinación accidental e irrepetible de rasgos. No refleja el carácter, ni el alma, ni lo que llamamos el yo».[17] En cualquier caso, las caras son una moneda de intercambio social, y la capacidad para reconocerlas constituye una habilidad vital. «Este hombre» se convierte en «mi amigo» o «mi marido». Todos tenemos fallos momentáneos: cuando nos quedamos plantados en blanco sin reconocer a la persona que nos saluda en una fiesta como si fuéramos viejos amigos. Para la mayoría de nosotros, éstos son simples lapsus temporales. Pero hay personas que sufren olvidos permanentes de las caras.

La amiga de mi hermana, Heather Sellers, profesora de inglés en el Hope College y una escritora profundamente dotada, no consigue reconocer ni recordar las caras de sus amigos, ni siquiera de sus familiares. Cada vez que reaparecen en su vida, le parecen nuevos y extraños. Heather sufre una prosopagnosia grave, un síndrome desconcertante que sólo se comprende parcialmente, que altera su capacidad cerebral para reconocer y recordar los rasgos del rostro humano. «Cuando veo una cara, supongo que veo exactamente lo mismo que tú —me dijo en una ocasión—. Las caras no están borrosas, nebulosas, ni alteradas de ningún modo. Pero lo que recuerdo de ellas, lo que me queda, eso es lo diferente.»

Heather cree que ella y otros propagnósicos tienen problemas para recordar las caras porque las generalizan de la misma forma que los que no son guardabosques generalizan los árboles y los que no son expertos en aves de corral generalizan las gallinas; no aprecian ni retienen los detalles necesarios para categorizarlas en subtipos. «Yo no puedo describir los labios, la nariz, la estructura ósea del rostro, la frente, la barbilla, incluso los ojos» —me cuenta—. Cuando pienso en alguien que conozco bien, como tu hermana —explica—, imagino su pelo y siento su calidez, su energía. La veo vestida con su blusa de lino beige y puedo conjurar sus pendientes de oro. Sé que tiene una cara, pero no puedo decir absolutamente nada sobre ella.»

Como otras personas que padecen prosopagnosia, Heather utiliza estrategias alternativas para reconocer a la gente —«apoyos» no faciales, como la forma de andar, el peinado, la silueta del cuerpo, las peculiaridades de sus maneras y el tono de voz—, pero éstos muchas veces fallan. «El invierno es más duro que el verano —afirma—. La gente va muy abrigada y el relleno entorpece su forma de andar y su silueta; a veces sólo se les ve la cara. En esta situación, no puedo reconocer ni a mis amigos más íntimos.» No es de extrañar que la perspectiva de contacto social casual la llene de pavor. «La peor situación es una fiesta con diez personas que conozco bastante bien —afirma—. Sé que no voy a reconocerles. Voy a ser un manojo de nervios y voy a tener que trabajar muy duro para identificarles y para mantenerlos unidos, para dominar la ansiedad.» Ella trata de evitar todas las fiestas o, si puede, lleva consigo lo que denomina un «ojo humano para ver», que le susurrará la identidad de sus amigos y colegas: «Ahí está el decano, Jim. Por la izquierda viene John S., de Psicología. Allá está Dede, con un vestido marrón y brazaletes. Ahora nos habla Lynn».

Aunque parezca mentira, Heather no supo que padecía prosopagnosia hasta los cuarenta años. (Si no sabes cómo es reconocer un rostro, me explicó, no necesariamente sabes que tú no estás haciendo lo que hacen los demás.) Entonces tropezó con descripciones de este desorden mientras investigaba sobre la esquizofrenia para uno de sus personajes de ficción. Cuando leía las descripciones, se asombró de la precisión con la que se relataban sus propias experiencias. Se presentó para un estudio en la Universidad de Harvard, donde fue oficialmente diagnosticada en 2005. «Sentí un gran alivio y regocijo —declara—. Sentí que tenía una estupenda excusa para todos los horribles encuentros sociales que había tenido. Fue el mejor examen que suspendí.»

Algunos casos de prosopagnosia se producen a causa de un golpe o de una lesión en un parche de la corteza de tamaño minúsculo situado en la parte derecha del cerebro justo detrás de la oreja, conocido como giro fusiforme.[18] Los estudios por imágenes muestran que la actividad neural en este diminuto parche aparece cuando la gente normal ve una cara.[19] La gente que ha sufrido lesiones en esta zona no reconoce las caras familiares, ni recuerda las nuevas. Sin embargo, la mayoría de los casos que padecen este desorden son un misterio, cuyas raíces quizá se encuentran en sutiles problemas de desarrollo o bien en trastornos genéticos que afectan a ésta y otras regiones cerebrales. Los estudios sugieren que hasta un dos por ciento de la población tiene algún grado de ceguera de rostros.

«He aprendido que el reconocimiento facial es un proceso enormemente complicado —me dijo Heather—, en el que participa no sólo la capacidad para "leer" la topografía de las caras, sino también la memoria, la sensación y la emoción. Para mí, no es tan extraño que yo no pueda leer un rostro —afirma—. Lo desconcertante es que tú puedas.»

Durante años, los científicos han sostenido que el reconocimiento facial tiene lugar en el cerebro y han explicado cómo funciona normalmente. ¿Tiene nuestro cerebro módulos especializados de reconocimiento de caras? En un experimento reciente desarrollado con monos, Doris Tsao de la Universidad de Bremen descubrió que el 97 por ciento de las células de la circunvolución fusiforme responden casi exclusivamente a las caras —prueba de que esta región cerebral puede ser un módulo así.[20]

¿Trabajan juntas los millones de neuronas que participan en el proceso, orquestando la miríada de retazos de información relativa a la forma de la nariz, el tamaño de los ojos, la simetría de los labios en un solo rostro familiar? ¿O las neuronas individuales tienen la capacidad de responder selectivamente a un rostro determinado?

Este último concepto, conocido como la teoría de la neurona abuela, solía ser risible para algunos: así que tienes una sola célula dedicada a la abuela ¿eh? ¿Y una a Hillary Clinton? ¿Y otra a Mick Jagger? En efecto, la idea parecía bastante inverosímil hasta 2005, cuando un equipo de científicos —en el que se encontraban Christof Koch e Itzhak Fried, un neurocirujano de UCLA—, demostró que las neuronas individuales son, de hecho, sorprendentemente expertas en el reconocimiento de caras.[21] En un estudio realizado con ocho pacientes a los que se implantaron electrodos, el equipo descubrió que una sola neurona descargaba impulsos de forma selectiva en respuesta a fotografías variadas de la misma celebridad. En un paciente, la misma neurona se disparó al contemplar siete fotos diferentes de la actriz Jennifer Aniston. «Esta neurona busca por todas partes las células que tienen similitud con Jennifer Aniston», comentó un neurocientífico.[22] Los investigadores se han apresurado a decir que éstas no son literalmente células abuela, sino células que están conectadas para descargar impulsos en respuesta a algo específico y familiar, como un rostro conocido. Su respuesta puede estar más relacionada con la memoria que con la vista. «Sospecho —explica Koch— que si este paciente fuera a perder estas células, todavía reconocería a Jennifer Aniston como una cara de mujer, aunque no sabría que era la de Jennifer Aniston, que tiene una serie en televisión y que antes estaba casada con Brad Pitt.»[23]

¿Cómo podrían «codificar» células individuales caras específicas? El trabajo de Doris Tsao sugiere que cada neurona de reconocimiento de caras está «sintonizada» con un conjunto de características faciales; cada una de ellas actúa como su propio grupo de «reglas específicas de caras», explica, «evaluando los rostros de acuerdo con múltiples dimensiones distintas», como el tamaño y la forma de los ragos individuales —el tamaño del iris, por ejemplo, o la distancia entre los ojos—.[24] Combinando las medidas de todas estas pequeñas reglas, propone Tsao, las células individuales de las caras pueden cumplir la milagrosa tarea de reconstruir un rostro en el cerebro.

Al escudriñar la muchedumbre de la fiesta, ¿hay alguna cara que le llame la atención? Los habitantes de Tierra del Fuego tienen una expresión, *mamihlapinatapei*, que figura el el *Libro Guiness de los Récords* como la palabra más sucinta del mundo.[25] Se refiere al acto de «mirar a los ojos al otro, esperando ambos que el otro inicie lo que ambos queremos hacer pero ninguno se decide a comenzar».

¿Qué atrae a dos personas juntas? Los científicos han descubierto que tanto la cara como la mirada envían una profusión de señales visuales acerca del interés mutuo, la salud, incluso los genes buenos. Aunque se nos ha enseñado que no debemos juzgar a las personas por su apariencia, Shakespeare tenía razón: uno lee en la cara muchas cosas raras —identidad, expresión, incluso intención—. Todos lo hacemos, probablemente cientos de veces al día.

Eche una mirada. Somos los únicos animales cuyos ojos señalan lo que están mirando. El blanco de nuestros ojos, que resalta el iris, nos permite establecer contacto visual y nos indica instantáneamente la dirección de la mirada de alguien.[26] Esto refuerza las «señales de la mirada», un indicio clave para la comunicación y el comportamiento cooperativo. Un equipo del University College London descubrió que una mirada directa de una cara atractiva desconocida refuerza su atractivo y activa los circuitos de dopamina de nuestro cerebro que están dedicados a predecir la recompensa.[27] Por comparación, si esa misma cara desvía la mirada de nosotros, la actividad en esta área disminuye. La mayor actividad de la dopamina no tiene sus raíces en el atractivo del que lanza la mirada en sí mismo, sino en el potencial para la interacción señalado por el contacto visual, *mamihlapinatapei*.

Que una mirada cargada de significado desemboque en una interacción más íntima depende, en gran medida, de los juicios instantáneos que hacemos sin saberlo. El sentido de quién encontramos atractivo, afirma el último estudio, puede residir en las despiadadas fórmulas de búsqueda de compañeros sanos con genes de buena calidad. Estas fórmulas están sepultadas en nuestra mente y responden a las señales que prometen satisfacerlas.

Entonces, ¿qué es lo que buscamos?

Simetría facial para principiantes. La mayor parte de nosotros prefiere caras con una perfecta simetría bilateral, la cual puede ser una señal de un sistema inmune fuerte y de la ausencia de problemas genéticos.[28] (Las asimetrías, con frecuencia, surgen durante el desarrollo fetal a partir de tensiones biológicas, como una nutrición pobre, enfermedad, parásitos o endogamia.)

La cualidad de masculino o femenino de una cara es otro faro así. Un equipo de científicos escoceses y japoneses demostró recientemente que tanto hombres como mujeres se sienten atraídos por las caras más femeninas del sexo opuesto.[29] Cuando nuestro rostro se forma en el útero y a lo largo de la vida, la testosterona ayuda a esculpir los rasgos faciales más masculinos en los hombres; el estrógeno ayuda a dar forma a los rasgos más suaves, redondeados de las mujeres. Los investigadores manipularon fotografías de caras aumentando o disminuyendo las diferencias entre sexos. Los sujetos valoraron como más honestas y cooperativas las caras masculinas y femeninas que habían sido feminizadas —redondeadas, con mandíbulas más pequeñas—. Las caras masculinas feminizadas, en especial, parecían transmitir a las mujeres una señal de «buen padre». Los científicos especulan sobre si esta preferencia puede realmente haber limitado la extensión del dimorfismo sexual humano en la apariencia facial.

Las noticias del estatus reproductivo también pueden figurar en la atracción facial, al menos para los hombres. Craig Roberts y su equipo de la Universidad de Newcastle informaron de que los hombres encuentran especialmente atractivas las caras de mujeres que están ovulando.[30] Hace años se creía que las mujeres no revelaban cuándo estaban ovulando con ningún tipo de señal visual. Mientras que la mayoría de especies animales advierten de su fertilidad mediante traseros colorados o fragancias conspicuas, los humanos ocultamos la nuestra. Pero los estudios de Roberts apuntan a la cautivadora posibilidad de que nuestro rostro sea revelador. El equipo demostró que los hombres opinaban que las fotografías de los rostros de mujeres tomadas en su fase fértil eran más encantadoras que las fotos de esas mismas mujeres tomadas en la fase lútea o no ovulatoria.

«Este aumento del atractivo facial es sutil», afirma Roberts. Implica variaciones en el color y el tamaño de los labios, la dilatación de las pupilas, y el color y el tono de la piel. Pero afirma que, en términos evolutivos, incluso esos efectos infravalorados pueden tener un impacto sustancial sobre el éxito reproductivo mejorando el perfil de una mujer en el momento de su ciclo en que la probabilidad de concepción es mayor.

Una mirada directa, una cara femenina, simétrica, labios carnosos y pupilas dilatadas; ponga una sonrisa (una potente señal de que, si es lo suficientemente amplia, se verá con precisión a una distancia de unos pocos cientos de pies) y tendrá la suma de las señales visuales que podemos leer en la cara que hay al otro lado de la habitación o a nuestro lado.

Pero hay algo más. Muy por debajo de nuestro radar visual y ocultos a la conciencia, hay otro tipo de mensajes: señales químicas que transmiten mucho más de lo que nunca se haya imaginado.

Mientras pasea entre los invitados, piense en todo lo que está absorbiendo como indicios sociales. Puede que todo parezcan indicios verbales y visuales. Pero cada vez hay más pruebas de que en la cuestión de la evaluación y la atracción social, el olor puede ser, cuando menos, un compañero igual de bueno.

«En mis conferencias, pregunto si las señoras del público se sienten atraídas por el olor de ciertos hombres —explica Mel Rosenberg, de la Universidad de Tel Aviv—. Invariablemente, recibo una respuesta positiva.»[31] Para determinar si el atractivo del sexo opuesto fue influido por el olor, un equipo de científicos británicos pidieron a treinta y dos mujeres jóvenes que evaluaran caras masculinas según aspectos atractivos, después las expusieron a un toque de sudor de axila masculina y les pidieron que volvieran a clasificar las caras. Después del toque de olor, las mujeres encontraron a los hombres significativamente más atractivos.[32]

Aunque tenemos menos receptores olfativos que un animal del tipo del ratón o el perro, capaz de encontrar desde el alimento hasta el sexo a través del olor, esto no significa que no nos vayamos a sentir mareados por los sutiles poderes del olor. Como ya sabemos, nuestro sistema olfativo es exquisitamente sensible,[33] capaz de distinguir decenas de miles de olores en cantidades minúsculas, evanescentes. Los científicos del Monell Chemical Senses Center de Filadelfia afirman que las mujeres son mejores que los hombres —al menos, las mujeres en edad reproductiva—.[34] Este estímulo de la sensibilidad puede derivar de las hormonas sexuales femeninas que empiezan a funcionar en la pubertad, y muy probablemente sirven para ayudar a las mujeres a detectar veneno en la comida mientras están embarazadas y a mantener los vínculos con los hijos y la pareja.

También hemos llegado a comprender la impresionante naturaleza de nuestros propios olores. Según D. Michael Stoddart, un zoólogo de la Universidad de Tasmania, los humanos somos los simios más perfumados.[35] Las glándulas odoríferas se encuentran en la cara, el cuero cabelludo, labio superior, párpados, canales auditivos, pezones, pene, escroto y pubis. Pero la mayor parte de nuestro olor corporal habitual saludable, una esencia almizcleña, es emitido por las glándulas sebáceas y exocrinas situadas en nuestros sobacos o axilas, las cuales no comienzan a funcionar hasta la pubertad. Las glándulas exocrinas segregan una sustancia grasa que es inodora hasta que las vastas poblaciones de microorganismos que habitan en folículos y conductos axilares se colapsan produciendo estos compuestos de olor parecido al almizcle. (Otro ejemplo de que nuestros compañeros microbianos determinan nuestras maneras). Estas moléculas se expulsan a través del pelo de las axilas, explica Charles Wysocki del Monell Center.[36] Eliminar el hábitat bacteriano y las «antenas» mediante el afeitado puede desembocar en una reducción del olor. Pero inevitablemente la jungla de la axila retorna y con ella todo el aroma de esas moléculas aromáticas —entre ellas, compuestos de ácidos grasos muy parecidos a los que sirven como reclamos sexuales en otras especies animales.

Hace mucho que se sospecha que las glándulas de las axilas producen una esencia atractiva para el sexo opuesto. En su libro *El simio perfumado*, Stoddart cita historias populares de «un joven que cortejaba a una muchacha granjera colocándose el pañuelo en la axila durante el baile.[37] Cuando la joven sudaba, él caballerosamente le ofrecía su pañuelo para que ella se enjugara el sudor de su frente. La potencia y el encanto de su olor axilar era tan grande que ella sucumbió de inmediato a sus deseos». En la Austria rural, antiguamente era una práctica que las jóvenes guardaran un trozo de manzana en su axila durante el baile, explica Stoddart. Al final del baile, la chica ofrecía la manzana al joven de su elección, el cual —galantemente o sin dilación— se la comía.

Efectivamente, «una de las razones por las que el baile es tan atractivo es que constituye una oportunidad para que la gente pueda olerse de cerca», añade Mel Rosenberg, que conoció a su mujer en la pista de baile.

¿Por qué de todos los puntos posibles, es la axila una fuente tan buena de fragancias sexualmente atractivas? Posiblemente a causa de nuestra postura erecta: en la vida diaria, las esencias que se originan en los órganos sexuales no son normalmente perceptibles. Como los humanos caminan erguidos, la axila es el lugar ideal para producir un olor —«un área que a menudo contiene vello, que puede incrementar el área de superficie para la dispersión»—, afirma Wysocki, «cálida para contribuir a la dispersión y ubicada casi al nivel de la nariz del receptor».

Pero aquí hay un misterio. Rosenberg se pregunta: «Si el olor de las axilas es atractivo, entonces, ¿por qué lo vilipendiamos?».[38] Sospecha que la respuesta puede hallarse en los hábitos de la civilización moderna, que nos coloca la nariz a la altura de la axila de completos desconocidos en autobuses, ascensores, salas de espera, obligándonos a percibir sus olores íntimos.

He aquí una nueva perspectiva de la muchedumbre de la fiesta. Irradiando desde las axilas de amigos, colegas, conocidos distantes, hay oleadas de sustancias químicas que transporta el aire, capaces de afectar a nuestra percepción, comportamiento, humor, incluso a la libido y a nuestra elección de pareja. La palabra «feromona» (del griego *pherin*, tranferir, y *hormon*, excitar) fue acuñada hace medio siglo para describir las poderosas señales químicas liberadas y recibidas por los individuos de la misma especie.[39] Los ratones, por ejemplo, envían vívidas señales de fluidos corporales, tales como orina e incluso, según un nuevo estudio, hormonas sexuales segregadas por los ojos.[40] Estos mensajeros invisibles pueden provocar el aparejamiento, impedir el embarazo y acelerar la pubertad.

La idea de que los humanos podrían participar de estas formas invisibles de comunicación ha sido acogida con una gran dosis de escepticismo. Pero cada vez hay más pruebas que sugieren que, casi con toda seguridad, es así. El primer indicio de la existencia de las feromonas humanas apareció en 1971, cuando Martha McClintock, actualmente en la Universidad de Chicago, publicó un trabajo que demostraba que los ciclos menstruales de las compañeras de dormitorio del Wellesley College solían sincronizarse con el tiempo.[41] Más tarde, se descubrió que se podía lograr el mismo efecto simplemente depositando un poco de sudor de las axilas de mujeres donantes en los labios superiores de las mujeres receptoras.[42]

Recientemente el equipo de McClintock descubrió que los olores de las mujeres que están amamantando afectan a las mujeres que no están lactando —no sólo influencian la duración de su ciclo menstrual, sino también su libido—.[43] Cuando se encontraban expuestas a los componentes del amamantamiento, las mujeres no lactantes informaban de un aumento del 17 al 24 por ciento en el deseo sexual. Los investigadores sugieren que las feromonas de este tipo pueden haber evolucionado como una forma de regular la fertilidad dentro de grupos de mujeres —por ejemplo, señalando unas a otras que el entorno era bueno para criar hijos.

En cuanto a la potencia de los olores masculinos: aplique un poco de sudor axilar de unas almohadillas que hayan llevado hombres bajo la nariz de mujeres voluntarias y la percepción, el humor y el ciclo menstrual pueden sucumbir a su aromática influencia. George Preti y sus colegas del Monell Center expusieron a mujeres a olores axilares masculinos y después registraron tanto su humor como sus niveles en sangre de hormona luteinizante, la cual afecta a la duración de los ciclos menstruales y a la periodicidad de la ovulación.[44] Normalmente, la glándula pituitaria libera esta hormona en pulsos que aumentan de tamaño y frecuencia ante la proximidad de la ovulación. Las mujeres sujetas a secreciones de axilas masculinas experimentaron una aceleración en el comienzo de su siguiente pico hormonal. También afirmaron sentirse menos tensas y más relajadas cuando tenían ese sudor masculino presente en los labios superiores.

¿Qué razón evolutiva puede haber para esto? Preti y su equipo especularon que los primeros humanos quizá tenían relativamente poco tiempo para pasar en compañía de su pareja; el sistema reproductivo femenino evolucionó de tal manera que aceleraba la proximidad de la ovulación cuando una mujer notaba el olor de su hombre.

Y aquí llegan noticias para estimular las narices: una mujer puede revelar cuándo está ovulando no sólo por medio de sus rasgos faciales, sino mediante su olor. Los científicos pidieron a unas cuantas mujeres que llevaran una camiseta durante tres noches consecutivas durante la ovulación y otra camiseta durante tres noches en la fase lútea de su ciclo.[45] El equipo descubrió que los hombres encontraban más agradable y sexy el olor de la camiseta de una mujer que hubiera sido llevada durante la fase fértil que la que habían llevado durante la fase lútea, incluso después de conservar la camiseta a temperatura ambiente durante una semana.

Hasta hace muy poco, la forma de notar esas sutiles señales de las feromonas era un auténtico misterio. La ciencia creía que los mamíferos sólo detectaban feromonas con ayuda de un órgano vomeronasal —un sistema olfatorio especializado que no funciona de forma efectiva en los humanos—. Pero en 2003, el trabajo más reciente de Lawrence Katz, un neurocientífico de la Universidad de Duke, dio un giro a este punto de vista informando de que las neuronas del principal sistema olfativo del cuerpo pueden detectar las feromonas.[46] Desde entonces, varios estudios han confirmado que no necesitamos en absoluto un órgano especial para percibir las sensaciones de las feromonas; nuestra maquinaria olfativa habitual sirve muy bien para percibir las sustancias químicas volátiles.[47]

¿Qué otras señales emitimos mientras tomamos una copa en la colmena de una reunión social? Nada menos que nuestra identidad más profundamente personal —y posiblemente nuestro estatus como pareja genética aceptable—. Hace décadas que sabemos que los ratones poseen «firmas» de olor invidual que pueden ser leídas con todo detalle por otros ratones y utilizadas para escoger a la pareja. Ahora parece que lo mismo puede decirse de los humanos.

Cada uno de nosotros tiene una tarjeta de visita química que nos confiere un olor único y que refleja nuestras sutiles diferencias genéticas. Además, esta firma con «huella odorífica» puede ser detectada por otros. Las mujeres son especialmente expertas para identificar el olor de sus familiares, sus hijos y su pareja, explica Mel Rosenberg; los hombres, en menor medida. La fuente de nuestro singular olor es un grupo clave de genes conocidos como complejo principal de histocompatibilidad (MHC, en inglés), que desempeña un papel de suma importancia en nuestra capacidad para luchar contra la enfermedad. Éstos son los genes más diversos de todos los que se hallan en el cuerpo, los mejores a la hora de manejar a la multiplicidad de bacterias, virus y otros gérmenes potencialmente dañinos. Las mujeres tienden a preferir el olor de los hombres cuyos genes MHC difieren de los suyos.[48] Un estudio descubrió que las mujeres clasificaban esos olores como «agradables» y los olores de los hombres con genes similares a los suyos como «menos agradables». Al seleccionar a las parejas con genes diferentes de los propios, explican los investigadores, podemos evitar la endogamia o reforzar la capacidad de nuestros hijos para luchar contra la enfermedad.

Sin embargo, para confundir esta teoría ha surgido un nuevo y sorprendente añadido: las mujeres buscan un fragmento de su propio padre en los genes MHC de su pareja. Martha McClintock y sus colegas descubrieron que en las poblaciones con una gran diversidad genética, una mujer prefiere los olores de los varones que tengan genes MHC que coincidan con algunos de los que ella misma heredó de su padre.[49] ¿Por qué? Quizá las mujeres prefieren una pareja que comparta algunos de sus vigorosos genes inmunes en vez de los de alguien con genes inmunes completamente desconocidos. O quizá quieren evitar el exceso de una cosa tan buena. Aunque la diversidad de estos genes se considera en general beneficiosa, una variación excesiva puede hacer al sistema inmune rápido en disparar, incrementando el riesgo de desórdenes autoinmunes —el cuerpo se vuelve contra sí mismo—. En cualquier caso, la mejor elección parece ser un reducido número de coincidencias. Según los científicos, lo notable es que las mujeres posean un sistema olfativo tan exquisitamente sensible que les permite percibir esas diminutas diferencias genéticas.

Estas revelaciones científicas, que sugieren la posibilidad de que la atracción esté influenciada por una descarga de feromonas bien cronometrada o por la aguda detección de genes MHC, parecen, en última instancia, ejemplos del poder de la ciencia para «agarrar las alas de un ángel, conquistar todos los misterios con criterios admitidos», como escribió Keats. Pero yo no lo creo así. Para mí, estas revelaciones constituyen una forma de acrecentar el misterio. Creemos realizar nuestras elecciones de forma deliberada, consciente, después de sopesar atentamente las opciones; creemos saber todo lo que nos domina. Pero en realidad, parte de lo que hace fluir nuestra médula y correr nuestra sangre siguiendo una canción muda puede ser una intuición química destinada, en el fondo, a proteger a nuestros hijos aún no concebidos.

LA NOCHE

De noche, todos los gatos son pardos.[1]

Proverbio italiano

Capítulo 10

Embrujado

Quizá ya ha llegado a casa y se ha acomodado en su nido con su pareja. Ha caído la oscuridad, las horas de intimidad en las que gobiernan los olores, los sonidos y el tacto. La noche siempre ha concedido los placeres negados por la luz del día, ofreciendo privacidad y refugio. Como escribió Shakespeare, «la luz y el deseo son enemigos mortales».

Aproximadamente, la hora siguiente a las 11 p.m. es la hora más popular para el sexo, pero no a causa de ningún ritmo intrínseco natural. Cuando los científicos estudiaron la distribución circadiana del comportamiento sexual, descubrieron que la mayoría de los encuentros sexuales tenían lugar durante la hora de acostarse sólo a causa de la rigidez de los horarios de trabajo y las obligaciones familiares.[2] (Lo que cumple los requisitos para convertirse en la hora de acostarse es cuestión de cada pareja. No es de extrañar que el estudio sugiera que las parejas con cronotipos incompatibles —alondras emparejadas con búhos— consideran su matrimonio menos satisfactorio que las parejas más coincidentes, y tienen más discusiones, menos tiempo de actividades compartidas y sexo menos frecuente.)[3]

A diferencia de otros parientes mamíferos, que generalmente programan el momento de sus actos sexuales para maximizar su éxito reproductivo, nuestros relojes y hábitos culturales han restringido el comportamiento sexual de tal forma que nuestra hora preferida para el sexo está más arraigada a la conveniencia que al instinto; no casa demasiado bien con nuestros ritmos hormonales naturales, ni con nuestros ciclos fértiles. Los niveles de testosterona, por ejemplo, son significativamente más bajos al final de la noche y más altos por la mañana, llegando al máximo a las 8 a.m.[4] La calidad del semen, por otra parte, alcanza su máximo por la tarde (con 35×10^6 espermatozoides más por eyaculación que por la mañana).[5] Según los investigadores, esta concentración superior de esperma en el fluido seminal probablemente no deriva de las variaciones circadianas en la producción y maduración del esperma, sino de las variaciones en los mecanismos nervio-músculo que controlan la eyaculación. Sean cuales sean las razones, algunos expertos aconsejan que las parejas que intentan concebir tengan sexo por la tarde en vez de por la noche.

Tanto peor para la fría oportunidad de hacer el amor. Hace más de 1.500 años, Safo describió los síntomas del amor en sí mismo: los ojos ciegos, «las llamitas esquivas que juguetean en la piel y arden debajo de ella», el desfallecimiento y el estupor. Desde los tiempos de Safo no hemos aprendido demasiado sobre la anatomía y la fisiología del amor. Nuestro conocimiento de estados positivos como el placer, la felicidad y la excitación sexual no ha avanzado de forma tan espectacular como el del estrés, la ira y el miedo.[6] Quizá este conocimiento del amor simplemente no sea posible. Albert Einstein se preguntaba: «¿Cómo demonios vamos a explicar en términos de química y física un fenómeno biológico como el primer amor?». Pero incluso los aspectos más sencillos continúan envueltos en el misterio —por ejemplo, los mecanismos cerebrales que controlan la excitación, o los cómos y porqués del orgasmo, que son difíciles de determinar en una investigación de laboratorio.

Sin embargo, sobre esto último la ciencia ha realizado valientes intentos para colocar bajo el microscopio algunos de los aspectos más esquivos del amor y el sexo, y al hacerlo encontraron destellos de su funcionamiento. Veamos la biología de una caricia. Los neurocientíficos han tropezado en los últimos años con indicios de la naturaleza de nuestras respuestas a esta suave y cercana variedad de contacto en alguien que parece haber perdido el contacto con la realidad.

Entre los grandes placeres físicos de la vida en pareja está el intercambio de lentos masajes de espalda entre los miembros de la pareja, el movimiento metódico de las manos a lo largo del recorrido de la espina dorsal, ascendiendo hacia los tirantes músculos del cuello y los hombros; después en posición de «cucharas», como decimos en mi familia, entrelazarse los dos, reconfortados por el contacto.

A diferencia de los restantes sentidos, el tacto del cuerpo es ubicuo, con receptores en casi todas partes —dentro y fuera— que registran sensaciones de presión, dolor, calor y frío, movimiento y la conciencia de nuestra ubicación en el espacio. El tacto es el sentido al que se puede engañar con menos facilidad a lo largo de la vida, el primero que se despierta en el feto en desarrollo, el último que nos abandona al final y quizás el más esencial para nuestro bienestar.[7]

Los niños humanos privados de tacto no logran progresar. Cuando los científicos visitaron los miserables y abarrotados orfanatos de Rumanía después del derrocamiento del regimen de Ceausescu, descubrieron que cientos de bebés a los que raramente o nunca tocaba nadie sufrían una discapacidad en cuanto a su desarrollo mental y presentaban niveles elevados de cortisol. Aunque había muchas causas para su trauma, la deficiencia de tacto parecía jugar un papel clave en exacerbar su estrés.

Por contraste, se ha demostrado que un tacto abundante, sobre todo masajes, reduce los niveles de hormonas del estrés y estimula la oxitocina, la hormona de unir pares y del amor maternal, que tiene un efecto calmante, reduciendo el ritmo cardíaco y la presión arterial. Los efectos supuestamente positivos del tocamiento en el masaje son numerosísimos, entre ellos disminuir el dolor, mejorar la función pulmonar en los pacientes asmáticos, incluso mejorar la alerta y el rendimiento en los niños con desórdenes de atención.[8]

El tacto es tan antiguo como la propia vida, remontándose a esas criaturas unicelulares que fueron adquiriendo sensibilidad a los hundimientos o a la presión en su capa protectora externa. En los humanos surge de las terminaciones nerviosas que se encuentran bajo la superficie de la piel y que perciben la tensión o presión física y convierten esta energía mecánica en señales eléctricas que viajan hasta el cerebro. Estas terminaciones nerviosas están distribuidas por todo el cuerpo, pero se agrupan con mayor densidad en los labios, la lengua, las puntas de los dedos, los pezones, el pene y el clítoris. Parece ser que entre ellas hay algunas especializadas en detectar las caricias.

No hace mucho, el neurofisiólogo Håkan Olausson y sus colegas de Suecia estudiaron a una paciente de cincuenta y cuatro años que había perdido la sensación de sus receptores táctiles.[9] La paciente no detectaba la presión ni el cosquilleo y negaba tener sensibilidad táctil alguna en el cuerpo por debajo de la nariz. Sin embargo, era capaz de detectar la débil sensación del ligero tacto de piel contra piel y afirmaba encontrarlo claramente agradable. Este caso indica que nuestro cuerpo posee un sistema de receptores independiente de los nervios que detectan presión y vibración. Estas terminaciones nerviosas «de conducción lenta» se encuentran bajo la piel vellosa y están específicamente sintonizados con el tacto suave; cuando se estimulan, activan áreas del cerebro que intervienen en la excitación sexual y el procesamiento de las emociones. «Este tipo de receptor es abundante en los animales, pero hace tiempo que se creían desaparecidos durante la evolución de los humanos —explica Olausson—. El descubrimiento de que todavía tenemos un sistema táctil especial dedicado a procesar los aspectos sociales o emocionales de la estimulación de la piel señala la importancia capital de la estimulación táctil para el bienestar humano.»

¿Por qué será que la mano de mi marido recorriendo simplemente la piel de mi espalda como un insecto zapatero me mantiene felizmente en el presente? No es la caricia de cualquiera la que siento. Comprender la mecánica del toque amoroso es una cosa, pero dominar los detalles prácticos del amor en sí mismo es otra muy diferente. La ciencia todavía lo está intentando.

Los investigadores italianos que estudiaron los cambios hormonales que acompañan al cortejo descubrieron que, tanto los hombres como las mujeres, en el primer brote de amor tenían más cortisol corriendo por sus venas, indicando que ese estado es tanto estresante como excitante.[10] Quizá sean más dignos de mención los estudios que demuestran que los hombres locamente enamorados tienen niveles de testosterona más bajos en comparación con los sujetos de control; las mujeres enamoradas tienen niveles más elevados. Esto podría ser el simple resultado de una actividad sexual exagerada, dicen los investigadores, o podría ser que esta convergencia hormonal facilitara de algún modo el juego del cortejo. Una mayor cantidad de testosterona haría a las mujeres más asertivas sexualmente; menos cantidad de hormona haría a los hombres menos agresivos —un buen comienzo para la formación de un fuerte vínculo de pareja, observa la antropóloga Helen Fisher.

Por su parte, Fisher ha hurgado en el interior de la cabeza para ver qué sistemas cerebrales se activan cuando nos encontramos en la agonía del deseo, en una relación romántica y en un vínculo a largo plazo.[11] Ella y su equipo de la Universidad de Rutgers llevaron a cabo escáneres cerebrales a adultos jóvenes que acababan de caer rendidos al amor, tal y como se mide según la llamada Escala de Amor Apasionado. Este estándar de laboratorio (un homólogo sexual de la Escala Stanford del Sueño) evalúa lo que el sujeto siente en presencia de la persona amada —temblor, latidos acelerados, respiración rápida o exceso de energía—. También valora el porcentaje de horas de vigilia que pasa meditando sobre el «objeto del amor» y después clasifica la intensidad del sentimiento, desde tibia a locamente enamorado.

El equipo escogió a unos sujetos profunda y locamente enamorados, después utilizaron una fMRI para observar los circuitos del cerebro que se activaban cuando esos sujetos enfermos de amor visualizaban fotos de sus personas amadas en comparación con fotos de simples conocidos. Resulta que el retrato de la persona amada activa las neuronas del sistema de recompensa del cerebro rico en dopamina, el núcleo caudado y el área del tegmento ventral —las mismas regiones que se activan durante la ingesta de alcohol y drogas—. Las personas enamoradas también mostraban niveles elevados de noradrenalina y bajos de serotonina, parecidos a los de las personas con desorden obsesivo-compulsivo.

Que la neuroquímica del nuevo amor está inextrincablemente unida al sistema de recompensa del cerebro no es tan sorprendente desde el punto de vista evolucionista. Lo interesante es esto: cuando Fisher y sus colegas compararon la actividad cerebral de los sujetos recién enamorados con los que estaban inmersos en relaciones a largo plazo, encontraron una diferencia. En los amantes a largo plazo, la visión de la persona amada desencadena montones de actividad en las regiones cerebrales dedicadas a la emoción. Pero para los que acaban de enamorarse, las imágenes desencadenaban una actividad escasa en esas áreas. Este resultado confirmaba descubrimientos previos de investigadores que estudiaban a voluntarios que declaraban haberse enamorado recientemente «verdadera, profunda y locamente».[12] Esos científicos se sorprendieron por lo pequeña que era el área del cerebro (sólo la región rica en dopamina) que se activaba cuando contemplaban la imagen de la persona amada: «Es fascinante constatar que el rostro que lanzó un millar de barcos debería haberlo hecho a través de una expansión verdaderamente limitada de la corteza».

Fisher sugiere que la furia batiente del principio del amor se parece más a una compulsión que a una emoción, un impulso motivacional tan poderoso que recuerda la urgente necesidad inducida por las drogas adictivas, haciendo que el cerebro se centre única y exclusivamente en el anhelo y la consecución de la recompensa —en este caso, del objeto de amor.

Fisher postula que, a medida que el amor progresa del deseo al compromiso, entran en juego otros tipos diferentes de procesos biológicos y sustancias químicas en el cerebro. El simple deseo, que motiva a la gente a buscar el sexo con una amplia gama de parejas, activa los circuitos andrógenos. El amor romántico, que guía la búsqueda de la pareja preferida, está fuertemente vinculado a los sistemas de dopamina. Y el vínculo que garantiza que los individuos permanecerán con sus parejas lo bastante para criar a los hijos y ejercer de padres, se asocia con un complejo de redes neuroquímicas en el que participan dos hormonas: la vasopresina, que estimula la vinculación masculina, y la oxitocina, que regula todos los tipos de interacciones sociales positivas, incluyendo la confianza. (Un estudio ampliamente recomendado realizado en 2005 por estudiantes suizos que jugaban a un juego de inversiones informó de que la oxitocina suministrada en forma de nebulizador nasal incrementaba la predisposición de los estudiantes a confiar entre ellos).[13]

Naturalmente, en la biología humana no hay nada tan sencillo. Estos sistemas pueden funcionar independientemente o pueden superponerse, explica Fisher, y su actividad difiere entre hombres y mujeres. El patrón de descargas de impulsos neuronales en nuestro cerebro ebrio de amor no necesariamente encuentra una correspondencia en el de nuestro ser amado.

«El hombre se enamora a través de los ojos; la mujer, a través de los oídos», escribió en una ocasión un político británico.[14] Efectivamente, los estudios de las diferencias sexuales en el proceso de imágenes sexualmente excitantes muestran que los hombres sufren una descarga de impulsos extra en las áreas visuales del cerebro, en la amígdala y el hipotálamo y, como dice Fisher, en regiones «asociadas con la turgencia del pene».[15] Las mujeres se sienten más excitadas sexualmente por las palabras románticas, los temas musicales de las películas y las historias, que por las imágenes, dice ella.[16] Las mujeres enamoradas también muestran generalmente una mayor activación de las áreas cerebrales relacionadas con la atención y la memoria en una fase anterior de la relación que los hombres; más adelante, muestran una actividad mayor en las regiones asociadas con las emociones.

Cuando se trata de los procesos mentales en hombres y mujeres, la lista de los estudios que apuntan a diferencias está creciendo: el procesamiento del lenguaje, las habilidades espaciales, la navegación, el sentido del olfato.[17] Los estudios realizados con MRI funcionales muestran que, durante la lectura, hombres y mujeres utilizan ciertas áreas cerebrales del lenguaje de forma diferente.[18] Al navegar por el mundo físico, los hombres son mejores a la hora de rotar mentalmente los mapas y tienden a pensar en términos de direcciones cardinales, mientras que las mujeres destacan a la hora de recordar puntos de referencia geográficos y utilizan las direcciones relativas. (Esta disparidad no surge hasta la pubertad; antes, tanto las chicas como los chicos utilizan el mismo estilo de navegación, lo que sugiere que las hormonas esteroideas pueden ser responsables de esta diferencia.) Ahora estamos empezando a comprender la naturaleza de estas diferencias de género en la actividad cerebral, especialmente cuando se trata de sexo, pero el abismo es real. Por eso resulta inesperado saber que el orgasmo se procesa en el cerebro de la misma forma en ambos sexos —aunque pensar o leer sobre él no lo sea.

Llamado el «éxtasis supremo» y «*la petite morte*», la intensa oleada de placer conocida como orgasmo ha sido objeto de abundante literatura; sin embargo, continúa siendo un misterio insondable. En su estudio clásico sobre la sexualidad humana, Alfred Kinsey describió el orgasmo como una liberación explosiva de tensión neuromuscular acumulada —en algunos individuos es tan intensa que puede hacer que un hombre (o mujer) «entregue todo su cuerpo a un continuo y violento movimiento, arquee su espalda, dispare sus caderas, ladee la cabeza, estire brazos y piernas, verbalice, gima, gruña o grite, de forma muy parecida a una persona que está sufriendo una tortura extrema».[19]

Sabemos que el orgasmo es el resultado de contracciones en la pelvis y de la percepción del placer en el cerebro. Pero no hemos llegado a comprender cómo están unidos ambos fenómenos hasta hace poco.

En el hombre, el orgasmo normalmente coincide con la eyaculación, aunque uno puede experimentarse sin el otro. La erección, el preludio necesario para la eyaculación y el orgasmo, a menudo comienza con estimulación táctil, especialmente del glande del pene, que posee una elevada densidad de receptores de presión táctil. La sensación del tacto viaja por los nervios sensoriales hasta la parte baja de la médula espinal, la cual provoca una dilatación de los vasos sanguíneos del pene y hace que la sangre se precipite a través de cientos de vasos con forma de tirabuzón hasta los tejidos esponjosos del órgano a una velocidad cincuenta veces superior a la habitual.

Todo esto sucede sin un control consciente. De hecho, la mayoría de las erecciones experimentadas por los muchachos jóvenes, que pueden alcanzar un total de tres horas a lo largo del día, tienen lugar básicamente mientras duermen. Como escribió Leonardo da Vinci, con su irreverencia característica, el pene «a veces hace gala de una inteligencia propia; cuando un hombre desea ser estimulado, él permenece obstinadamente quieto y sigue su propio camino; y a veces se mueve solo y sin permiso o sin ningún pensamiento de su propietario.[20] Estemos despiertos o dormidos, hace lo que le place; con frecuencia el hombre duerme y él está despierto; otras veces el hombre está despierto y él dormido; o el hombre desea que entre en acción y él se niega; muchas veces él quiere acción y el hombre se lo prohíbe. Por eso parece que esta criatura tenga vida e inteligencia separadas de las del hombre».

Hace algunos años, científicos de la Escuela de Medicina de la Universidad Johns Hopkins descubrieron un factor de control en la compleja fisiología de la erección: contribuyendo al flujo sanguíneo que inicia y sostiene una erección está el óxido nítrico, el mismo gas que se forma durante una tormenta eléctrica y que es tan esencial para la respiración pesada que acompaña al esfuerzo.[21] En el pene, el óxido nítrico actúa como un poderoso relajante muscular de los suaves músculos que rodean las paredes de los vasos sanguíneos, permitiendo que éstos se dilaten. Un pensamiento erótico o una estimulación táctil produce un repentino aumento inicial del óxido nítrico desde las terminaciones nerviosas de la región, lo cual desencadena la erección; después los vasos sanguíneos liberan más gas para mantenerla. Finalmente, una enzima hace acto de presencia para detener el óxido nítrico, las arterias se constriñen y la animación se desvanece. La droga Viagra actúa interfiriendo con esta enzima de detención, permitiendo que el óxido nítrico permanezca más tiempo y mantenga la presión.

También hemos aprendido algo acerca de lo que controla la eyaculación. No se trata de una simple acción refleja, como se creía, sino más bien del resultado de una serie de acciones complejas coordinadas de la próstata, las vesículas seminales, la uretra y los músculos del suelo pélvico. Aún se desconoce bastante qué lo desencadena. Un estudio de Lique Coolen, un neurocientífico de la Universidad de Western Ontario, ha revelado que un pequeño grupo de células nerviosas integradas en la espina dorsal de la parte baja de la espalda puede desencadenar esta acción.[22] Las ratas a las que se les destruía este llamado generador de la eyaculación eran capaces de encontrar a su pareja, lamerla y alcanzar una erección, pero no podían eyacular. Coolen sospecha que el generador de la eyaculación sirve como una especie de área de servicios, que procesa las señales sensoriales de los genitales y las percepciones eróticas del cerebro. Después envía señales que controlan los espasmos musculares de la eyaculación y también informa al cerebro de su ocurrencia. El trabajo de Coolen también sugiere que las células del generador espinal de la eyaculación forman sinapsis con las células del área del tegmento ventral del cerebro —una región del placer que se activa durante el orgasmo.[23]

En cuanto a las mujeres, el estrógeno juega un papel muy pequeño en la excitación, a pesar de que su nombre deriva del griego *estrus* o «deseo intenso».[24] Prepara la vagina para el sexo, prolongando y ensanchando el tracto vaginal y provocando que las células que recubren el pasaje segreguen microgotas de fluido lubricante. Pero es una débil versión de la testosterona, la hormona «masculina», que en la mujer se produce en las glándulas suprarrenales y en los ovarios, lo que incrementa la sensibilidad y la capacidad de respuesta de los receptores del tacto en el clítoris, los labios y los pezones. La excitación se produce a partir de estos receptores y una rica variedad de terminaciones nerviosas especializadas del área genital —el capuchón del clítoris y su glande, la uretra y el llamado punto G, una zona de aguda sensibilidad.

Sí, el punto G es real, al menos según los investigadores italianos.[25] Se cree que este punto reside un par de pulgadas en el interior de la vagina, en la pared anterior detrás del hueso púbico. Insertas en la carne de esa zona existen glándulas comparables a la glándula masculina de la próstata. El equipo italiano informó de que los mismos marcadores de la enzima de la actividad del óxido nítrico hallados en el tejido eréctil del pene también abundaban en la mayoría de las mujeres en la región del punto G. Una presión suave en ese punto eleva los umbrales del dolor en un 40 por ciento y hace que los niveles de oxitocina aumenten hasta cinco veces por encima de lo normal.[26] Algunos científicos especulan con la posibilidad de que este torrente de oxitocina explique el efecto calmante del sexo. En 2006, los investigadores británicos descubrieron que tener sexo antes de un suceso estresante como hablar en público reduce la presión sanguínea, un efecto que puede durar hasta una semana.[27]

Los nervios responsables de comunicar la sensación del estímulo desde las áreas genitales hasta al cerebro se distribuyen desde la espina dorsal. Pero los científicos de la Universidad de Rutgers que estudian casos de mujeres con lesiones en la columna vertebral dicen haber descubierto un nuevo camino sensorial fuera de la columna que también puede transmitir sensaciones desde la vagina y la cérvix directamente al cerebro.[28] Este camino discurre a través del nervio vago, el cual retoma el largo camino desde el tronco cerebral a través de los órganos del cuello, el tórax y el abdomen («vago» significa vagabundo), rodeando completamente la columna vertebral. Gracias a esta vía, afirman los investigadores, las mujeres que han sufrido un daño «total» de la espina dorsal pueden experimentar igualmente el orgasmo.

La razón por la que algunas mujeres alcanzan el orgasmo durante el coito y otras no, ha sido un enigma permanente. Un nuevo estudio señala a la herencia.[29] Un equipo del St. Thomas Hospital de Londres preguntó a miles de gemelas cuántas veces alcanzaban el orgasmo en el curso de sus relaciones. La mayoría respondieron que sólo de forma infrecuente; un pequeño porcentaje afirmó experimentarlo siempre; y un porcentaje igualmente pequeño declaró no alcanzarlo nunca. Al examinar las diferencias en los resultados entre las gemelas idénticas y no idénticas, el equipo descubrió una clara influencia genética que explicaba entre un 35 y un 45 por ciento de variación. Sin embargo, la naturaleza de esta influencia está lejos de ser obvia. Podría residir en cualquier cosa, desde los rasgos de la personalidad hasta la anatomía de los órganos sexuales, o los niveles de enzimas y hormonas en circulación.

La mayoría de nosotros se sorprende al saber que, en realidad, el orgasmo no tiene lugar en los genitales, sino en el cerebro. Un caso del que se informó en el *Lancet* titulado «Orgasmos inoportunos» arrojaba luz sobre este extraño fenómeno.[30] Una mujer de cuarenta y cuatro años explicó que había tenido episodios recurrentes de orgasmos sin relación alguna con ninguna actividad sexual, una vez cada dos semanas. «Carecen de un detonante definido —escribieron los médicos—, «y no fueron especialmente placenteros ni satisfactorios porque escapaban al control de ella. En varias ocasiones, experimentó el episodio mientras conducía, y tuvo que detener el coche». Resultó que esta mujer tenía una anormalidad vascular en el lóbulo temporal derecho.

El orgasmo es, en realidad, una experiencia cerebral, como afirmó en una ocasión el neurocientífico Jean-Pierre Changeux, «y es en el cerebro donde tenemos que buscar».[31]

Científicos holandeses asombraron a la comunidad neurocientífica haciendo justamente eso. Gert Holstege y sus colegas de la Universidad de Groningen, Holanda, utilizaron un escáner de PET para observar las regiones del cerebro que se activaban en los hombres a los que su esposa o amante estimulaban manualmente hasta alcanzar un orgasmo.[32] Un año después, hicieron lo mismo con mujeres. Los resultados mostraron que el cerebro de hombres y mujeres exhiben, a grandes rasgos, el mismo patrón de descarga de impulsos neurales —aproximadamente un 95 por ciento de coincidencia—. (La principal diferencia estaba en un área del cerebro medio llamada sustancia gris periacueductal; esta región, que tiene un papel en la modulación del dolor, sólo descargaba impulsos en las mujeres.) La mayoría de la actividad tenía lugar en las áreas del núcleo caudado y del tegmento ventral, los mismos circuitos de la dopamina activados por el amor romántico y el uso de las drogas. De hecho, la activación cerebral durante el orgasmo se parece mucho al patrón que se observa durante un «subidón» de heroína o cocaína. Esto explica por qué los adictos a la heroína carecen de impulso sexual —porque la droga ya estimula activamente esta región.

También se producía una significativa desactivación de la amígdala en las mujeres (menos en los hombres), conduciendo a los científicos a formular la hipótesis de que el sexo puede distraernos de acontecimientos del entorno, incluso de aquéllos que simplemente apelan al miedo —quizá, dice Helstege, para que podamos tener sexo «sin que nos molesten otros estímulos externos».

Toda esta actividad puede tener algunos beneficios sobre la salud a largo plazo. De la Universidad de Bristol llega la noticia de que en los hombres que informaron de una mayor frecuencia en el orgasmo, el riesgo de eventos coronarios fatales se redujo a la mitad —posiblemente porque la actividad sexual proporciona un entrenamiento cardiovascular, o quizá porque los hombres con una vida sexual robusta son más felices y están menos estresados—.[33] Otro estudio muestra que los estudiantes universitarios que tienen relaciones sexuales una o dos veces por semana presentan niveles de anticuerpos inmunoglobulinas un 30 por ciento más elevados que los que se abstienen.[34] Y otro, un estudio altamente controvertido, sugiere que el sexo puede tener unos efectos positivos a largo plazo en el ánimo de las mujeres. En una muestra de chicas universitarias sexualmente activas, los investigadores descubrieron que las mujeres que tenían relaciones sin condón tenían menos síntomas de depresión que las que utilizaban condón o se abstenían del todo de tener relaciones.[35] Los científicos se han apresurado a explicar que no recomiendan eliminar el uso de condones por razones psicológicas, ya que las enfermedades de transmisión sexual o los embarazos no deseados fácilmente superarían los beneficios del semen. Pero el estudio sugiere que algunos de los componentes presentes en el semen que pueden ser absorbidos a través de la vagina, incluyendo la testosterona, el estrógeno y las prostaglandinas tienen un efecto antidepresivo.

Un torrente de placer; una reducción del estrés, la depresión y el miedo. Qué lastima que muchas veces practiquemos el sexo al final del día, y no al principio.

Capítulo 11

Aires nocturnos

Son más de las 11 p.m., ya debería empezar a adormecerse. Su pareja duerme beatíficamente. Pero usted está completamente despierto, pagando la indigestión de la ración excesiva de ternera de la comida quizá, o resoplando por el asma o por la congestión de un maldito resfriado.

Un sacerdote italiano del siglo XVI, Sabba da Castiglione, previno a sus seguidores sobre las «numerosas enfermedades que el aire nocturno suele provocar en el cuerpo humano».[1] Usted sabe muy bien que su incipiente enfermedad, cualquiera que sea, no se debe al aire maligno. Pero es cierto que muchas enfermedades empeoran por la noche.[2] La fiebre alcanza máximos. La irritabilidad de la piel empeora. La gota, las úlceras y el ardor de estómago se intensifican.

Algunos de los achaques que nos acosan durante las horas de oscuridad son la consecuencia de los mecanismos protectores nocturnos del cuerpo. Por la noche, muchas de nuestras defensas diurnas se ralentizan o cesan —nuestro reflejo nauseoso, por ejemplo, y los cilios que barren y limpian el tracto respiratorio—. Los otros mecanismos que llenan el vacío protector, incluyendo el refuerzo de las secreciones ácidas y las reacciones inflamatorias más intensas, tienen el potencial de causar estragos, agravando todos los males, desde las úlceras hasta la psoriasis. Los bajos niveles nocturnos de adrenalina y cortisol (que normalmente ayudan a mantener las vías respiratorias aéreas abiertas durante el día) hacen que los ataques nocturnos de asma sean cientos de veces más habituales.³ También, la noche entrada trae consigo un cambio en el funcionamiento de los pulmones: los bronquios se hacen más hiperreactivos y las vías bronquiales que hacen circular el aire dentro y fuera de los pulmones se encogen de diámetro aproximadamente un 8 por ciento. Para la gente sana, este estrujón no representa ningún problema. Pero para los que padecen asma, la constricción puede reducir el flujo de aire a los pulmones entre un 25 y un 60 por ciento,⁴ provocando la tos, la respiración dificultosa y la falta de aire características de la enfermedad.

Quizá esto se parece más a un simple resfriado. Dos pequeños puños obstructivos parecen haberse alojado en sus orificios nasales. La parte posterior de la garganta está inflamada, dolorida e irritada y tragar es difícil. Horas antes, ese mismo día, usted era una persona totalmente sana; y ahora parece que es usted el desdichado anfitrión de un germen contraído en cualquier parte, en un ascensor o a través de un niño que lo trajo del colegio.

Durante la noche se supone que la actividad de las células inmunes del cuerpo alcanza su máximo. Los ganglios inflamados de su garganta están repletos de poblaciones crecientes de células blancas llamadas linfocitos. En este momento ya se están multiplicando, pero su floración plena contra el insidioso invasor tardará hasta una semana. Por el momento, todavía no pueden ganar la batalla y por eso usted tiene que sonarse e intentar pasar la noche lo mejor posible.

Por término medio, un adulto coge dos resfriados al año;⁵ un niño, entre cuatro y ocho. Los investigadores han calculado cuidadosamente el trastorno producido por estas enfermedades: en un año típico, los 500 millones, aproximadamente, de episodios de resfriados en Estados Unidos son la causa de 400 millones de días de trabajo y de colegio perdidos, y más de 100 millones de visitas al médico, con un coste anual total de 40 mil millones de dólares.⁶

Pero, ¿qué es un resfriado? ¿Por qué su esposa resistió al germen que le aflige a usted? ¿Por qué un microbio para una persona no es más que una garganta irritada y a otra la deja postrada en cama una semana?

El resfriado debe su nombre al vínculo obstinadamente forjado en el folklore entre coger frío y contraer un constipado. El filósofo griego Celso escribió en el siglo II d.C. que «el invierno provoca dolor de cabeza, tos y todas las afecciones que atacan la garganta, y los costados del pecho y los pulmones».[7]

La ciencia moderna ha estimado que el vínculo frío-resfriado es un mito absoluto —hasta hace poco tiempo—. La convicción de que la temperatura ambiente tenía poco que ver con la susceptibilidad a la infección surgió de un estudio efectuado en la década de 1950. Los científicos persuadieron a un grupo de más de doscientos voluntarios a que se sentaran en el interior de una cámara frigorífica durante dos horas y a otro grupo igualmente numeroso a que se sentaran casi desnudos en una habitación a 15 °C; después, todo el grupo de cuatrocientos fue expuesto a un virus del resfriado común. Todos los sujetos contrajeron el resfriado aproximadamente al mismo ritmo.[8]

Una década después, se llevó a cabo un experimento similar después de descubrir la causa más habitual del resfriado común: el rinovirus (del griego *rhinos*, nariz).[9] Los investigadores inocularon el rinovirus directamente en la nariz de varios reclusos de una prisión de Texas, y después expusieron a los sujetos a un frío extremo. Ni el frío ni el calor, ni el abrigo ni su falta, ni el pelo mojado o seco, nada afectó a su ritmo de infección, empujando a los investigadores a declarar que no hacía falta realizar más estudios.

Sin embargo, la ciencia no hizo caso de este consejo, y un nuevo estudio arrojó pruebas que apoyaban la vieja sabiduría popular.[10] En 2005, un equipo del Common Cold Centre, en Gales, sometió a noventa voluntarios sanos a un baño de pies helado; otros noventa de un grupo de control permanecieron secos. En menos de una semana, casi una tercera parte del grupo que había realizado un pediluvio gélido había desarrollado síntomas de resfriado, en comparación con menos de una décima parte del grupo de control. ¿La razón? Los investigadores apuntan que, cuando la gente está helada, los vasos sanguíneos de la nariz se contraen, impidiendo el suministro de sangre a los glóbulos blancos que luchan contra las infecciones. Sin embargo, los escépticos alegan que los sujetos «helados» no fueron examinados en busca de la presencia de virus del resfriado común; sus síntomas de resfriado podrían haber sido básicamente subjetivos.[11]

Que el resfriado tienda a desarrollarse en los meses fríos no se debe a la temperatura, sino a la humedad y al comportamiento humano, argumenta Jack Gwaltney, un profesor emérito de la Universidad de Virginia y experto en el resfriado común.[12] La supervivencia del rinovirus depende de las condiciones de humedad, superior a un 55 por ciento. Y aún más importante, el frío y los días húmedos mantienen a los niños apiñados en el interior de las guarderías, los colegios, las facultades, proporcionando un terreno ideal para la proliferación de virus. La gente, y no el tiempo, es el principal problema, afirma Gwaltney: «La mejor forma de evitar un resfriado es vivir como un anacoreta; la mejor forma de pillarlo es rodearse de muchos niños». La nariz de los más jóvenes es la principal fuente de virus del resfriado común. «Si su hijo se resfría, y usted no es inmune a este virus —explica—, hay un 40 por ciento de probabilidades de que usted también sucumba.»

Los virus son altamente contagiosos; pequeñas dosis de entre una y treinta partículas son suficientes para producir la infección.[13] Y tan sólo un día después de ser infectada, una persona ya puede transmitir el germen. Aunque el virus medio del resfriado común es más contagioso en los tres primeros días de la enfermedad, sus partículas se expulsan con las secreciones nasales durante hasta tres semanas. Estas partículas son sorprendentemente resistentes y duraderas. En un artículo titulado «Rhinovirus transmission: one if by air, two if by hand» (Transmisión del rinovirus: uno por vía aérea, dos por contacto), Gwaltney y sus colegas informaron de que los rinovirus sobreviven y continúan infectando sobre las superficies —manos, manubrios, interruptores— y la forma más habitual de transmisión es por inoculación dedo-nariz.[14] Durante sólo diez segundos de exposición a las manos, el virus de la mano de un donante se transfiere a los dedos de un receptor un 70 por ciento de las veces.[15] La infección ocurre con mayor frecuencia cuando la gente toca un objeto contaminado o los dedos de individuos infectados, y después se inoculan en su propia nariz u ojos. El equipo descubrió que la transmisión del resfriado común se podía interrumpir limpiando las superficies con desinfectante o incluso aplicando yodo a los dedos.[16]

Una vez en el interior de la nariz, los virus del resfriado común se absorben a través de una fina película de mucosa que recubre unas pequeñas estructuras de las vías nasales, parecidas a una estantería, llamadas cornetes. En el espacio de diez o quince minutos, los cilios que recubren los cornetes trasladan la mucosidad y su equipaje a la parte posterior de la garganta, donde serán tragados y destruidos en el estómago. Sin embargo, en algunos casos desgraciados, las partículas víricas transportadas por la mucosa se depositan en los adenoides —las glándulas linfáticas ubicadas sobre el paladar y detrás de la nariz, que albergan células que los virus pueden atacar directamente—. Éste es el origen de ese sentimiento espeso e irritativo en la garganta. Al principio, las células de los adenoides aceptan dócilmente el virus; más tarde, se produce la tormenta. Se tardan entre ocho y doce horas para que un rinovirus entre en actividad, complete su ciclo reproductivo y produzca nuevos virus. Al cabo de muy poco, empiezan los síntomas del resfriado.

Ah, los síntomas.
Pese a la creencia popular, ese sentimiento de ahogo y bloqueo en la nariz no se produce a causa de la mucosidad, sino de la inflamación de los cornetes provocada por la dilatación de los vasos sanguíneos. Estas estructuras normalmentre se inflaman una tras otra siguiendo un ciclo de ocho horas, incluso cuando no está resfriado.[17] Nadie sabe la razón, aunque algunos científicos especulan con la posibilidad de que este ciclo pueda conceder a una cámara nasal un descanso mientras la otra realiza el trabajo de acondicionar el aire. Sin embargo, durante un resfriado, ambos lados se inflaman a la vez y la inhalación se convierte en un asunto sofocado.
La nariz moqueante durante un resfriado se produce a causa de la mucina que segregan las células «caliciformes» que recubren el tracto respiratorio. Esta mucosidad está suspendida en un fluido acuoso compuesto por plasma que rezuma por las intersecciones celulares de las paredes de los vasos sanguíneos que recubren la nariz. El plasma transporta anticuerpos y bradiquinina —una sustancia química del sistema inmunitario que estimula las

fibras nerviosas del dolor de la nariz y la garganta, provocando el dolor.

Cuidado cuando se suenen la nariz, advierte Gwaltney: un nuevo estudio sugiere que sonarse con fuerza puede ocasionar más daño que bien, expulsando las secreciones nasales hacia los senos, donde se puede producir una infección bacteriana secundaria.[18]

Si el cosquilleo de la mucosidad irrita lo suficiente las terminaciones nerviosas de las vías nasales, se enciende un mensaje en el centro del estornudo del cerebro.[19] Supuestamente ubicado en el tronco encefálico, el centro del estornudo coordina la actividad de los músculos del abdomen, el pecho, el diafragma, las cuerdas vocales y la garganta, que se contraen para expulsar microgotas de saliva por la boca y desencadena una copiosa lluvia nasal para eliminar al delincuente.

La tos puede alcanzar una potencia aún mayor de expulsión.[20] En la mayoría de las lenguas, la palabra para designar la tos imita un acto respiratorio tan violento que puede romper los vasos sanguíneos: *husten, toux, tosse*. Primero hay una aguda inspiración de aire, seguida de un estrujamiento de los músculos del diafragma y el abdomen mientras la cuerdas vocales cierran la glotis de la laringe durante una fracción de segundo. A continuación, a la vez que la glotis se reabre súbitamente, un rápido y poderoso flujo de aire es liberado por los pulmones a una velocidad de unas quinientas millas (800 km) por hora, expulsando cualquier mal que necesite ser expulsado.

En otro tiempo considerado un simple reflejo, la tos es, en realidad, un mecanismo sutil.[21] En el tracto respiratorio, desde la laringe hasta los pulmones, se encuentran los receptores sensoriales que se disparan a causa de las sustancias irritantes —mucosidad, partículas de humo, y sustancias químicas del sistema inmune—. Estos receptores son los «interruptores principales» de la tos. Cuando se estimulan, descargan una señal en el nervio vago hasta el centro de la tos, en el área de la médula del tronco encefálico. (Aquí es donde los ingredientes activos de algunas prescripciones para aliviar la tos —opiáceos como la codeína— ejercen su efecto calmante.)

Nariz moqueante, estornudos, tos. Como señala Gwaltney, ninguno de estos síntomas del resfriado común deriva de algún daño directo al cuerpo por parte del propio virus, sino de la aparatosa reacción —o hiperreacción— de la propia respuesta inmune del cuerpo.[22] Cuando Gwaltney y sus colegas biopsiaron las células del epitelio nasal durante un resfriado, no hallaron signos de destrucción ni daño por parte del virus. El rinovirus y otros virus parecidos provocan la enfermedad estimulando al cuerpo a hacer cosas dañinas para sus propias células y tejidos. Según Gwaltney, de hecho se puede crear un resfriado totalmente desarrollado de forma artificial en el cuerpo sin la participación de ningún virus en absoluto. Aquí está la receta:

— Una pizca de *histaminas* —para conseguir que la nariz gotee, se dilaten los vasos sanguíneos provocando ese efecto (congestión nasal) y estimular el reflejo del estornudo—. (No es fácil provocar un estornudo, afirma Gwaltney. Él intentó hacer cosquillas a los sujetos de su estudio y darles a oler pimienta; la única cosa que funcionó fue colocarles histamina directamente en el epitelio nasal.)
— Un pellizco de *bradicininas* para estimular las fibras nerviosas del dolor de la garganta.
— Un choque de *prostaglandinas* para prender una buena tos y una cefalea.
— Una chispa de *interleucinas* para cultivar el malestar.

Inyectar todos estos ingredientes en la nariz y esperar.

Estos elementos son todos sustancias químicas naturales que intervienen en la respuesta inflamatoria del cuerpo —la primera línea de defensa contra la lesión o la infección—. La inflamación puede producirse prácticamente en cualquier parte, en la piel que rodea una astilla, en las articulaciones (y se denomina artritis), en el cerebro (encefalitis) o en el recubrimiento de la nariz (rinitis). Por desgracia, en el caso de un resfriado, toda esta potente actividad inflamatoria no libra inmediatamente al cuerpo de un virus. Los estornudos y la irrigación nasal pueden contribuir a eliminar el polvo o el polen de la nariz, pero no las partículas virales; éstas se acomodan en la seguridad del interior de las células nasales, que nosotros no tenemos intención de eliminar. Una vez activadas, las reacciones inflamatorias suelen cobrar velocidad, produciendo cantidades de mucosidad durante aproximadamente una semana, hasta que la infección se resuelve.

Su esposa no se ha movido; usted permanece echado durante un rato y se fija en esa respiracióon despejada y acompasada con envidia considerable. Ambos han estado expuestos a la misma fiesta, al mismo niño, a la misma cama y al mismo vaso de los dientes. ¿Por qué le ha tocado a usted?

Eche una atenta mirada a su vida. Quizá sea usted más vulnerable porque sufre de estrés crónico, lo cual se ha asociado con una mayor vulnerabilidad a los resfriados inducidos por un rinovirus.[23] Quizá está usted falto de proteínas, o de zinc, o de vitamina E, lo cual puede deprimir la inmunidad. O quizá su rabiosa respuesta inmune le hace más predispuesto a sufrir los síntomas.

Como ha descubierto Gwaltney, no todos los que han estado expuestos a un virus —o incluso que se han infectado— experimentan síntomas de resfriado.[24] Cuando él y su equipo inocularon un rinovirus a un numeroso grupo de adultos jóvenes y sanos que previamente no poseían anticuerpos para este virus, casi todos se infectaron. Sin embargo, sólo un 75 por ciento desarrolló síntomas de resfriado. Qué sucede en ese uno de cada cuatro que no sucumbe es todo un enigma. «Algunas personas afirman que nunca cogen resfriados», explica Gwaltney. «Mi mujer es una de ellas. Es bastante irritante. Esas personas quizá no fabrican cantidades normales de intermediarios inflamatorios. Si es así, resulta irónico. Sabemos que los síntomas del resfriado común son el resultado de la respuesta inflamatoria del cuerpo a invasores extraños. Así que las personas con un sistema inmune más activo pueden ser más proclives a desarrollar los síntomas del resfriado que la gente con una respuesta inmune menos potente.»

Al parecer, usted es uno de los del conjunto «activo», así que se levanta en busca de alguna ayuda medicinal. En el armarito del lavabo hay un montón de remedios para el resfriado común, cada uno de ellos diseñado específicamente para combatir uno u otro de los síntomas. Los descongestivos constriñen el tejido nasal de los cornetes para aliviar la nariz tapada. Los antihistamínicos suprimen los estornudos actuando sobre los receptores de histamina en el centro del estornudo (donde también producen somnolencia).[25] El ibuprofeno ayuda a aliviar el malestar general. Si los estantes están llenos de remedios para la tos que se compran sin receta —supresores diseñados para acallar el cosquilleo, balsámicos para suavizarla y expectorantes para facilitar la expulsión de flemas—, no se moleste en ir a la farmacia. Un dilatado estudio sobre las medicinas contra la tos que se venden sin receta concluyó que son muy poco recomendables.[26]

Su botiquín tampoco alberga curas verdaderas para el resfriado común; sencillamente porque no existen. La búsqueda de una ha conducido a numerosos callejones sin salida, aunque pocos igualan el intento de Thomas Jefferson. Se dice que el gran presidente aconsejó a un amigo que para evitar los resfriados hiciera lo mismo que él: meter los pies en remojo en agua fría cada mañana. Un siglo más tarde, se popularizó un remedio para cortar un resfriado que consistía en irrigar la nariz dos veces al día con agua caliente y bórax: «No hace falta una jeringuilla; simplemente sumergiendo la nariz en una palangana de agua, y realizando enérgicos movimientos inspiratorios y espiratorios, conteniendo el aliento en la epiglotis, las vías nasales se pueden irrigar a fondo».[27] Desde el punto de vista de la higiene, la jeringuilla ofrece numerosas ventajas. Pero Gwaltney afirma que el tratamiento no ha demostrado aportar ningún beneficio, y tiene los riesgos inherentes de que el bórax esté contaminado con bacterias.

Los modernos esfuerzos para curar el resfriado común se han centrado en un remedio para curar un solo síntoma, aunque éste sólo ofrece un alivio parcial. Gwaltney aduce que cualquier cura realmente efectiva tiene que abordar tanto al propio virus como a los síntomas. Durante más de diez años, Gwaltney ha estado trabajando en este tratamiento combinado antiviral y antiinflamatorio para el resfriado común.[28] Hace poco probó una mezcla así de interferón e ibuprofeno que parecía prometedora: en un nutrido grupo de gente con resfriados ya desarrollados, el equipo contó y pesó los pañuelos entre los días segundo y quinto de la enfermedad y descubrió que en el grupo tratado con la terapia de fármacos combinados se había reducido notablemente la gravedad de los estornudos, la obstrucción nasal, el dolor de garganta, la cefalea y el malestar; este grupo también presentaba un 71 por ciento menos de goteo nasal y redujo el uso de pañuelos en más de la mitad. Sin embargo, el tratamiento debe iniciarse antes para obtener los máximos beneficios.

Gwaltney y otros dedicados al estudio del resfriado común pasaron mucho tiempo midiendo la mucosidad. Recogían los pañuelos usados después de sonarse la nariz, los contaban y los pesaban, después restaban del total el peso de un número igual de pañuelos secos. «No es un trabajo especialmente agradable», explica Gwaltney. Sin embargo, medir pañuelos empapados ha arrojado mucha información de peso, incluyendo aspectos de la naturaleza circadiana de los síntomas del resfriado.

Resulta que la nariz se rige según su propio reloj. Las gráficas de los estornudos, la obstrucción nasal, el moqueo y el picor en la nariz, ya sean por un resfriado o por una alergia, alcanzan un máximo en las horas de la mañana.[29] Los voluntarios infectados con virus del resfriado común y la gripe utilizan muchos más pañuelos por la mañana, entre las 8 y las 11 a.m. (los estornudos alcanzan su pico hacia las 8 a.m.) y muchos menos entre las 5 y las 8 p.m. La frecuencia de la tos también muestra un ritmo circadiano marcado, alcanzando su máximo entre el mediodía y las 6 p.m.[30] La mayoría de nosotros probablemente fallaríamos en un concurso de preguntas sobre esto. Yo estoy segura de que tengo mucha más tos por la noche. Pero los cuestionarios indican que la gente no es demasiado buena a la hora de valorar su propia frecuencia en la tos; los recuentos fiables sólo pueden captarse con grabadoras.

Enfermedades de muchos tipos se ven afectadas por los ritmos biológicos del cuerpo.[31] Como sugiere Michael Smolensky, un cronobiólogo de la Universidad de Texas, las fluctuaciones diarias de enfermedades tales como alergias, hipertensión, gota y asma son tan pronunciadas que analizarlas en el momento equivocado del día conduce a falsos resultados. Para diagnosticar una alergia, por ejemplo, los médicos confían profundamente en las pruebas dermatológicas. Pero como señala Smolensky,[32] la respuesta dérmica a la histamina y a los alérgenos del polvo doméstico y del polen es más pronunciada por la noche, justo antes de acostarnos, cuando muy pocos médicos realizan consultas. La presión arterial es más elevada por la tarde, así que las pruebas diagnósticas pueden subestimar la gravedad de una hipertensión. Un paciente puede ser diagnosticado como normal por un médico que le visita por la mañana y como hipertenso por otro que le vea por la tarde.[33]

Si el ritmo es un factor tan crítico en la enfermedad como lo es en la salud, lo más sensato sería que los médicos prestaran mucha atención a la periodicidad no sólo de las pruebas diagnósticas, sino también de los tratamientos médicos. Por desgracia, los sondeos indican que muchos médicos no están aún convencidos de que los ritmos circadianos sean un aspecto importante de la enfermedad y la terapia.[34] Según los cronobiólogos, esto es un problema ya que el cuerpo procesa la misma dosis de un medicamento de manera diferente dependiendo de la hora del día.

Aunque las pruebas directas de la modulación circadiana de la acción de un medicamento son raras, un innovador estudio realizado en 2006 reveló que en los ratones, al menos, el reloj circadiano dirige los ritmos de los genes que permiten al cuerpo responder a las medicinas y a otras sustancias extrañas.[35] Los ratones con relojes normales eliminaban del cuerpo el pentobarbital mucho más rápido por la noche que durante el día. Los ratones con relojes mutados tenían graves déficits a la hora de eliminar la droga de su sistema a cualquier hora del día. También experimentaban más efectos secundarios tóxicos a dos agentes cromoterapéuticos.

La investigación realizada con humanos apunta a efectos circadianos similares. Un estudio demuestra que la anestesia de los dentistas dura más por la tarde que por la mañana: la lidocaína ingerida entre la 1 p.m. y las 3 p.m. alivia el dolor dental durante un período tres veces superior del que lo haría por la mañana.[36] Por otra parte, un informe de 2006 afirmaba que los pacientes que se someten a anestesia para cirugía por la tarde sufren menos dolor y náuseas y vómitos postoperatorios que los que reciben las drogas y se someten a estos procedimientos por la mañana.³⁷ Esto puede ser el producto de errores en la administración de la anestesia a causa de la fatiga del médico, pero también puede tener sus raíces en la forma en que el cuerpo maneja una droga determinada en un momento determinado del día.

El ritmo al que las medicinas actúan en el cuerpo —la forma en que se absorben, metabolizan y eliminan— está determinado por los ritmos circadianos en un gran número de funciones corporales. El aumento y la disminución diarios de diferentes hormonas afectan a la absorción de medicamentos. La naturaleza rítmica de la actividad del estómago (que se vacía más rápido de día, y con mayor lentitud de noche) significa que algunos medicamentos orales ingeridos antes de acostarnos pasarán a la sangre más despacio. La medicación que se toma más tarde durante el día generalmente es destruido más rápido por el organismo porque la temperatura corporal más elevada acelera las reacciones químicas que el cuerpo utiliza para eliminar la toxicidad de una sustancia extraña. Estos efectos según la hora del día han sido documentados para más de un centenar de medicamentos.³⁸

El cronobiólogo Russell Foster afirma que el objetivo a la hora de pautar la medicación debería dirigirse a equilibrar lo que el cuerpo hace con el medicamento con lo que el medicamento hace al cuerpo.³⁹ Esto es especialmente cierto en la medicación contra el cáncer, en la que la hora puede significar la diferencia entre la vida y la muerte.

Hace unos veinticinco años, mi madre se sometió a un ciclo de tratamientos de radiación y quimioterapia para un cáncer de cérvix. Fue un caso muy agresivo: fue diagnosticada en febrero y murió en julio. En los primeros días del tratamiento, sufrió náuseas y pérdida de apetito. Traté de seducirla ofreciéndole pequeñas raciones de sus comidas favoritas, un bratwurst muy hecho o un queso de la nueva tienda para gourmets de la calle, incluso pastelillos de chocolate aderezados con hachís, que según se ha descubierto, alivia las náuseas. No dió ningún resultado. El trastorno intestinal de mi madre era el resultado del efecto letal de los medicamentos de la quimioterapia, altamente tóxicos, sobre las células que cursaban rápidamente metástasis en el recubrimiento de su tracto gastrointestinal.

El objetivo del tratamiento contra el cáncer es matar las células cancerosas sin eliminar las sanas. Muchos medicamentos contra el cáncer están diseñados para destruir sólo las células que se dividen muy rápidamente.[40] Dado que las células cancerosas se multiplican a un ritmo mayor que las sanas (cada seis o doce horas, frente a cada veinticuatro horas), se destruyen éstas preferentemente. Pero los medicamentos de la quimioterapia son armas de poca precisión. Atacan no sólo a los objetivos perseguidos, sino también a los transeúntes inocentes, las células sanas normales del cuerpo que también se dividen con rapidez, por ejemplo, las de la médula ósea, los folículos pilosos y el recubrimiento del tracto digestivo. Esto es lo que ocasiona los efectos secundarios de la terapia —anemia, pérdida del cabello y alteraciones gastrointestinales—. La toxicidad de estos medicamentos limita la frecuencia y la cantidad con que pueden administrarse.

Francis Lévi cree que *cuándo* recibe la gente un tratamiento contra el cáncer es, al menos, tan importante como *qué* reciben para determinar si el tratamiento tendrá éxito o será peligrosamente tóxico.[41] Lévi, un médico que estudia las interacciones circadianas con el cáncer en el Hôpital Paul Brousse cerca de París, pertenece a un grupo cada vez más numeroso de investigadores que creen que la hora del día es clave para el éxito del tratamiento contra el cáncer.

La mayor parte de los pacientes con cáncer reciben el tratamiento a horas que son convenientes para el personal del hospital. Pero cada vez más estudios desarrollados por Lévi y otros demuestran que administrar medicamentos contra el cáncer a horas seleccionadas con todo cuidado puede maximizar sus efectos terapéuticos y minimizar sus tóxicos efectos secundarios.

La clave es comprender la distinta periodicidad de la división celular en las células cancerosas y en las sanas. Vamos a tomar por ejemplo el linfoma. Las células de ciertos tipos de linfoma tienden a dividirse entre las 9 y las 10 p.m., las células de las paredes intestinales alrededor de las 7 a.m. Y las de la médula ósea, a mediodía. William Hrushesky, un investigador pionero de la Escuela de Medicina de la Universidad de Carolina del Sur, ha descubierto que las células que recubren las paredes intestinales proliferan veintitrés veces más durante el día que durante la noche.[42] De modo que cabría esperar que un agente quimioterapéutico que se sabe que daña los intestinos y la médula ósea fuera menos tóxico —y más efectivo contra las células del linfoma— si se administrara durante la noche.

Hace más de veinte años, Hrushesky publicó un estudio sobre la hora de administrar la quimioterapia a cuarenta y una mujeres con cáncer de ovarios.[43] Las mujeres que seguían un horario sólo desarrollaron la mitad de efectos secundarios que las mujeres que siguieron el otro horario. Según Hrushesky, todas las medidas de toxicidad disminuyeron proporcionalmente dependiendo de la hora del día a la que se administraron los medicamentos. «Las mujeres que recibieron las dosis a las horas menos perjudiciales del día también tenían cuatro veces más probabilidades de sobrevivir cinco años», afirma Hrushesky. «Esto demuestra que la susceptibilidad del cáncer humano a la quimioterapia depende de la hora del día a la que se reciban estos medicamentos.»

En años más recientes, Francis Lévi ha tenido un éxito similar en el tratamiento del cáncer colorrectal con un medicamento llamado oxaliplatino.[44] En un estudio, Lévi descubrió que cuando se administraba un medicamento con una dosis convencional fija, los tumores se reducían en un 30 por ciento; con cronoterapia, en un 51 por ciento. Lévi añade: «Y la terapia más efectiva era también la menos tóxica», con menos efectos secundarios graves.

¿Es común entre los oncólogos la práctica de planificar cuidadosamente la hora idónea para administrar la medicación contra el cáncer? «Hace diez o quince años, la mayoría de la gente habría creído que veníamos de otro planeta», explica Lévi. «Ahora nos escuchan, pero el proceso de aceptación es lento.»

Mortificarse por si una administración bien pautada de medicamentos anticancerosos podría haber salvado a mi madre —o al menos, haber aliviado sus molestias— es el tipo de especulación que me mantiene despierta por las noches, con resfriado o sin él.

Es medianoche, el día acaba oficialmente. Si es usted como yo, daría cualquier cosa por deslizarse en el gris reino de las sombras del sueño. Nos deleitamos en sus umbrales, pero no si tardamos en cruzarlo. Recordemos la dolorosa demora que Brick siente en *La gata sobre el tejado de zinc* mientras espera a ese «click» inducido por la bebida que le hace entrar en un grato olvido; pensemos en la intolerable espera de la adolescencia, como la llama Theodore Roethke, «un anhelo de otro lugar y otro tiempo, otra condición»; pensemos en este largo e irregular esfuerzo para dormirnos. Normalmente me duermo con bastante facilidad en cuanto mi marido apaga la luz, como si hubiera un cable que conectara su lamparilla con mi cerebro. Pero algunas noches, las circunstancias conspiran en contra: la indigestión, un resfriado, o simplemente dándole vueltas a la cabeza como una mosca volando enloquecida por el calor.

En realidad, la ansiedad y el estrés se cuentan entre las principales razones que la gente tiene para no poder conciliar el sueño. Naturalmente, hay fármacos, incluyendo toda una nueva generación de somníferos «suaves». Pero los expertos dicen que las pastillas para dormir de cualquier tipo alteran el sueño normal. La mejor estrategia es una buena «higiene del sueño»: acostarse a horas regulares, tapar el despertador, no practicar deporte tarde por la noche. También puede ayudar limitar el trabajo mental agotador y tal vez atender al consejo de Robert Burton, «Escuchar alguna música tranquila... o leer a algún autor placentero», y confiar en cruzar pronto el umbral.

Capítulo 12

Dormir

Los italianos lo llaman *dormiveglia*; los alemanes, *einschlafen*. Pero la lengua inglesa no posee una única palabra realmente expresiva para el tránsito al sueño. No sé cuál es el motivo. Quizá por la misma razón por la que tenemos una palabra perfectamente buena para cumpleaños, pero ninguna para el otro sujetalibros de la vida. Tal vez refleja la importancia que nuestra cultura otorga a sus momentos relevantes percibidos.

«Dormir es la fraternidad más estúpida del mundo —escribió Vladimir Nabokov—, con las cuotas más onerosas y los rituales más crudos.»[1] Como perdemos la conciencia de forma tan dramática cuando dormitamos, durante siglos se creyó que el sueño desconectaba el cerebro. El sueño era una especie de suspensión pasiva de la actividad mental, una oscura porción de tiempo —una idea que se mantuvo hasta bien entrado el siglo XX.

Hoy día sabemos que el sueño es un viaje notable de cinco etapas que se repiten cíclicamente durante el transcurso de la noche. Éstos son estados extremadamente variados que conllevan cambios en las ondas cerebrales, en la temperatura corporal y en la bioquímica, en los músculos y la actividad sensorial, en los pensamientos y en el nivel de conciencia. Aunque la profundidad y la calidad del viaje puede diferir de una persona a otra, de una edad a otra, el patrón es más o menos el mismo: cuatro o cinco ciclos, cada uno de aproximadamente una hora y media de duración, alternando entre un profundo sueño tranquilo y un activo sueño REM.

El cerebro apenas está «ausente» durante el tiempo que dura el tránsito, afirma Jerry Siegel, un investigador del sueño de UCLA.[2] «Éste se pone a dormir activamente, y después se activa solo durante el sueño. En el sueño se activa la misma cantidad de neuronas que se desactivan; lo que cambia es el patrón global de su actividad.» Mientras que algunas áreas cerebrales pueden relajarse en comparación con su actividad diurna, otras se disparan. Incluso durante el sueño profundo, «cuando la conciencia está totalmente borrada», añade J. Allan Hobson de la Harvard Medical School, «el cerebro aún continúa activado aproximadamente en un 80 por ciento y, por tanto, es capaz de procesar información compleja y elaborada».[3]

Incluso después del descubrimiento de la naturaleza cíclica del sueño, prevaleció la creencia de que dormir era básicamente un estado inactivo; su propósito, curar la somnolencia. Sólo ahora nos despertamos a su asombrosa complejidad y a las numerosas formas en que afecta al cuerpo y a la mente. William Dement afirma que, para mantener una buena salud, el sueño puede ser más decisivo que la dieta, el ejercicio físico e incluso que la herencia.[4]

A veces, cuando no consigo conciliar el sueño, salto de la cama y voy hasta la habitación de mi hija. Soy una pésima observadora de mi propio sueño, así que contemplar el de otros me resulta instructivo. Una mano acuna la cara. La respiración es ligera, pero regular. Aunque la habitación es cálida, ella está acurrucada bajo las mantas porque la temperatura de su cuerpo ha disminuido.

¿Le sobrevino el sueño como un zorro sigiloso, avanzando, deteniéndose, retrocediendo a hurtadillas? Hasta hace poco, la ciencia describía el momento de quedarse dormido como una lenta disminución de la alerta durante varios minutos mientras el cerebro pasa del ciento por ciento de vigilia al ciento por ciento de sueño. En la actualidad se cree que que sumirse en el sueño no es un proceso gradual, sino un salto repentino, un rápido movimiento neural desde la conciencia del mundo exterior a una ceguera sensorial casi completa.

Resulta que este cambio se ejecuta por medio de un interruptor del sueño que se encuentra en el hipotálamo cerebral.[5] El barón Constantin von Economo, un neurólogo austríaco, fue el primero en identificar el área del cerebro en la que existe este interruptor en pacientes con encefalitis letárgica, una forma de enfermedad del sueño que azotó Europa y Norteamérica en la década de 1920.[6] La mayoría de los pacientes de Economo dormían excesivamente, veinte horas o más al día. Descubrió que esos pacientes durmientes tenían lesiones en el hipotálamo.

Recientemente los científicos han especificado que el interruptor es un racimo de neuronas que actúan juntas para desactivar los circuitos de excitación cerebral.[7] Es lo que un ingeniero eléctrico llamaría un conmutador, explica Clifford Saper, un neurólogo de la Harvard Medical School. Estos interruptores están diseñados para producir «estados discretos con agudas transiciones y evitar estados transicionales», afirma Saper. «Este modelo de circuito conmutado podría explicar la razón por la que las transiciones vigilia-sueño a menudo son relativamente abruptas (uno «cae» dormido y de pronto se despierta).» La gente con narcolepsia se comporta como si sus interruptores estuvieran desestabilizados, cayendo dormidos con facilidad durante el día y despertándose con mayor frecuencia durante la noche.

Las células de este racimo interruptor son más sensibles a factores del entorno tales como el calor, cosa que explica por qué un baño caliente o un día caluroso provoca somnolencia. Pero los científicos sospechan que el interruptor está dirigido básicamente por esos dos mismos mecanismos que entran en juego durante la somnolencia de la tarde: la presión homeostática para dormir y el sistema de alerta circadiano.[8] Por la tarde, este último envía señales tales como un potente aviso de alerta de que crea una «franja para mantenerse despierto» entre las 6 y las 9 p.m., cuando es difícil quedarse dormido incluso después de una privación severa de sueño —salvo para las alondras extremas—. La gente duerme mejor si se acuesta dos o tres horas después de esta franja, cuando la presión del sueño es verdaderamente fuerte. A esta hora, el sistema de alerta circadiano ha iniciado su retirada hacia la noche, y el reloj maestro del cuerpo ha indicado a la glándula pineal que potencie su producción de melatonina, diciéndonos que está oscuro y es hora de dormir.

Cuando mi hija se sumió en el sueño, los músculos esqueléticos de todo su cuerpo se relajaron y su peluche favorito, el panda que tenía abrazado, le resbaló de las manos.[9] Si hubiera llevado puesta la cabeza de Medusa de electrodos que los laboratorios de investigación del sueño utilizan para registrar la actividad eléctrica del cerebro, las delicadas y nerviosas marcas del bolígrafo móvil que las transcribe en un papel habrían registrado un cambio de las ondas alfa del adormecimiento, como las púas regulares de un peine, a la menor frecuencia de las ondas theta que aparecen al hallarse medio dormida o sumida en el primer sueño.

A veces, en esta primera etapa, el peculiar sentimiento de flotar o caer que se experimenta mientras uno se duerme es interrumpido por un breve espasmo conocido como sacudida hipnagógica o jalón mioclónico —una repentina contracción muscular en brazos, piernas y a veces en todo el cuerpo— que hacen que despertemos sobresaltados. Esto es más frecuente en adultos que en niños y más habitual en gente nerviosa o muy cansada. Algunos biólogos evolucionistas especulan con la posibilidad de que la sacudida hipnagógica sea un reflejo que nos han legado nuestros antepasados arbóreos —útil para evitar un resbalón desde el punto donde estemos colgados durmiendo.

Incluso en la etapa 1 de encontrarse medio dormida, mi hija no debió oír el «buenas noches» que le musité, ni oler el aroma persistente de las patatas asadas de la cena. Su capacidad para interpretar las señales del mundo exterior ha disminuido hasta desaparecer. Su mente podía vagar desde los pensamientos concentrados de la vigilia —las palabras que había aprendido en su prueba de vocabulario, la inminente visita de su abuela— a un pensamiento más asociativo y después a representaciones reales que cambian rápidamente, las llamadas alucinaciones hipnagógicas, que varían de un sujeto a otro y de un punto de vista a otro. Si la despertara de un codazo para preguntarle si está dormida, probablemente lo negaría.

Pero no sería así al cabo de unos pocos minutos más. A medida que su sueño se hace más profundo, al principio un polígrafo se encresparía con los efímeros husos del sueño (pequeños estallidos de actividad electroencefalográfica) y los llamados complejos K de la fase 2 del sueño, pasando después a las largas ondas delta de la fase 3 y finalmente a las ondas oceánicas sincronizadas del sueño profundo y de onda lenta de la fase 4. Las neuronas del cerebro que realizan su propia actividad individual cuando está despierta comenzarán a descargar impulsos sincronizadamente, produciendo estas ondas grandes y lentas.

En esta fase tendría que sacudirla con fuerza para lograr despertarla. Su respiración es lenta y regular; los músculos están laxos. La glándula pituitaria quizás haya empezado a liberar oleadas de hormonas esenciales, incluyendo hormonas gonadotrópicas, las cuales juegan un papel esencial en el desarrollo de los órganos sexuales, y hormonas del crecimiento, que estimulan la división y la multiplicación de las células. La mayor parte del crecimiento óseo tiene lugar en estos momentos. Cuando los científicos implantaron unos minúsculos sensores en la tibia de los corderos y midieron la longitud de los huesos cada tres minutos durante tres semanas, descubrieron que el 90 por ciento del crecimiento se producía mientras los animales dormían o yacían en reposo.[10]

Esta fase de sueño profundo puede durar entre media hora y cuarenta y cinco minutos antes de que los husos y los complejos K del sueño más ligero vuelvan a reaparecer. La duración de las fases de sueño profundo en cada individuo pueden estar afectadas por los genes. Cuando los investigadores suizos estudiaron un gen que regula la adenosina en un grupo de más de cien estudiantes voluntarios, descubrieron que el 10 por ciento de los estudiantes que tenían una mutación en el gen conseguían media hora extra de sueño profundo y declaraban despertarse con menor frecuencia que los estudiantes que carecían de la mutación.[11]

Moverse por las fases del sueño es un poco como bucear, zambullirse en aguas cada vez más profundas. Si me siento y observo a mi pequeña buceadora un rato suficientemente largo, veo cómo de repente regresa a la superficie. Cambia de la posición de espaldas a boca abajo, o se da la vuelta de un costado a otro. Su respiración y latidos se aceleran como si estuviera en los últimos coletazos del movimiento o la emoción. Las células descargan impulsos en la región motora de su cerebro, pero un complejo sistema de neurotransmisores[12] evita que esas señales cerebrales atraviesen las neuronas motoras que, en realidad, activan sus músculos esqueléticos; en lugar de ello, esos músculos se relajan de tal forma que quedan prácticamente paralizados. Tan sólo los músculos de los ojos no están afectados y los globos oculares revolotean frenéticamente bajo los párpados. Quizá lo más asombroso sea que el control de su cerebro sobre los procesos fisiológicos esenciales disminuye, incluyendo el mantenimiento de su temperatura corporal y los niveles adecuados de gases en sangre. Un polígrafo revelaría unas ondas theta dentadas, salpicadas de pequeños estallidos de ondas alfa y beta, a medida que sus neuronas comienzan a descargar impulsos de forma tan enérgica —y tan individual— como lo hacen durante la vigilia.

Éste es el sueño REM, un extraño estado que en cierta forma se parece más a la vigilia que al sueño. Durante los cinco o diez minutos siguientes, el cuerpo de mi hija se desconecta, pero su mente está lejos, viviendo una aventura propia singular, viendo y oyendo cosas que no existen en realidad. Aproximadamente una cuarta parte del sueño de la noche es REM, en cuatro o cinco rutinas cada noche, aumentando de duración desde episodios de diez minutos al principio de la noche hasta treinta minutos cuando se aproxima el alba. Ésta es la fase de los sueños intensos. Si sacudiera a mi hija en el hombro en este momento y le preguntara qué pasa por su cabeza, me describiría un sueño sobre un vuelo casquivano o una navegación por una mancha de tinta.

Todo el mundo sueña, afirma Allan J. Hobson;[13] cualquier impresión de lo contrario está profundamente arraigada en un recuerdo pobre. Soñamos tanto en la fase REM como en la no-REM, pero los sueños no-REM suelen ser más cortos, fragmentarios y nebulosos. La fase REM comprende el tipo de ensoñaciones delirantes caracterizadas por extrañas y vívidas alucinaciones, pensamientos ilógicos, emociones y confabulaciones.

Los avances recientes en la tecnología de las imágenes nos ofrecen un cuadro notablemente claro de dónde tiene lugar la actividad soñadora —qué partes del cerebro están activadas y cuáles están en reposo—.[14] Las silenciosas son las regiones de la corteza prefrontal que, según se sabe, juegan un papel destacado en la memoria de trabajo, la atención y la voluntad. Los sistemas neurotransmisores necesarios para estas funciones durante la vigilia —concretamente, la serotonina, la histamina y la noradrenalina— simplemente están apagados durante el sueño REM, explica Jerry Siegel; con ellos van la comprensión, el razonamiento y un sentido lógico del tiempo. Activas están las regiones corticales esenciales para el procesamiento visuoespacial, incluyendo el hipocampo, el centro de las células dedicado al sentido del lugar y de la dirección.[15] Esto puede contribuir a la «navegación virtual» evidente en los sueños. También están activos la amígdala y el sistema límbico, ambos capitales para los sentimientos de ira, ansiedad, euforia y temor que tan a menudo acompañan a un sueño.

A diferencia de mi hija, cuyos sueños —al menos los que recuerda— son casi todos dulces, yo de niña tenía pesadillas ominosas y terroríficas. Tore Nielsen, del Laboratorio de Sueños y Pesadillas del Hôpital du Sacré-Coeur de Montreal, sospecha que en algunos casos las pesadillas se producen a causa de trastornos en los ritmos circadianos —que la actividad REM se encuentre adelantada de fase (tiene lugar antes de lo normal en el ciclo)—, una posibilidad que, según afirma, merece ser estudiada.[16]

En su investigación sobre los sueños, Nielsen ha descubierto que las mujeres normalmente tienen más pesadillas que los hombres.[17] En un grupo de más de mil estudiantes universitarios, las mujeres reportaron dos pesadillas al mes (los hombres, alrededor de una y media) y una mayor prevalencia de sueños de temática terrorífica. «Esta diferencia de género es bastante fuerte —explica Nielsen— aparece temprano en la adolescencia y es susceptible de medirse hasta la vejez. El contenido del sueño inquietante puede ser una función de la biología femenina —por ejemplo, las fluctuaciones hormonales mensuales— o puede ser debido a influencias socioculturales que afectan de modo diferencial a las mujeres, como experiencias traumáticas, depresión y desórdenes del sueño.»[18]

La pesadilla que mejor recuerdo de mi infancia se desarrollaba en una casita rosa que había a la vuelta de la esquina de mi casa. El hombre y la mujer que vivían allí estaban suspendidos en un balcón encima de la acera donde se encontraba mi madre, y la llamaban por su nombre. Cuando mi madre levantaba la vista, la pareja le vertía en los ojos detergente para la ropa, un chorro incesante de polvos blancos cegadores. Yo intentaba gritar, pero no podía emitir ningún sonido. Y cuando trataba de acudir en su ayuda, me encontraba con que todos los músculos de mi cuerpo estaban paralizados (como así era, durante el sueño REM). Me despertaba con un sobresalto y permanecía echada inmóvil, con el corazón latiendo violentamente. No era más que un sueño, me decía. Pero no lograba borrar de mi mente la imagen de mi indefensa madre cegada por el Cheer y tuve que asegurarme bajando hasta su dormitorio para ver cómo dormía pacíficamente.

Este sueño fue muy vívido y también vívidamente recordado. ¿Por qué tantos otros se han extinguido? Cuántas mañanas me he despertado con el recuerdo de un sueño enterrado en lo más profundo o diseminado como huesos en una ruina antigua. Los residuos persisten, pero el argumento del sueño se ha desvanecido. «Los sueños REM suelen ser olvidados si van seguidos de períodos extendidos de sueño no-REM», afirma Allan Rechtschaffen, el jefe retirado del Laboratorio de Investigación del Sueño de la Universidad de Chicago.[19] Los sueños que mejor recordamos son los que surgen al final del período REM del cual nos despertamos.

Por término medio, soñamos entre una hora y media y dos horas cada noche, con cuatro o cinco sueños distintos. Si vivimos los setenta y cinco años que aproximadamente se calcula, eso significa que nos pasamos unos seis años soñando vívidamente, con un total de entre 100.000 y 200.000 sueños.

Ahora mismo me pondría a soñar. De vuelta en la cama, el reloj se mueve rápidamente hasta las 12.38 a.m. El agotamiento está librando una batalla con la tensión; mi yo físico fatigado de la actividad del día está ávido de sueño, pero mi mente está alerta como una grulla cautelosa. El ejercicio físico no siempre desemboca en una noche de buen dormir, pero suele mejorar los patrones de sueño de los insomnes (al menos, tan bien como los somníferos, según algunos estudios) e incluso en los que duermen sin problemas incrementa modestamente la duración y profundidad del sueño.[20] Algunos científicos sospechan que el impacto positivo del ejercicio físico sobre el sueño puede reforzarse mediante la exposición a la luz que a menudo lo acompaña. Se ha comprobado que una dosis diaria de potente luz natural tiene efectos tanto favorecedores del sueño como antidepresivos. Los adultos sedentarios normalmente consiguen unos veinte minutos de exposición diaria a la luz natural, mientras que las personas que practican deporte obtienen el triple.

Podría recurrir a una copa para ayudarme a dormir, pero esa práctica no es muy recomendable. Aunque una copa antes de acostarnos puede hacernos sentir soñolientos en un principio, una vez que el cuerpo ha procesado el alcohol, los compuestos resultantes tienen un efecto estimulante, alterando el sueño más tarde en la noche. Recientemente, los investigadores han atisbado la razón de esto.[21] El alcohol afecta al tálamo, una región del cerebro integrante de los ritmos de sueño-vigilia y de las ondas de los husos que se producen durante la fase 2 del sueño. Los investigadores afirman que el tálamo es tan sensible que una o dos copas contribuirán a un sueño más ligero en mitad de la noche o incluso a una vigilia total.

Sé que finalmente caeré dormida. No soy como el insomne incurable para el que la noche no es una pendiente descendente hacia el olvido, sino más bien una llana y desesperante de vigilia. Aun así, tengo demasiadas cosas que hacer al día siguiente para perder una hora de descanso.

Perder el sueño no siempre me ha parecido, bueno, como un *castigo*. En una ocasión, cuando me encontraba durmiendo en una cabaña en las montañas de New Hampshire, algún animal nocturno provocó un crujido y un aullido, y me desperté. Me deslicé hasta el borde de la plataforma de madera y me quedé allí metida en mi saco de dormir, contemplando una luna creciente que cruzaba lentamente el cielo y después se columpiaba por encima de las copas de los pinos. Era una noche estrellada y cargada de rocío y extraños perfumes, y las horas pasaban de forma ligera, con débiles vaivenes de temperatura y luminosidad. Me sentía llena de energía, impresionada, feliz de encontrarme despierta a través de la noche y poder contemplar su tránsito.

Pero en aquel entonces era joven. Ahora soy una madre trabajadora celosa de su sueño. Así que, ¿qué puedo hacer? Mortificarme, obsesionarme, perder el sueño. Y ¿qué consigo?

Dormir es el baño necesario después del trabajo, el suave cuidado de la naturaleza, el bálsamo de las mentes heridas. Es la fraternidad estúpida de Nabokov o la gentil cosa de Coleridge, amado de un confín a otro. El número de descripciones metafóricas de lo que *es* dormir está casi igualado por el número de teorías acerca de lo que *hace*. En las últimas décadas hemos progresado considerablemente en el análisis de la fisiología y la arquitectura neural del sueño, pero la cuestión de su propósito continúa siendo un dilema biológico de primer orden. ¿Cuál es la ventaja de una tarea tan complicada y peligrosa como la de desconectar nuestros sistemas sensoriales, paralizar nuestros músculos, poniéndonos en riesgo una tercera parte de nuestro tiempo? ¿No sería mucho mejor estar siempre preparados, de pie y en marcha?

«Si dormir no sirve a ninguna función absolutamente vital —observó en una ocasión Allan Rechtschaffen— entonces es el mayor error que haya cometido jamás el proceso evolutivo.»[22]

Sin embargo, esta función vital ha demostrado ser endemoniadamente esquiva. Una técnica común para descubrir la función de un órgano del cuerpo o su comportamiento es extirparlo. Rechtschaffen y sus colegas de la Universidad de Chicago llevaron a cabo una famosa serie de experimentos que demostraron que las ratas privadas de sueño comen más de lo normal, pero continúan perdiendo peso y duplican su gasto energético. Pierden el control de su temperatura corporal y desarrollan irritaciones en las patas y cola que no llegan a curarse. Después de aproximadamente dos semanas y media, mueren —más rápido que si se las privara por completo de alimentos.

Por razones obvias, ninguno de estos experimentos ha sido practicado con seres humanos. Pero en 1965, Randy Gardner, un estudiante de último año en el instituto, se privó a sí mismo de sueño durante 264 horas para batir el récord mundial como parte de un proyecto para la Feria Científica de San Diego. Después de once días seguidos sin dormir, Gardner no sufrió psicosis ni problemas médicos graves, pero mostraba déficits de concentración, motivación y percepción —como le pasó a William Dement, que le estuvo observando—. Dement comenzó a pasar las noches en casa de Gardner el segundo día del experimento para asegurarse de que el joven permanecía despierto y para registrar su salud física y mental. Al quinto día sin dormir él mismo, Dement condujo el coche en contradirección por una calle de sentido único y casi chocó contra un coche de policía.[23]

Estos casos de privación del sueño son extremos, desde luego. «En estos momentos se está llevando a cabo otro experimento masivo a largo plazo sobre una deuda menor de sueño en nuestra cultura contemporánea», afirma Charles Czeisler.[24] Una encuesta de 2005 realizada por la National Sleep Foundation[25] reveló que aproximadamente el 40 por ciento de los americanos duermen menos de siete horas diarias durante la semana laboral. Eso significa una o dos horas menos de lo que la gente dormía hace cincuenta años. Además, una de cada seis personas declararon dormir menos de seis horas cada noche —un recorte sustancial de sueño que podría tener consecuencias graves.

Veamos el caso de mi amiga Harri, una vibrante mujer de cincuenta y pocos años que enseña lectura. Una mañana de primavera, Harri se despertó con amnesia profunda. No recordaba nada de lo que había hecho o dicho la noche anterior. Recordaba haber preparado la cena y sentarse a la mesa con toda su familia, pero el lapso temporal posterior a la cena estaba en blanco.

Harri no bebe ni fuma ni toma drogas y se considera una persona sana. El lapsus de memoria la inquietaba un poco, pero lo atribuyó al estrés. Pero volvió a sucederle; y después dos veces más en una sola semana. Una noche, cuando su hijo adolescente la llamó desde la universidad, habló con él un buen rato, pero al día siguiente no recordaba en absoluto la conversación. Su hijo le explicó más tarde que había estado tan insensible por teléfono que le había gritado: «¡Que se ponga papá!».

Finalmente, Harri consultó a un neurólogo. «Sólo quería saber que no era un tumor cerebral —dijo—. Pensé que podría afrontar cualquier otra cosa.» Al principio, la doctora sospechó que podía tratarse de una epilepsia, pero la batería de EEG y otras pruebas dieron un resultado normal. Después le preguntó acerca de sus hábitos de sueño. Desde que Harri podía recordar, sólo dormía cinco horas por la noche. «No es que no estuviera cansada —explicó—. Es sólo que sentía que debía exprimir el día todo lo que pudiera robando dos o tres horas extras para trabajar.»

Entiendo perfectamente esa tentación. Permaneciendo despierta una sola hora más cada día durante, por ejemplo, setenta años, se podían añadir a la vida 25.550 horas más de lectura. Pero hacer trampas con el dormir tiene un precio. El resultado de la privación de sueño acumulativa de Harri fue, según le explicó la doctora, un estado de sonambulismo patológico. Después de cenar, su cerebro dormía una siesta mientras su cuerpo continuaba realizando las actividades nocturnas.

La prescripción para el caso era sencilla: dormir al menos siete horas cada noche. Harri lo hace ahora religiosamente y sus episodios de amnesia han desaparecido.

Una «superabundancia» de sueño «apaga los ánimos», escribió Robert Burton en su *Anatomía de la melancolía*, «llena la cabeza de un humor soez; causa destilaciones, reuma, una gran abundancia de excrementos en el cerebro, y en todas las demás partes». Tan sólo hace diez años, eminentes investigadores en el campo del sueño se dedicaron activamente a convencer a la gente de que no tenían que dormir mucho para dormir bien.[26] La idea era que sólo hacía falta un «conjunto» de cuatro o cinco horas de sueño; las tres o cuatro horas restantes que pasábamos en cama eran opcionales, un lujo o compensación con vistas a futuras necesidades fisiológicas abrumadoras, pero no era necesario para un funcionamiento óptimo del cerebro. Las horas extras de sueño eran como el exceso de grasa corporal que poseemos como protección anacrónica contra embates periódicos de hambruna; en nuestro modo de vida actual, ya no lo necesitamos.

De lo último, los científicos han desestimado claramente esta creencia. Aunque la cuestión de la cantidad de horas que es mejor dormir todavía es objeto de debate,[27] cada vez se hace más evidente que, para la mayoría de nosotros, entre siete y ocho horas es lo óptimo; seis, sencillamente no basta. David Dinges y sus colegas de la Universidad de Pennsylvania descubrieron que las personas que dormían menos de seis horas cada noche durante dos semanas presentaban un descenso en el rendimiento cognitivo equivalente a dos noches de privación total de sueño.[28] Aunque los sujetos privados de sueño manifestaron sentirse sólo ligeramente soñolientos, sus resultados en todas las pruebas de alerta, atención, coordinación y tareas cognitivas fueron muy bajos. Los que habían dormido sólo cuatro horas por la noche durante el mismo período de dos semanas, tenían lagunas totales como las de mi amiga Harri, cuando ellos simplemente no lograban responder a un estímulo.

Otros estudios han puesto de manifiesto que, en términos de efectos sedativos y alteración en el rendimiento, perder dos horas de sueño de las ocho habituales equivale a beber dos o tres cervezas; perder cuatro horas es como beberse cinco cervezas; y perder toda una noche de sueño es como beberse diez.[29]

A veces podemos compensar la privación. Los sentimientos de somnolencia pueden desencadenarse por los efectos alertantes de nuestro reloj circadiano y el estímulo de la excitación, el interés o la tensión. Y algunos estudios sugieren que la pérdida de horas de sueño, en realidad, aumenta la actividad en partes de la corteza que normalmente no participan en una tarea determinada, indicando que el cerebro puede necesitar refuerzos para contrarrestar los efectos de la privación de sueño.

Pero existen unos límites. «Una sola noche de dormir poco no causa muchos estragos en algunas personas —explica Czeisler—. Pero todo el mundo sufre después de una o dos semanas porque los efectos son acumulativos. Una semana de sueño limitado supone una alteración equivalente a 24 horas consecutivas de vigilia. Dos semanas son como 48 horas.»[30]

Con un insomnio prolongado, la gente a menudo cae rápidamente en microsueños, esos episodios de sueño de tres o diez segundos que aparecen durante la vigilia. Cuando estamos conduciendo por la autopista a sesenta millas (100 km) por hora, ese tiempo es suficiente para salirse de la carretera cientos de metros —por ejemplo, cruzar la mediana—.[31] La National Highway Traffic Safety Administration (NHTSA) estima que la somnolencia aumenta el riesgo de colisión o de casi colisión de un conductor al menos en cuatro veces, y que conducir cansado es responsable cada año al menos de 100.000 accidentes y 1.500 fatalidades.[32]

La somnolencia se considera una causa principal de accidentes en prácticamente todas las formas de transporte, más que el alcohol y las drogas. Como señala William Dement, la mayoría de la gente no sabe que la privación de sueño, y no el alcohol, fue un factor clave en el accidente del *Exxon Valdez* de 1989, que vertió millones de toneladas de crudo al mar.[33] El oficial de cubierta que controlaba el petrolero en aquel momento sólo había dormido seis horas en dos días —insuficiente para mantenerse alerta, de acuerdo con el National Transportation Safety Board—. Éste fue también el caso de la tragedia de 2002 de Webber Falls, Oklahoma, cuando una barcaza embistió un puente de la carretera interestatal matando a catorce personas, y en la explosión del transbordador espacial *Challenger*. La noche antes del lanzamiento del *Challenger*, los directivos de la NASA habían dormido menos de dos horas. El informe sobre el desastre insinuaba que la privación de sueño podía haber alterado sus estimaciones antes de hacer despegar la nave pese a las temperaturas extremadamente bajas, haciendo que los anillos O no funcionaran adecuadamente.[34]

¿Cómo pudieron equivocarse tanto los expertos en el pasado acerca de los devastadores efectos cognitivos de la deuda de sueño acumulada? En parte, porque los científicos confiaban en los sentimientos relativos al sueño declarados por los sujetos más que en los resultados de las pruebas objetivas, explica Czeisler.[35] Somos malos jueces de nuestra propia somnolencia y su impacto en nuestro funcionamiento. No solemos reconocer las señales de una fatiga grave, ni darnos cuenta del efecto que tienen sobre nuestra forma de escuchar, leer, calcular, hablar, manejar máquinas o conducir. «Y la mayoría de nosotros —añade Czeisler— ha olvidado lo que significa realmente estar despierto.»

Estas malas pasadas producto de un sueño escaso van más allá del funcionamiento de la mente. Eve Van Cauter, una investigadora del sueño de la Universidad de Chicago, ha descubierto que restringir el sueño a cuatro horas o menos durante varias noches consecutivas provoca numerosos cambios en el cuerpo, incluyendo algunos que producen enfermedad y que imitan los signos del envejecimiento.

Para analizar la creencia popular de que perder horas de sueño aumenta las probabilidades de ponerse enfermo, Van Cauter examinó el efecto de la restricción de sueño sobre la respuesta inmune del cuerpo a la vacunación.[36] Ella y su equipo administraron vacunas antigripales a un grupo de veinticinco voluntarios que habían dormido sólo cuatro horas diarias durante seis noches. Diez días después de la vacunación, la respuesta de sus anticuerpos era inferior a la mitad de la de los que habían dormido las horas normales.

Van Cauter también descubrió que la pérdida de sueño altera la capacidad del cuerpo para realizar las tareas metabólicas básicas, como regular el azúcar en la sangre y las hormonas, produciendo cambios que se parecen mucho a los del envejecimiento.[37] Después de unas cuantas noches de restricción de sueño, un grupo de once jóvenes delgados y sanos mostraron indicios de tener problemas para procesar el azúcar, provocando una situación que se asemejaba mucho a un principio de diabetes. La capacidad de la insulina de su cuerpo para responder a la glucosa se había reducido en un tercio, y tardaban un 40 por ciento más de lo normal en regular su azúcar en sangre tras una comida rica en carbohidratos. Los sujetos también mostraban niveles elevados de cortisol durante las horas del anochecer, cuando la hormona supuestamente disminuye. Este máximo de cortisol a última hora del día —un factor de riesgo para la hipertensión— es típico de la gente mucho mayor. En algunos sujetos, la restricción grave de sueño tenía el efecto de hacer que el cuerpo se pareciera mucho más al de un jovencito de dieciocho que al de un anciano.

La mayoría de nosotros sabe por experiencia que cuando estamos cansados por haber dormido demasiado poco, solemos comer más. Van Cauter y su equipo han descubierto una explicación: la restricción del sueño reduce las reservas del cuerpo de leptina, la hormona que señala la saciedad y regula el equilibrio de energía. Ella y su equipo informaron que los sujetos cuyo sueño se restringía a cuatro horas por noche tenían un 18 por ciento menos de leptina en la sangre y un 28 por ciento más de grelina u «hormona del hambre» que los que dormían siete u ocho horas cada noche.[38] También tenían más hambre y tenían más apetito de carbohidratos calóricos, como pasteles y pan. El cuerpo responde a una pérdida de unas pocas horas de sueño de la misma forma que responde a un déficit de unas mil calorías —recordando a sus sistemas que ralentice el metabolismo, deposite más grasa e incremente el apetito, especialmente de alimentos ricos en calorías.

En realidad, Van Cauter sospecha que la epidemia de sueño insuficiente que padece nuestra sociedad puede ser responsable de la epidemia de obesidad. En efecto, en 2005 diversos investigadores demostraron que la obesidad está estrechamente relacionada con el número de horas que dormimos.[39] La encuesta realizada a 9.500 personas de todos los Estados Unidos, de edades comprendidas entre treinta y dos y cuarenta y nueve años, revelaba que los que afirmaban dormir cinco horas cada noche tenían un 60 por ciento más de probabilidades de ser obesos que los que dormían siete horas o más.

Un giro a esta historia se produce a raíz de un informe de 2006 sobre los hábitos de sueño y la ganancia de peso de 68.000 mujeres durante un período de dieciséis años.[40] Como las mujeres del estudio anterior, los sujetos que dormían cinco horas o menos tenían más probabilidades de ganar peso con el tiempo que los que dormían siete horas —pero no porque comieran más o hicieran menos ejercicio—. De hecho, por término medio, en el estudio, los que dormían poco consumían menos calorías y tenían aproximdamente el mismo nivel de actividad física. En vez de eso, el culpable podía ser una tasa metabólica más baja o una termogénesis de la actividad no procedente del ejercicio físico reducida —los movimientos NEAT que vimos anteriormente, como moverse nerviosamente— que acompañan a la restricción del sueño.

Si duerme una siesta, pierde tiempo de trabajar y jugar. Si no duerme una siesta, pierde la capacidad para concentrarse, reaccionar con rapidez y luchar contra las infecciones. También corre usted un riesgo mayor de padecer diabetes y obesidad, una presión sanguínea más elevada y problemas cardíacos.

Eso basta para mantener a cualquiera despierto por la preocupación.

Sin embargo, como dice Allan Rechtschaffen, «los efectos de la privación del sueño por sí solos no nos hablarán de la función del sueño».[41] Decir que el sueño es necesario para mantenerse alerta, despierto y sano es inadecuado, dice Rechtschaffen. «Ni siquiera hemos empezado a comprender de qué trata la fisiología del sueño y ya tenemos que evitar los efectos de su privación. ¿Nos contentaríamos con la conclusión de que la función de comer era evitar un aumento del apetito? Tenemos que saber mucho más.»

Algunas pistas proceden de fuentes sorprendentes: la jirafa y la musaraña, por ejemplo. Jerry Siegel y otros han profundizado en el sueño de docenas de especies para investigar su propósito.[42] Todos los animales duermen, dice Siegel. Algunos pájaros presentan un sueño vigilante con un ojo abierto, que les permite vigilar las inmediaciones ante posibles signos de peligro mientras duermen. Los delfines duermen con medio cerebro cada vez, lo que les permite nadar y controlar voluntariamente la respiración mientras consiguen un sueño reparador. Primero un hemisferio duerme un par de horas, después el otro, hasta que el delfín ha satisfecho sus necesidades de sueño.

Al estudiar el sueño de los animales, Siegel ha descubierto algunos patrones inesperados: «La cantidad de tiempo que un animal duerme y el tiempo que pasa en sueño REM varía enormemente según las diferentes especies animales —explica—, incluso entre especies del mismo orden.» Esto resulta sorprendente porque las especies íntimamente relacionadas normalmente tienen una estructura cerebral y un ADN similares y por tanto cabría esperar que tuvieran hábitos de sueño parecidos. No obstante, hay algunas reglas generales: los herbívoros, que tienen que comer durante el día para satisfacer sus necesidades, duermen menos horas; los carnívoros, que pueden conseguir la comida de un solo golpe, duermen más. Los omnívoros humanos se sitúan en medio. Para Siegel, la forma en que la naturaleza ha adaptado el sueño a las condiciones de vida de un organismo indica que la función básica del sueño tiene que ser ayudar a una criatura a explotar su nicho ecológico específico.

Cualesquiera que sean las funciones que tienen lugar durante el sueño, afirma Siegel, han migrado al período más inactivo de un día de veinticuatro horas porque es más eficiente desarrollarlas entonces. Una de estas tareas es la reparación del daño metabólico perpetrado al cuerpo durante la vigilia. «La duración del sueño está relacionada con el tamaño corporal —explica Siegel—. Cuanto mayor es un animal, más breve es su sueño.» Las jirafas y los elefantes duermen entre dos y cuatro horas al día; los armadillos y las zarigüellas, unas dieciocho horas. Siegel sospecha que esto tiene que ver con la elevada tasa metabólica de los animales pequeños, que genera un mayor daño celular y requiere mayores efectos reparadores del sueño.[43]

La reparación durante el sueño es especialmente importante para el cerebro. El sueño da al cerebro una oportunidad para repararse y realizar las tareas de «limpieza de la casa», como reponer las proteínas y reforzar las sinapsis, explica Siegel. Para llevar a cabo estas tareas, el cerebro tiene que apagarse, de forma que la actividad metabólica de las neuronas no interfiera. Cuanto menor es la temperatura cerebral y más lento el ritmo metabólico que acompaña a un sueño profundo, más eficientemente trabajan las enzimas para reparar y rejuvenecer las células.

La mayoría de los científicos creen que el sueño tiene más de una función y que el sueño REM y no-REM tienen cada uno un papel diferente y esencial. Los humanos y los animales a los que se obliga a funcionar sin uno u otro tipo de sueño tienen que compensar posteriormente, de un modo u otro, la carencia de ese tipo de sueño en particular. Cuanto más se priva de sueño a una persona, más rápidamente se hunde en un profundo sueño no-REM. Si se les priva únicamente de sueño REM, casi inmediatamente caerán en un REM mucho más intenso que el REM habitual, con movimientos oculares más frecuentes.

Siegel sospecha que una clave del funcionamiento del REM reside en los sistemas de las células del cerebro que se relajan durante esta fase del sueño. Dos sistemas de neurotransmisores que se detienen durante el REM, la noradrenalina y la serotonina, son los que normalmente están activos durante la vigilia, permitiendo al cuerpo moverse y reforzando la alerta sensorial. Siegel tiene la teoría de que la desactivación de estos sistemas mantiene su sensibilidad y suave funcionamiento durante las horas diurnas. Esto podría explicar el efecto revitalizador de la privación de REM en el estado de ánimo de la gente que sufre depresión. Privar al cerebro del sueño REM —es decir, permitir a los sistemas de serotonina y noradrenalina que continúen produciendo sustancias químicas— aumenta la cantidad de serotonina disponible para las células. Éste es el mismo principio que funciona en las medicinas antidepresivas como el Prozac y el Zoloft.

Otra escuela de pensamiento adjudica al REM un papel más revolucionario: maquillar la mente, de forma bastante literal.

La primera vez que observé el sueño REM fue cuando mi hija se quedó dormida después de mamar, con la cabeza acurrucada en mi pecho y las manos extendidas como una estrella de mar. Casi de inmediato pude ver los movimientos nerviosos del ojo del sueño REM. Los bebés normalmente pasan cuatro veces más sumidos en el REM que los adultos, unas ocho horas al día. «En efecto, muchos animales nacidos prematuramente duermen mucho y presentan un tiempo total de REM más alto en el nacimiento que durante el resto de su vida», explica Siegel.

¿Por qué? Una teoría sostiene que el REM ayuda a establecer conexiones cerebrales durante los períodos cruciales del desarrollo. La idea es la siguiente: en el momento del nacimiento, el cerebro tiene muchas más neuronas de las que necesita. A medida que madura durante la infancia, prescinde de las células y las conexiones sobrantes en la corteza para reforzar las redes clave. Las células inactivas se eliminan. Los cerebros de los recién nacidos, como los de los adultos, necesitan períodos de sueño profundo y tranquilo para recuperarse y repararse. Pero este sueño inactiva células cerebrales. Así, continúa la teoría, el REM interviene para mantener a las neuronas activas en las redes cruciales durante el descanso de la mente del bebé para rescatarlas de la eliminación.[44]

Pero entonces, ¿por qué continúa el sueño REM durante la vida adulta?

Posiblemente para aprender.

Cuando yo iba al instituto estaba de moda estudiar por las noches para los exámenes escuchando las lecciones grabadas en un reproductor. Se suponía que así iban a penetrar mágicamente en nuestros cerebros adormecidos a tiempo para la recuperación matutina. El llamado aprendizaje durante el sueño —adquirir conocimientos nuevos mientras dormimos— ha sido objeto de experimentación durante décadas. En la década de 1940, un científico afirmó haber erradicado los hábitos de morderse las uñas de casi una tercera parte de los chicos de un campamento de verano que duraba ocho semanas. Más recientemente, un grupo de investigadores finlandeses afirmaron haber enseñado a los recién nacidos humanos a término a discriminar entre sonidos vocálicos similares mientras estaban profundamente dormidos, lo cual sugirió a los científicos que «este camino para aprender puede ser más eficiente en los neonatos de lo que generalmente es para los adultos».[45]

Pero la mayoría de científicos están de acuerdo en que el aprendizaje durante el sueño —es decir, adquirir activamente nuevos conocimientos— probablemente es imposible. Es cierto que los intentos por enseñar a adultos que dormían vocabulario de lenguas extranjeras o listas de conceptos han fracasado miserablemente. Pero cada vez hay más pruebas que apoyan la idea de que el sueño —sea el REM, el de onda lenta o ambos— es esencial para el aprendizaje efectivo y la formación de recuerdos después del suceso, que el cerebro dormido procesa, clasifica y almacena información que ha recopilado durante las horas de vigilia.

«La mayoría de nosotros sabe que necesita dormir bien por la noche con el fin de estar en plena forma por la mañana para aprender una tarea o realizar una prueba», dice Charles Czeisler. «De lo que muchos de nosotros no nos damos cuenta es de que el sueño que obtenemos la noche *después* de aprender la tarea es crítico para aprenderla bien del todo, para consolidar la memoria de esa tarea.»

Robert Stickgold y sus colegas de Harvard recientemente demostraron que una noche de sueño después del aprendizaje de una tarea visual o de una habilidad motora era decisiva para mejorar el resultado.[46] Los sujetos a los que se enseñaba la tarea visual no podían mejorar su resultado más allá de un cierto nivel sin «dormirla». Los que aprendían una habilidad motora mostraron un 20 por ciento de aumento de la rapidez después de una noche de sueño, mientras que un período equivalente de tiempo de vigilia no aportaba ningún beneficio.

Hace algunos años, los científicos descubrieron que las mismas partes del cerebro que se activaban mientras las personas aprendían una tarea se volvían a activar durante el sueño REM.[47] Se denomina fenómeno de repetición. Un estudio reciente demostró que la parte exacta del hipocampo que descargaba impulsos durante el aprendizaje de una tarea espacial —orientándose a través de una ciudad virtual— estaba activa de nuevo durante el sueño de onda corta.[48]

Quizá el sueño permite al cerebro revisar las conexiones neurales realizadas durante el día.[49] El neurobiólogo Giulio Tononi sugiere que quizá sirve para reajustar su fuerza, restaurando la homeostasis del cerebro. En 2004, Tononi y sus colegas manifestaron haber descubierto que las partes específicas del cerebro utilizadas durante una tarea de aprendizaje diurno mostraban una mayor actividad de onda lenta durante la noche.[50] El equipo pidió a los voluntarios que realizaran una tarea que requería una compleja coordinación mano-ojo antes de acostarse. Se sabe que esta tarea exige actividad en una parte determinada del cerebro de la corteza parietal derecha del cerebro. Después del entrenamiento, los sujetos durmieron mientras se registraba su actividad cerebral con imágenes de MRI y lecturas de EEG de 256 electrodos en su cuero cabelludo. Los resultados revelaron que durante el sueño posterior al entrenamiento, la actividad de onda lenta aumentaba sólo en esa región que se creía activada por la tarea. Además, cuanto más profundamente dormían esas partes del cerebro, más mejoraba el sujeto su resultado al realizar la tarea al día siguiente.

Mi nuevo descubrimiento favorito sugiere que el sueño quizá no sólo sirve para descansar nuestro cerebro o reforzar lo que sabemos, sino que ayuda a crear nuevas percepciones. Un equipo dirigido por Ullrich Wagner, de la Universidad de Lübeck en Alemania, ofreció pruebas experimentales de que el sueño no sólo consolida los recuerdos recientes; al variar la forma en la que se estructuran los recuerdos en el cerebro, también puede propiciar el pensamiento innovador y las soluciones creativas a problemas difíciles de tratar.[51]

En 2004, el equipo de Wagner decidió investigar la teoría de la creatividad sometiendo a varios sujetos a una exigente prueba de lógica. Se pidió a los sujetos que transformaran una serie de secuencias de ocho dígitos en nuevas secuencias utilizando dos reglas sobre el emparejamiento de dígitos y después restar lo más rápido posible el último número de la nueva secuencia. No se les explicó una tercera regla oculta, que consistía en un rápido atajo hasta la solución. Los sujetos fueron entrenados en esta tarea, examinados y después se les dio una pausa de ocho horas antes de volver a ser examinados. Uno de los grupos durmió durante la pausa; el otro permaneció despierto. De los que durmieron, el 60 por ciento vio el atajo —el doble de los que se habían quedado despiertos—. El uso de la regla oculta no podía proceder de la práctica, concluyó Wagner, sino que debió de surgir mientras dormían, cuando se recolocaron los elementos de la tarea aprendida durante el entrenamiento. Durante el sueño, mientras nuestro cerebro traslada nuestros recuerdos de la condición de recientes a la de consolidados, los reorganiza; este barajamiento de los recuerdos facilita nuevas percepciones.

De este modo, explica Wagner, la mejor forma de tratar un problema es meditarlo antes de acostarse y luego consultarlo con la almohada.

Los anales de la literatura encierran numerosas historias de ideas que surgieron durante o después de dormir.[52] Se dice que Coleridge soñó el poema «Kubla Khan». Robert Louis Stevenson afirmaba haber soñado con las escenas cruciales de su novela *El extraño caso del Dr. Jekyll y Mr. Hyde*. «Llevaba mucho tiempo tratando de escribir una historia... sobre ese fuerte sentimiento de la doble personalidad humana —escribió—. Durante dos días me estuve quebrando la cabeza para discurrir algún argumento; y la segunda noche soñé con la escena de la ventana, y después una escena se dividió en dos, en las cuales Hyde, perseguido por algún crimen, tomaba la poción y experimentaba la transformación en presencia de sus perseguidores.»[53]

La ciencia también esgrime historias de descubrimientos que surgen de estados de somnolencia.[54] Dmitri Mendeleev soñó con una tabla periódica donde todos los elementos se encontraban en su lugar adecuado. Los sueños innovadores durante dos noches consecutivas ayudaron a Otto Loewi a concebir el diseño de experimentos que revelarían la transmisión química de los impulsos nerviosos. Una noche, el gran químico Friedrich August Kekulé meditaba melancólicamente sobre la misteriosa estructura de los componentes aromáticos tales como el benceno, que aparecen en las esencias aromáticas y las especias. Colocó su silla junto al fuego y se adormiló. «Los átomos jugueteaban ante mis ojos —escribió—. Largas filas... todos girando y retorciéndose en un movimiento serpenteante. ¡Un momento! ¿Qué era eso? Una de las serpientes se ha mordido la cola y esa forma gira burlonamente ante mis ojos.» Aquí, en el sueño de un anillo, se hallaba la solución de la estructura del benceno.

Algunos cuestionarán estas historias de descubrimientos cuando se duerme o en sueños, argumentando que los momentos de ¡eureka! no se originaron mientras dormían, sino en ese estado de somnolencia o *dormiveglia*, cuando la mente consciente todavía está trabajando —o, en el caso de Coleridge, se trataba de un estupor inducido por el opio—. Pero la posibilidad de que los sueños puedan fomentar el pensamiento creativo tiene sentido para mí. Recuerdo ese sueño metafórico que tuve hace diez años en el que me zambullía de cabeza en un fangal, que resolvió mi debate sobre la escuela de medicina. A veces, frente a una decisión difícil, el pensamiento racional, detallando pros y contras, simplemente no funciona. Consultarlo con la almohada sí, quizá creando una especie de simulacro de varios escenarios y probando nuestra respuesta emocional con ellos. O quizá atando juntos elementos diferentes que nunca pensaríamos que pudieran unirse mientras estamos despiertos. O quizá simplemente dándonos un respiro de nuestra mente racional.

Capítulo 13

La hora del lobo

Son las 2 a.m. Hace mucho que se apagaron las luces, pero usted sigue gruñendo y dando vueltas en la cama, avanzando lentamente a través de la oscuridad hacia una noche sin Morfeo. ¿Quién más está despierto a esta hora intempestiva? Los conductores de camiones, los pilotos y los controladores aéreos, los panaderos, los músicos, los que se retiran de las fiestas a esas horas, y muchos, muchísimos ancianos.

El envejecimiento sabotea tanto el sueño como los ritmos circadianos. Cuando William Dement y Mary Carskadon estudiaron el sueño de hombres y mujeres sanos con edades comprendidas entre los sesenta y cinco y los ochenta y ocho años, descubrieron que la mayoría experimentaban frecuentes «microdespertares» —lo opuesto a «microsueños»—.[1] Estos breves despertares duran sólo unos pocos segundos, pero pueden producirse entre doscientas y mil veces en una noche, alterando gravemente el sueño profundo. Esta pérdida de sueño profundo comienza realmente hacia la mitad de la vida.[2] Entre los treinta y seis y los cincuenta años, menos del 4 por ciento del tiempo que dormimos es de la variedad profunda, aproximadamente una quinta parte de lo que disfrutamos al principio de la edad adulta.

Para empeorar las cosas, el envejecimiento también puede alterar la amplitud y la estabilidad de nuestros ritmos circadianos. Varias pruebas indican que en los ancianos, los máximos de hormonas tales como la melatonina y el cortisol, además de la temperatura corporal y otras funciones, no son tan altas y las disminuciones no son tan pronunciadas.³ La gente mayor a menudo tiene ritmos de alondras extremas; por ejemplo, su temperatura corporal baja en picado mucho antes del amanecer, y se quedan dormidos y se despiertan mucho antes que los muchachos jóvenes.

Los biólogos circadianos todavía están tratando de discernir qué provoca estos cambios. En parte, tienen sus raíces en los cambios relacionados con la edad que se producen en el ojo —el amarilleo del cristalino, por ejemplo, que bloquea una parte de la luz necesaria para establecer adecuadamente los ritmos circadianos— o, posiblemente, cambios en el núcleo supraquiasmático o en el número de células que contiene.⁴ Los científicos saben que el envejecimiento normal no cambia el tamaño del núcleo supraquiasmático ni su número de células.⁵ Pero al menos un estudio nuevo, de Gene Block y sus colegas de la Universidad de Virginia, sugiere que el envejecimiento altera el funcionamiento de las células del núcleo supraquiasmático, sobre todo su capacidad para sincronizar los relojes de los tejidos de todo el cuerpo.⁶

Para saber cómo puede afectar el envejecimiento a los genes del reloj del cuerpo, el equipo estudió ratas viejas con estos genes genéticamente modificados para transportar un gen de luciferasa que emite luz, el tipo de «destello» en el ritmo con la expresión del gen perseguido. Descubrieron que los ritmos en las células del núcleo supraquiasmático de las ratas eran normales, pero los ciclos de las células en algunos de los tejidos periféricos estaban adelantados en su fase o incluso ausentes. Como los ritmos en estas células periféricas se pueden restaurar aplicando una sustancia química, el equipo supuso que el problema podría estar no sólo en los propios relojes de las células, sino en que el núcleo supraquiasmático no lograba enviarles las señales apropiadas. Entonces, quizá esta comunicación que se ha perdido entre el reloj «abuelo» y los pequeños cronómetros periféricos explica las cantidad de personas mayores que merodean por sus cocinas pobremente iluminadas durante la noche.

En otras culturas, como las de los !Kung de Botswana, los Efe del Congo, o los Gebusi de Nueva Guinea, cualquiera podría estar despierto en estos momentos. En las sociedades tradicionales no occidentales, la actividad social y las frecuentes interrupciones están a menudo integradas en una noche de sueño, explica Carol Worthman, una antropóloga de la Emory University.[7] Cuando Worthman llevó a cabo el primer estudio de los patrones de sueño en una amplia variedad de culturas tradicionales, descubrió que los modelos occidentales en los que hay una hora de acostarse habitual y un solo período de sueño solitario es bastante raro. Entre los Efe, dice Worthman, prácticamente nadie duerme solo, y «uno puede encontrar de forma rutinaria a dos adultos, un bebé, otro niño, un abuelo y quizá un visitante durmiendo juntos en un espacio reducido». Los despertares son corrientes, por los movimientos y el ruido de los demás, el increíble tráfico de las horas de acostarse y los viajes a orinar. Los Efe con frecuencia se van a dormir y después se levantan porque oyen que sucede algo que les interesa —una conversación o una música— y quieren participar. Alguien se despierta a cualquier hora de la noche y comienza a canturrear, a tocar el piano con el puño o a bailar. Con frecuencia, los !Kung se dedican a conversar animadamente a altas horas de la madrugada, utilizando la charla nocturna para entretenerse, debatir, resolver conflictos y disputas, y trabajar las relaciones problemáticas. Los hombres Gebusi celebran sesiones de espiritismo y otras actividades sociales que se prolongan toda la noche.

Hubo un tiempo en el que la noche profunda encontraba también a todos los occidentales despiertos y levantados o en un estado de semivigilia. No se sabía gran cosa acerca de los patrones de sueño en el pasado, ni de la actividad nocturna en Europa hasta que Roger A. Ekirch, un profesor de historia del Virginia Polytechnic Institute, remedió de forma brillante esta ignorancia.[8] En un minucioso estudio de registros históricos desde 1300 a 1800, Ekirch descubrió numerosas referencias que sugerían que la mayoría de los europeos realizaban el sueño en dos fases: un «primer sueño» y un «segundo» sueño o sueño «de la mañana». (Algunos de los primeros tratados de medicina recomendaban yacer sobre el costado derecho durante el primer sueño y sobre el izquierdo durante el segundo para facilitar la digestión y maximizar la comodidad.) Los dos sueños normalmente mediaban una hora o más de tranquila vigilia. Durante esta pausa, la gente normalmente se levantaba y se movía o bien permanecía echada en la cama conversando, orando, haciendo el amor, reflexionando sobre los sueños que precedieron su despertar, o simplemente dejando que su mente vagara en un estado de semiinsconsciencia.

El hábito de dormir por etapas es característico de muchos mamíferos.[9] ¿Es un patrón más natural que el de nuestras noches, y quizá se remonta a nuestro pasado remoto? ¿Nuestros antepasados prehistóricos también disfrutaban de un intervalo a medianoche, la oscura antípoda de una siesta a mediodía?

Thomas Wehr del National Institute of Mental Health diseñó en una ocasión un experimento que apuntaba a una posible respuesta.[10] Para reproducir las condiciones ancestrales de la noche invernal, pidió a los voluntarios que se pasaran catorce horas sumidos en la oscuridad (desde las 6 p.m. a las 8 a.m.), sin ninguna luz artificial, durante un período de un mes. Durante las primeras semanas, los sujetos durmieron un período largo e ininterrumpido de hasta once horas —quizá para recuperar la privación de sueño—. Pero finalmente pasaron a un patrón de dos períodos separados, durmiendo cuatro horas, desde las 8 p.m. hasta medianoche, despertando del sueño REM y permaneciendo un par de horas despiertos en un descanso tranquilo «sin ansiedad», y después volviendo a dormir a las 2 a.m. durante otras cuatro horas, despertando a las 6 a.m. para comenzar el día.

Wehr midió la temperatura, las hormonas, la secreción de melatonina y los patrones de EEG de los sujetos y descubrió que la química de sus noches difería de la norma, con niveles superiores de melatonina y una mayor secreción de hormona del crecimiento relacionada con el sueño a lo largo de la noche. El período de descanso también poseía una química propia y única, con un dramático aumento de los niveles de prolactina, la hormona que participa en la lactancia y (en los pollos) en la nidada. Este estado endocrinológico distintivo puede haber favorecido la autorreflexión y una especie de meditación tranquila, dice Wehr. Y el patrón de sueño en dos fases —despertando de dormir con sueños a un tranquilo descanso— puede haber proporcionado un medio de acceso a los sueños que hemos perdido en la actualidad. «Resulta tentador especular —escribe Wehr— que en la época prehistórica esta disposición ofrecía un canal de comunicación entre los sueños y la vida en la vigilia que gradualmente se ha ido cerrando, a medida que los humanos han comprimido y consolidado su sueño. De ser así, esta alteración puede proporcionar una explicación psicológica para la observación de que los modernos humanos parecen haber perdido el contacto con una abundante fuente de mitos y fantasías.»

Wehr sospecha que nuestro patrón natural es, en efecto, una variedad de dos fases —al menos durante las largas noches invernales— y que nuestro hábito actual de consolidar el sueño en una única etapa es un producto de la vida contemporánea. «Los humanos modernos ya no se dan cuenta de que son capaces de experimentar una variedad de modos alternativos que en otro tiempo tenían lugar sobre una base estacional en la era prehistórica —afirma—, pero actualmente yace latente en su psicología.» Hemos llegado al punto de estar atrapados en un patrón perpetuo de noche corta/día largo —y cada vez lo exprimimos más.

Enciende la lamparilla de noche, una de las miles de fuentes posibles de luz artificial con las cuales hemos acortado nuestras noches y nos hemos negado el acceso a una vida de sueños. Thomas Edison, más que ningún otro, puso en retirada la oscuridad y la ensoñación.

Durante decenas de miles de años, el anochecer era la señal de que había que dormir para los seres humanos; el amanecer, la de despertarse. La luz solar era la única fuente de luz para recalibrar nuestros relojes internos, ajustándolos a los ciclos del día y también de la estación. Después aparecieron las hogueras y las lámparas que quemaban grasa animal, brea y petróleo, que proporcionaban suficiente luz para ver pero no la suficiente para poner a cero nuestros relojes biológicos. Después llegó la invención de la bombilla incandescente en 1879 y la rápida extensión de la luz artificial. De repente, nuestra especie parecía liberada de las trabas del ciclo solar, capaz de fingir que cualquier noche es una noche de verano. Sin embargo, como nuestros relojes internos todavía se aferran al antiguo horario de luz-oscuridad, esta iluminación las veinticuatro horas —la magnitud de la cual no hemos hecho más que descubrir— tiene costes asociados.

Nuestros relojes corporales necesitan oscuridad tan desesperadamente como necesitan la luz. En 2005, los científicos de la Universidad de Vanderbilt demostraron que una luz constante desincroniza la descarga de impulsos de las neuronas que componen el núcleo supraquiasmático.[11] Al encender las luces y las lámparas cuando el sol se ha puesto, rejustamos sin querer nuestros relojes biológicos.[12] La exposición a niveles de luz inferiores incluso a, por ejemplo, 100 lux —similar a la iluminación ambiental de oficinas y salones— afecta la fase de nuestros ritmos.[13] El equipo de Charles Czeisler ha descubierto que durante las primeras horas de la noche biológica, nuestros temporizadores circadianos son especialmente vulnerables.[14] La exposición a la luz a finales de la tarde retrasa la fase de nuestro reloj, así que actúa como si la salida del sol se produjera más tarde. La exposición a primera hora de la mañana avanza el reloj, de forma que se espera el amanecer más temprano. La luz por la noche suprime la producción de la hormona melatonina. Incluso una breve exposición a la luz en mitad de la noche reduce radicalmente la actividad de una enzima necesaria para la formación de la melatonina.[15]

La nuestra es la única especie que ilumina su noche biológica, que hace caso omiso de sus propios ritmos, cruza las zonas horarias, trabaja y duerme a horas que van en contra de sus relojes internos. Ignoramos lo que nuestros relojes recuerdan bajo nuestra propia responsabilidad.

Tomemos los viajes transoceánicos. No hace mucho, estaba sentada en una mesa en un pequeño pueblecito de China con varios dignatarios y científicos locales. Ante nosotros había una selección de hermosos y exóticos alimentos, incluyendo fuentes de *ni do*, sopa de nidos de pájaros. La sopa, según entendí, estaba hecha con nidos de vencejos, creaciones sorprendentemente robustas tejidas con hebras de saliva gelatinosa que se sumergen en caldo de pollo. Sabía que tenía que probar ese caro manjar, pero con la cuchara levantada, aún dudaba. No es que pusiera objeciones a darme un festín con hebras gelatinosas de las glándulas salivales de un pájaro. Me enorgullecía de ser una comedora aventurera, lista para probar todo tipo de comidas genuinas. Pero mi estómago no admitía ni un bocado de este plato —ni de ningún otro—. Había llegado a China el día anterior y sentía como si mis entrañas continuaran en Virginia. De hecho, un amigo científico me dijo más tarde que así era.

Se dice que cuando viajas medio mundo, tu alma tarda tres días más en llegar allí.[16] Y tu estómago igual. En efecto, uno piensa que ha llegado de una pieza, explica Michael Menaker, pero en el sentido de las agujas del reloj, las diferentes partes del cuerpo siguen lentamente. Por cada huso horario que cruzamos, nuestros sistemas pueden tardar todo un día en ajustarse por completo al nuevo horario. Dos terceras partes de las personas que viajan atravesando zonas horarias informan haber padecido síntomas de desfase horario *(jet-lag)* —esa pereza confusa y trastorno estomacal, fatiga diurna, problemas para dormir (después de un vuelo en dirección al este) o despertarse demasiado pronto (si el vuelo es hacia el oeste), lapsus de memoria y alerta, y pérdida de apetito, por citar algunos—. Los viajeros con frecuencia se despiertan en mitad de la noche a causa del repentino aumento de hormonas que señalan la mañana. Los síntomas son, en general, peores al viajar de oeste a este, quizá porque para el cuerpo es más fácil ajustarse a un día más largo que a uno comprimido.

Menaker sospecha que la incomodidad y el malestar del desfase horario se producen por una pérdida de sincronía entre el reloj maestro del cuerpo y sus relojes periféricos, y también entre estos relojes periféricos cuando tratan de ponerse al día en la nueva zona horaria, cada uno a su propio ritmo. En un estudio, Menaker y sus colegas utilizaron ratas modificadas genéticamente para registrar el impacto de los cambios de hora en los ritmos circadianos de los diferentes órganos.[17] El resultado sugiere que el reloj maestro del núcleo supraquiasmático del cerebro, que supervisa nuestros ritmos principales, como la temperatura corporal, vuelve a retomar su camino al cabo de un día; sin embargo, los relojes periféricos de nuestros tejidos (los de los pulmones, los músculos y el hígado, por ejemplo) pueden tardar una semana o más en ponerse al día. Cuando el cerebro emite la señal de hacer ejercicio a los músculos, éstos quizá no responden bien, ya que su reloj los mantiene aún en un sueño profundo. Del mismo modo, mi cerebro puede decir que es hora de *ni do* en China, pero para mi hígado anclado en Virginia, todavía es medianoche.

Este desfase de horas en la modificación del reloj es esencial en la vida normal. Si nuestros relojes internos se movieran instantáneamente con los cambios súbitos en la luz, estarían girando adelante y atrás cada vez que entramos o salimos de una habitación oscura. El sistema está diseñado de tal forma que se ajuste fácilmente a cambios pequeños y graduales en los patrones de luz y oscuridad, como los cambios estacionales en la longitud del día. «Pero el vuelo transoceánico es un evento muy poco natural para el cual el cuerpo no está preparado —explica Menaker—. Cruzar zonas horarias provoca cambios grandes y abruptos en el ciclo de luz, que desestabilizan gravemente el sistema.»

Saltar zonas horarias ocasionalmente es una cosa. Hacerlo con frecuencia es otra bastante diferente. Kwangwook Cho de la Universidad de Bristol se inspiró en sus propios síntomas de descompensación horaria —desorientación y lapsus de memoria— para analizar los efectos de los viajes transoceánicos frecuentes.[18] En un estudio realizado con veinte azafatas de vuelo que trabajaban para líneas aéreas internacionales, Cho descubrió que cinco años de viajes de largo recorrido ocasionaban problemas de memoria y alteraciones cognitivas. Nuevas pruebas realizadas con muestras de saliva y escáneres cerebrales revelaron la posible causa: las azafatas que volaban más de siete zonas horarias y tenían menos de cinco horas para recuperarse entre vuelos multizonales mostraban mayores niveles de la hormona del estrés, el cortisol. Cuando el cuerpo está sometido constantemente a las desconcertantes señales de la luz y la oscuridad que acompañan a los viajes de larga distancia, cada vez se siente más confuso sobre si es de día o de noche y se pone a fabricar cortisol las veinticuatro horas. Como ya sabemos por los estudios sobre el estrés crónico, el cortisol en altas concentraciones daña las células cerebrales. Con toda seguridad, los escáneres cerebrales revelaban una contracción del lóbulo temporal de las azafatas, incluyendo el hipocampo, la parte del cerebro tan esencial para el aprendizaje y la memoria.

El zumbido del tráfico distante de una autopista cercana. ¿Quién más hay en la negra noche? Hace unos doscientos años, sólo los vigilantes nocturnos, los guardianes y quizá algún cocinero ocasional que tenía que trabajar hasta muy tarde. En la actualidad, el 15 por ciento de los trabajadores estadounidenses lo hacen de noche, controlando el tráfico aéreo, conduciendo camiones, dirigiendo hospitales, parques de bomberos, comisarías, fábricas y centrales nucleares —trabajos que les colocan en una situación de desfase radical respecto a los horarios naturales.[19]

Para analizar los efectos del trabajo nocturno sobre el cuerpo, Josephine Arendt del Center for Chronobiology de Surrey, Inglaterra, ha llevado a cabo varios estudios entre los trabajadores de plataformas petrolíferas en el Mar del Norte.[20] El trabajo en esas plataformas es duro y peligroso, dice. «Para conseguir trabajo allí, hay que pasar una prueba en la que te cuelgan cabeza abajo en el agua desde un helicóptero. Si consigues salir de este aprieto tú solo, puedes trabajar en la plataforma —aunque se espera que trabajes horarios difíciles.»

Estudiar a los trabajadores tampoco es tarea fácil. «Conseguir que cuarenta y cinco trabajadores de una plataforma petrolífera recojan orina cada cuatro horas durante catorce días es una hazaña —dice Arendt—. Las plataformas hacen unos tres millones de dólares al día, así que las interrupciones en el trabajo para hacer pis para un estudio circadiano no son especialmente bienvenidas.» No obstante, Arendt consiguió resultados. Comparó a los trabajadores que trabajaban en horarios de dos turnos diferentes durante dos semanas: uno, un turno simple de doce horas, con los trabajadores en turno de día o bien de noche; el otro, una rotación «cambiante» de un turno de siete noches seguido de un turno de siete días.

«El horario cambiante era el peor», explica Arendt. Las pruebas de orina de los trabajadores de este horario revelaron que los niveles de melatonina nunca sincronizaban con sus nuevos horarios, de forma que tenían dificultades para dormir. Esto es cierto para muchos trabajadores por turnos, que tratan de dormir en fases que están en desacuerdo con los ciclos circadianos, cuando la melatonina disminuye y la temperatura corporal se eleva. Su sueño es inconexo y se despiertan tan cansados como siempre. «Es importante irse a dormir en la fase circadiana correcta —explica Arendt—. Si nos vamos a dormir durante el día biológico, después del nadir de nuestra temperatura, el sueño es de escasa calidad.» Los estudios sugieren que los trabajadores por turnos reducen las horas de sueño una media de tres o cuatro horas por noche.

Arendt descubrió indicios de otros efectos graves sobre la salud a largo plazo. Cuando los trabajadores de cualquier horario tenían que cenar a altas horas de la noche, la sangre mostraba niveles anormalmente altos de ácidos grasos relacionados con enfermedades cardíacas y también una reducida tolerancia a la glucosa, un factor de riesgo para la diabetes y otros desórdenes metabólicos.

El trabajo por turnos probablemente tenga el mismo efecto desincronizador sobre el sistema circadiano que el desfase horario crónico: los relojes desequilibrados de los trabajadores por turnos afectan a la memoria, a la cognición y a varios sistemas corporales, provocando un colesterol alto, presión arterial elevada, desórdenes anímicos, infertilidad y un mayor riesgo de ataque cardíaco y cáncer.

La investigación desarollada con las 78.500 mujeres del Nurses' Health Study revelaron que las enfermeras que habían trabajado en el turno de noche durante diez años tenían un 60 por ciento más de riesgo de padecer cáncer de mama y un mayor riesgo de cáncer de colon en comparación con las que no trabajaron de noche.[21] Unos cuantos años después, un estudio japonés realizado con más de 14.000 hombres reveló que los trabajadores que varían entre turnos de día y de noche tenían el triple de la tasa normal de cáncer de próstata.[22] Y en experimentos en los que los investigadores han interferido con los ritmos circadianos de ratones para recrear las condiciones de los trabajadores por turnos, el crecimiento de tumores se acelera.[23]

¿Qué podría explicar la relación entre trabajar por turnos y cáncer?

Algunos científicos sospechan que la respuesta reside en lo más profundo de nuestros genes. Los ritmos alterados provocados por el trabajo por turnos pueden cambiar dramáticamente la expresión de los genes del reloj, los cuales a su vez pueden afectar posteriormente a los genes que controlan el crecimiento. En un estudio de 2006, William Hrushesky y su colega Patricia

Wood mostraron que los genes del reloj del cuerpo «encierran», o regulan, las enzimas que controlan la síntesis del ADN, la división celular y la formación de los vasos sanguíneos tanto en los tejidos normales de los intestinos y la médula ósea como, en diferentes momentos, del tejido canceroso.[24]

La luz artificial también se ha relacionado con la conexión entre alteración circadiana y cáncer. Durante años la ciencia ha sabido que la exposición a la iluminación nocturna refrena la producción normal de melatonina del cuerpo. Y los estudios con animales han mostrado que la liberación de melatonina contenida potencia el crecimiento de cánceres. Pero la primera prueba experimental de peso de un vínculo entre ambos llegó en 2005.[25]

Un equipo de investigadores extrajo sangre de un grupo de doce mujeres tres veces a lo largo de veinticuatro horas: durante el día, por la noche, y de nuevo tras la exposición a una luz brillante por la noche. El equipo inyectó las diferentes muestras de sangre en un tumor de mama humano que se había implantado a una rata. Los resultados mostraron que el tumor crecía mucho más rápidamente cuando se exponía a la sangre extraída de la muestra diurna y de la muestra con iluminación nocturna. Ambas muestras contenían escasa melatonina. Los investigadores afirman que el estudio sugiere de forma contundente que la exposición a la luz artificial por la noche disminuye la producción de melatonina, lo cual espolea el crecimiento tumoral. De lo cual se desprende el mayor riesgo de cáncer de mama en trabajadoras del turno de noche.

Arendt explica que al pedir a los trabajadores que trabajen por la noche y que hagan diferentes horarios nocturnos se crea un mayor riesgo para la salud, no sólo la del trabajador individual, sino la de toda la sociedad. Cuando los trabajadores están desorientados por la disfunción circadiana y fatigados por el sueño perdido, ocurren los accidentes. La explosión en la fábrica Union Carbide de Bhopal, India, en 1984, que mató a miles de personas, tuvo lugar justo después de medianoche. La crisis de 1979 en la central nuclear Three Mile Island en Pennsylvania comenzó a las 4 a.m., cuando los trabajadores que acababan de cambiar del turno de día al de noche no se dieron cuenta de que había una válvula atascada.[26] Y el peor accidente nuclear del mundo, en la central de Chernobyl en Ucrania, en 1986, empezó a la 1.23 a.m.

como resultado de una serie de errores cometidos por operadores del turno de noche.[27]

Si realmente quisiera compañía a esas horas de la noche, sé adónde tendría que ir. Las lámparas brillan con fuerza en el hospital clínico que hay más abajo en la calle, donde los médicos en prácticas trabajan hasta treinta horas seguidas y hasta ochenta horas a la semana.

He aquí otro ejemplo de cómo la vida moderna lleva al límite el ritmo circadiano. La tradición de que los médicos internos en este país trabajen muchas horas es una herencia de William Steward Halsted, un brillante cirujano que trabajó a principios del siglo XX en el Johns Hopkins Hospital, de Baltimore.[28] En los círculos médicos, es bien sabido que Halsted propiciaba la idea de que los jóvenes médicos debían vivir en el hospital y trabajar las veinticuatro horas, lo mejor para visitar a tantos pacientes como fuera posible. Lo que no todo el mundo sabe es que Halsted era adicto a la cocaína. En la actualidad, su sistema de horarios «heroicos» persiste como sello de la educación médica, pese a la creciente evidencia de sus riesgos.

Ahora mismo, sin haber dormido durante las últimas veinticuatro horas, ¿se atrevería a tomar una decisión crítica sobre diagnosis, dosis, posibles peligros para el paciente? ¿Qué le parecería que le tratase un joven médico en esta situación?

Pese a todos los estudios que demuestran que la privación de sueño perjudica el rendimiento cognitivo, hasta hace poco tiempo ha habido pocos trabajos que midieran sus efectos sobre los errores médicos. En 2004, un equipo de científicos del Harvard Work Hours, Health and Safety Study informó de que los médicos internos que trabajaban turnos de treinta horas sufrían el doble de fallos de atención mientras trabajaban por las noches que los internos cuyo trabajo se limitaba a dieciséis horas consecutivas.[29] Además, el grupo de treinta horas cometía errores médicos significativamente más graves y realizaba cinco veces más diagnósticos erróneos. «Cuando la gente tiene que estar despierta 17 o 19 horas, su rendimiento es equivalente a alguien con un nivel de alcohol en sangre de 0,05 por ciento», explica el miembro del equipo Charles Czeisler.[30] Cuando están despiertos veinticuatro horas, es del 0,10 por ciento. «El riesgo de cometer un error después de trabajar 24 horas es tan grande —afirma—, que los expertos en sueño y los legisladores de Massachusetts han sugerido que sería éticamente imperativo que los hospitales notificaran a los pacientes si el médico que los va a tratar lleva despierto 22 horas de las últimas 24.»

Los riesgos para la seguridad derivados de las largas horas de trabajo de los internos no se limitan a los pacientes de los hospitales; los propios internos corren peligro. Un estudio de 2006 del grupo de Harvard descubrió que los internos que trabajaban estos turnos maratonianos tenían un 61 por ciento más de riesgo de clavarse una aguja o un escalpelo miestras trabajaban, exponiéndose, por tanto, a un mayor riesgo de contraer hepatitis, VIH y otras enfermedades de transmisión sanguínea. Un fallo en la concentración y la fatiga eran los factores citados más comunes que contribuían a los accidentes.[31]

Los internos agotados por el exceso de trabajo también podían ser un peligro para sí mismos y para otros cuando volvían por carretera a sus hogares después de su turno. Los estudios sobre personas que dormían tan sólo cinco o seis horas por noche sobre una base regular (el promedio para todos los internos) han revelado que su tiempo de reacción medio se triplica.[32] «Eso significa que cuando los internos conducen a su casa después de un turno largo, si un chiquillo se lanza corriendo delante de su coche —explica Czeisler—, tardarán tres veces más en girar el volante o pisar el freno.» En 2005, el grupo de Czeisler informó de que los internos que trabajaban un turno extendido de más de veinticuatro horas tenían el doble de riesgo de chocar con el coche mientras conducían de vuelta a casa y cinco veces el riesgo de casi no ver al niño.[33]

«Ante estas evidencias, sería razonable preguntarse qué hace la profesión médica para atajar el problema», sugiere Chris Landrigan, miembro del equipo de Harvard.[34] En 2003, la profesión implementó un límite de horas de trabajo para los médicos en prácticas. «Pero las reglas aún permiten a los internos y a los residentes trabajar treinta horas seguidas, mucho más del límite considerado aceptable en otras industrias que se preocupan por la seguridad laboral», explica Landrigan. Pilotos, camioneros y trabajadores de centrales nucleares, por ejemplo, tienen un límite de entre ocho y doce horas consecutivas de trabajo. Además, un estudio realizado por Landrigan en 2006 reveló que el 84 por ciento de los internos no cumplían con esos límites.[35] «Limitar las horas de trabajo de los residentes constituye, sin duda, un desafío cultural y financiero para la medicina —afirma Landrigan—, pero éste se ha abordado con éxito en otros países: en el Reino Unido y Nueva Zelanda, por ejemplo, donde las horas consecutivas de trabajo de los médicos en prácticas están limitadas a 13 y 16, respectivamente.»

Imaginemos por un momento que el joven médico americano que le va a tratar había tomado una droga para combatir la somnolencia, una píldora estimulante que se tragó por la mañana con la promesa de dos días enteros de vigilia perpetua. En realidad, estas drogas determinadas por el «estilo de vida» existen, y están diseñadas para acabar con la somnolencia y mejorar el rendimiento cognitivo, entre ellas, el modafinilo y el CX717, descritas como «agentes únicos para promover el estado de vigilia» con «mecanismos específicos de acción desconocida».[36] El CX717 está en estudio como promotor del estado de vigilia para los soldados combatientes. Llamadas *eugeroicas* (del griego, «buen despertar»), estas drogas parecen carecer de los inconvenientes de otros estimulantes: los nervios, el riesgo de adicción, el choque post-píldora. Sin embargo, a pesar de sus beneficios, no siempre son efectivos.[37] Según un estudio de 2005 del equipo de Czeisler, por ejemplo, algunas personas que toman modafinilo para poder aguantar toda una noche de trabajo tienen aún una somnolencia excesiva y un rendimiento deficiente.

¿Es seguro que los médicos u otras personas que desempeñan trabajos de riesgo laboral actúen en el supuesto de que están alerta porque se han tomado una píldora que supuestamente los mantiene así? Los médicos prescriben cada vez más este medicamento a los trabajadores por turnos, los pilotos, los camioneros y sus colegas de profesión para mantener la alerta. Y justo por encima del horizonte farmacológico se encuentra otra oleada de drogas, las cuales ofrecen una dosis condensada de sueño supuestamente más reparadora que el sueño natural, reduciendo la necesidad de descanso real.

Nadie conoce los efectos a largo plazo de sabotear el sueño natural e interferir con los relojes del cuerpo. Sencillamente, ¿hasta dónde vamos a llegar obligados por esta sociedad de veinticuatro horas?

¿Se ha adormecido? Es alguna hora entre las 3 y las 4 a.m., la hora de máximos errores laborales nocturnos, accidentes de tráfico, de fallo cardíaco congestivo y de crisis gástrica ulcerosa, de síndrome de muerte súbita infantil y de fracturas, de ataques de migraña y accesos de asma. En pocas horas se alcanzará el pico horario de muerte por cualquier causa —quizá a causa de un aumento de la presión sanguínea y el cortisol que tienen lugar en este momento, en anticipación a la hora de despertarse—.[38] Es extraño que acabemos nuestra vida con mayor frecuencia no al final del día, sino al despuntar, como para negar que la muerte sea un final. Pero así es el cuerpo, todo paradoja, sorpresa, contradicción.

Ésta, la hora del lobo, es también cuando la temperatura corporal se desploma hasta su nadir, y los estados de ánimo también, cuando los miedos se hacen más aparentes, y las penas, y las dudas. «En la auténtica noche oscura del alma siempre son las tres de la madrugada», escribió F. Scott Fitzgerald. Ahora, cuando debería dormir tranquila y profundamente, la mente despierta se preocupa por las cosas mantenidas a raya por la luz del día y la distracción: remordimientos por una palabra mal dicha o un amor no concedido, una deuda impagada, el ritmo frenético de la vida, la desagradable decrepitud de envejecer.

Busque la palabra «tiempo» en el diccionario *Webster's Third New International Dictionary* y descubrirá que ocupa más sitio que «vida» o «amor», más que «Dios» o «verdad». Y aquí no se incluye la miríada de formas compuestas y expresiones relacionadas con el tiempo: tiempo muerto, erosionado por el tiempo, el tiempo vuela o corre implacablemente, tiempo perdido, fracción de segundo, relativo al tiempo, pero siempre implacable. «Que los dioses confundan al hombre que descubrió por primera vez la forma de distinguir las horas —escribió el dramaturgo romano Plauto—. ¡Quién se atrevió a colocar en este lugar un reloj de sol, para cortar en pedacitos y hacer trizas mis días de forma tan espantosa!»[39]

Desde Plauto, hemos llegado a ser irremediablemente más conscientes del tiempo, triturando nuestros días en trozos cada vez más pequeños. Durante el último medio siglo, hemos aumentado en órdenes de magnitud la precisión con la que medimos el tiempo. Los relojes de cuarzo son de una precisión del orden de un segundo al mes; los relojes atómicos de cesio, de un segundo en treinta millones de años. En 2005, los científicos diseñaron un reloj de «entramado óptico» que es mil veces más exacto que cualquier reloj de cesio; utiliza el elemento estroncio, que se mueve 429.228.004.229.952 veces por segundo.[40]

Como si todas estas precisas mediciones hicieran que el tiempo fluyera a nuestra voluntad —más rápido durante un dolor agudo, por ejemplo, o más despacio a medida que envejecemos—.

Vladimir Nabokov dijo en una ocasión que las primeras criaturas sobre la Tierra en tomar conciencia del tiempo también fueron las primeras en sonreír. No sé. Cuando los relojes digitales se pusieron de moda por primera vez, lamenté la pérdida de la esfera del reloj, con las manecillas recreando el recorrido cíclico de la sombra en un reloj de sol. Quizá esto no fuera más que nostalgia de la juventud, cuando yo corría el perímetro del patio o pintaba círculos con los dedos: rojo, azul, y amarillo, repasándolos una y otra vez en hábiles círculos marrones, y creía que al final tendría exactamente la misma edad que al principio.

Hasta una cierta edad, el tiempo parece, bueno, cíclico. Un amanecer tras otro, un día tras otro, cada final un comienzo, y así hasta que tienes cuarenta o cincuenta años, cuando el problema en la vida, como escribió Virginia Woolf, es «cómo atraparlo cada vez más fuerte, tan rápido parece escurrirse, y tan infinitamente deseable es».[41] De repente, los veintiocho mil días que dura una vida humana parecen cruelmente breves e insuficientes. De pronto ya hemos iniciado el camino del envejecimiento, de los dientes estropeados, el mentón hundido y la cojera de la rodilla, la senilidad.

Estos días, el tiempo parece desvanecerse efectivamente, lo cual hace de lo más agradable un secreto deducido de los relojes que gobiernan nuestro cuerpo: en cierta forma, desafían al tiempo lineal.

Lo que subyace en el corazón de todos los relojes corporales es un ingenioso mecanismo autoaccionado que permite a una célula saber la hora.[42] Un conjunto de genes interactúan en bucles cerrados con una retroalimentación negativa que producen la oscilación, o tic-tac en su propia expresión. Algunos de estos genes codifican proteínas que se acumulan a lo largo del día. Cuando alcanzan un nivel máximo al anochecer, suspenden la actividad bioquímica que conduce a su producción. El resultado es un bucle compacto y autorregulado que realiza su ciclo de forma continua durante las veinticuatro horas.

Imagine que pudiéramos sentir la rotación de estos círculos íntimos que gobiernan nuestro cuerpo. Quizá esto suavizaría nuestra costumbre de ir tachando los minutos y las horas; quizá esto restauraría nuestra experiencia infantil del tiempo como un anillo que da vueltas formado por las pequeñas circunferencias de un día. Al menos, esto alimentaría un mayor respeto por nuestros ritmos cíclicos naturales.

En el cielo hay una pequeña franja de luna. Permanezco un momento echada en la oscuridad pensando en los pequeños bucles del cuerpo, su alondra o búho interno y los útiles sirvientes microbianos, sus exquisitos sentidos y el amor por la luz natural, su necesidad de sueño. Aunque aún sabemos poco sobre muchos aspectos de la existencia corporal, las lagunas en nuestro conocimiento están menguando. El cuerpo es como la Antártida, un continente que se empieza a descubrir, a reflejar en los mapas, e incluso a transformar. Con el nuevo conocimiento llegan nuevas y útiles herramientas para sacar el máximo partido de nuestras propias naves, extrañas y temporales.

Con los primeros indicios de pálida luz en el horizonte, el sueño finalmente se apodera de mí, dulce e irresistible, dominando pensamientos y sentidos. Cualquiera que sea su propósito, por suerte, cada día muere con él. Hay algunos que escogerían correr ininterrumpidamente todo el día. Pero yo no me imagino avanzar implacablemente día y noche con mente, cuerpo y ánimo en un estado único, no imagino negarme a mí misma la posibilidad de un nuevo comienzo.

Reconocimientos

Me gustaría dar las gracias a tres científicos que me ayudaron de varias formas y que han dedicado su carrera al estudio del tiempo en relación con el cuerpo: Mike Menaker del Center for Biological Timing de la Universidad de Virginia, que leyó fragmentos del manuscrito en varias de sus fases y ofreció sugerencias de gran ayuda; William Hrushesky de la Universidad de Carolina del Sur, cuyo excelente artículo de 1994 sobre la pauta temporal en la salud y la enfermedad, aparecido en *The Sciences,* me introdujo por primera vez en el tema de la cronobiología, y quien más tarde me sugirió lecturas sobre cronoterapia; y Michael Smolensky, de la Universidad de Texas, cuya obra, escrita en colaboración con Lynne Lamberg, *The Body Clock Guide to Better Health* (Henry Holt, 2000), constituyó una guía bien acogida y autorizada del papel del reloj biológico en la salud y en la vida diaria.

No puedo empezar sin transmitir adecuadamente mi reconocimiento a estos científicos y a los otros muchos que me ayudaron a preparar esta obra. Por su generosa y amable guía, sugerencias para una lectura adicional y correcciones de mi manuscrito, estoy especialmente en deuda con Josephine Arendt, de la Universidad de Surrey; Paul Breslin, del Monnell Chemical Senses Center; David E. Cummings, de la Universidad de Washington; William C. Dement de la Escuela de Medicina de la Universidad de Stanford, autor, junto con Christopher Vaughan, de la excelente obra *The Promise of Sleep* (Random House, 1999); A. Roger Ekirch, de Virginia Tech, que ofreció no sólo útiles comentarios y apoyo, sino también inspiración en la forma de su obra maestra sobre la noche, *At Day's Close: Night in Times Past* (Norton, 2005); Helen Fisher, de la Universidad de Rutgers; Jeffrey Gordon, de la Universidad de Washington; Jay A. Gottfried, de la Northwestern University; Carla Green, de la Universidad de Virginia; Jack Gwaltney, de la Universidad de Virginia, que presentó mis numerosísimas preguntas sobre el resfriado común; H. Craig Heller, de la Universidad de Stanford; Richard Ivry, de la Universidad de California en Berkeley; Eric Kandel, de la Universidad de Columbia; Christof Koch, del California Institute of Technology; Art Kramer, de la Universidad de Illinois; Christopher Landrigan, de la Harvard Work Hours, Health and Safety Study, de la Escuela de Medicina de Harvard; Joseph LeDoux, de la Universidad de Nueva York; Daniel E. Lieberman, de la Universidad de Harvard; Bruce McEwen, de la Universidad Rockefeller, cuyo libro *The End of Stress as we Know It* (Dana Press, 2002) fue un viaje magistral por esta materia; Janet Metcalfe, de la Universidad de Columbia; Thomas Reilly, de la Liverpool John Moores University; Craig Roberts, de la Universidad de Liverpool; Till Roennenberg, del Centre for Chronobiology de la Universidad Ludwig-Maximilians de Munich; Mel Rosenberg, de la Universidad de Tel Aviv; Timothy Salthouse, de la Universidad de Virginia; Sally y Bennett Shaywitz, de la Escuela de Medicina de Yale; Jerome Siegel, de la Universidad de California en Los Ángeles; Ullrich Wagner, de la Universidad de Lübeck; y Charles Wysocki, del Monell Chemical Senses Center.

También estoy profundamente agradecida con los siguientes científicos, que leyeron secciones del manuscrito y realizaron observaciones de gran utilidad: Paul Bach —y Rita—, de la Universidad de Wisconsin; James Blumenthal, de la Duke University; Jan Born, de la Universidad de Lübeck; Richard A. Bowen, del Colorado State College; Arthur Burnett, de la Escuela de Medicina Johns Hopkins; William Carlezon, de la Universidad de Harvard; Mary Carskadon, de la Brown University; Priscilla Clarkson, de la Universidad de Massachusetts; Richard Cytowic, Angelo Del Parigi, de Pfizer Global R&D; Scott Diamond, de la Universidad de Pennsylvania; Brad Duchaine y Henrik Ehrsson, del University College London; Jeffrey Flier, de la Harvard Medical School; Kevin Foster, de la Universidad de Harvard; Lynn

Hasher, de la Universidad de Toronto; J. Owen Hendley, de la Universidad de Virginia; J. Allan Hobson, de la Universidad de Harvard; Gert Holstege, de la Universidad de Groningen; Jim Hudspeth, de la Rockefeller University; Laura Juliano, de la American University; Philip Kilner, del Imperial College of London; Kristen Knutson, de la Universidad de Chicago; Barry Komisaruk, de Rutgers University; Peretz Lavie, de Technion-Israel Institute of Technology; Peter Lucas, de la George Washington University; Sara Mednick, del Salk Institute for Biological Studies; David Meyer, de la Universidad de Michigan; Michael Miller, de la Universidad de Maryland Medical Center; Tore Nielsen, de la Universidad de Montreal; Tim Noakes, de la Universidad de Ciudad del Cabo; Charles P. O'Brien, de la Universidad de Pennsylvania; Hakan Olausson, del Sahlgrenska University Hospital; Steven Platek, de la Universidad de Liverpool; George Preti, del Monell Chemical Senses Center; Eric Ravussin, del Pennington Biomedical Research Center; Naftali Raz, de la Wayne State University; Allan Rechtschaffen y Marianne Regard, del Universal Hospital Zúrich; Michael Sayette, de la Universidad de Pittsburgh; Dee Silverthorn, de la Universidad de Texas; Dana Small, de la Escuela Médica de la Universidad de Yale; Esther Sternberg, de los National Institutes of Health; D. Michael Stoddart, de la Universidad de Tasmania; Henning Wackerhage, de la Universidad de Aberdeen; Peter Weyand, de la Rice University; Carol Worthman, de Emory University, y Shawn Youngstedt, de la Arnold School of Public Health de la Universidad de Carolina del Sur.

En estas páginas puede haber errores, y si no hay más, es gracias a todas las personas que he mencionado anteriormente.

Durante los cuatro años que he tardado en escribir este libro, he sido lo bastante afortunada como para disfrutar de una beca para trabajos de no ficción del National Endowment for the Arts. No podría haber terminado la obra sin este apoyo. Mi agredecimiento a Cliff Becker por su interés en mi proyecto y, en especial, por su apasionada defensa de la literatura.

Por muchas y diferentes clases de ayuda, mis más sinceras gracias a mi íntima amiga y colaboradora Miriam Nelson, que ofreció con creces la clase de experiencia, apoyo y entusiasmo atesorado por su gran círculo de amigos. También estoy muy agradecida a Francesca Comte, Harri Wasch y Heather Sellers, que compartieron conmigo la historia de su vida, y a mi amigo Dan O'Neill, que leyó el primer borrador del manuscrito y ofreció indicaciones inteligentes y de suma utilidad. Gracias también a mis estupendos editores del *Yale Alumni Magazine*, Kathrin Lassila y Bruce Fellman, y del *National Geographic*: Lynn Addison, Oliver Payne, Jennifer Reek y Caroline White.

Estoy agradecida a Laurence Cooper por su cuidada edición del manuscrito, a Will Vincent por su competente y alegre ayuda en el proceso de publicación, y a Martha Kennedy por su inspirada sugerencia para el título de la obra y el diseño de la solapa. Gracias en especial a Janet Silver por su paciencia y generoso apoyo, y a Melanie Jackson, siempre una fuente de sabiduría y buen juicio. A Amanda Cook sólo quiero decirle esto: eres el tipo de editora con el que sueñan todos los escritores —inteligente, con talento, elocuente y, por si fuera poco, divertida—. Nunca te agradeceré lo bastante que me hayas ayudado a dar forma, limar y pulir este libro.

Finalmente, mi más profunda gratitud a mis queridas hijas, Zoë y Nell, y a mi esposo, Karl, por su amor y su buena disposición para ocuparse, con el coraje y la fortaleza de siempre, del mundo exterior mientras yo me encontraba enfrascada en el interior.

Notas

Prólogo

1. P. B. Eckburg *et al.*, «Diversity of the human intestinal microbial flora», *Science,* DOI: 10,1126/science.1110591. Publicado en línea el 14 de abril de 2005.
2. «Timing is everything», *Nature,* 425, 885 (2003).
3. Thomas Willis citado en Oliver Sacks, «To see and not see»: *The New Yorker,* 10 de mayo de 1993, p. 59.
4. Robert Burton, *The Anatomy of Melancholy,* Disponible en psyplexus.com/burton/ 7.htm.
5. Henry David Thoreau, «Economy», en *Walden and Other Writings of Henry David Thoreau* (Nueva York: Modern Library, 1992), p. 3.

1. Despertar

1. «Beating the bell», *New Scientist,* última página, 14 de mayo de 2005.
2. M. A. Carskadon y R. S. Herz, «Minimal olfactory perception during sleep: why odor alarms will not work for humans», *Sleep* 27: 3, 402-405 (2004).
3. Peretz Lavie *et al.*, «It's time, you must wake up now», *Perceptual and Motor Skills* 49, 447-450 (1979).
4. Jan Born, «Timing the end of nocturnal sleep», *Nature,* 397, 29-30 (1999).
5. Till Roenneberg *et al.*, «Life between clocks: daily temporal patterns of human chronotypes», *Journal of Biological Rhythms* 18:1, 80-90 (2003).

6. Edward Stepanski, Rush University Medical Center, Chicago, citado en Martica Heaner, «Snooze Alarm takes its toll on nation», *New York Times*, 12 de octubre de 2004, D8.

7. «An alarming bed», *Scientific American*, Octubre 1955, reimpreso en *Scientific American*, 16 de octubre de 2005.

8. http://alumni.media.mit.edu/-nanda/ projects/clocky.html.

9. La cita y la anécdota acerca de la U.S. Air Force son de Charles Czeisler, «Sleep: what happens when doctors do without it», Medical Center Hour, Escuela de Medicina de la Universidad de Virginia, Charlottesville, 1 de marzo de 2006.

10. K. W. Wright *et al.*, «Effects of sleep inertia on cognition», *Journal of the American Medical Association*, 295: 2, 163 (2006).

11. Lavie *et al.*, «It's time, you must wake up now».

12. Consultar la SleepSmart Web site: www.axonlabs.com/pr_sleepsmart.html.

13. Roenneberg *et al.*, «Life between clocks».

14. Jonathan Weiner, *Time, Love, Memory* (Nueva York: Knopf, 1999), 190.

15. Michael Smolensky y Lynne Lambert, *The Body Clock Guide to Better Health* (Nueva York: Holt, 2000), 40-42.

16. Roenneberg *et al.*, «Life between clocks».

17. www.imp-muenchen.de/index.php?id=932.

18. C. Gale, «Larks and owls and health, wealth, and wisdom—sleep patterns, health, and mortality», *British Medical Journal*, 19 de diciembre de 1998, E3 (col. 5).

19. H. P. A. Van Dongen, «Inter- and intra-individual differences in circadian phase», Tesis Doctoral, Leiden University, Países Bajos, ISBN 90-803851-2-3 (1998); H. P. A. Van Dongen y D. F. Dinges, «Circadian rhythms in fatigue, alertness, and performance», en M. H. Kryger *et al.*, *Principles and Practice of Sleep Medicine*, 3.ª ed. (Filadelfia: W. B. Saunders, 2000). Consultar también J. F. Duffy *et al.*, «Association of intrinsic circadian period with morningness-eveningness, usual wake hastime, and circadian phase», *Behavioral Neuroscience*, 115: 4, 895-899 (2001).

20. Hans Van Dongen Q & A en www.upenn.edu/pennnews/current/2004/092304/cover.html, recogido el 17 de marzo de 2005.

21. Jorge Luis Borges, «A New Refutation of Time», *Labyrinths* (Nueva York: Modern Library, 1983), 234.

22. Lo siguiente procede de Ezio Rosato y Charlambos P. Kyriacou, «Origins of circadian rhythmicity», *Journal of Biological Rhythms*, 17: 6, 506-511 (2002); Russell Foster y Leon Kreitzman, *Rhythms of Life* (Londres: Profile Books, 2004), 157 f.

23. T. A. Wehr, «A clock for all season's in the human brain», en R. M. Buijs *et al.*, eds., *Progress in Brain Research,* 111 (1996).

24. Lo siguiente se ha extraído de Foster y Kreitzman, *Rhythms of Life*, 11.

25. M. S. Freedman *et al.*, «Regulation of mammalian circadian behavior by non-rod, non-cone, ocular photoreceptors», *Science,* 284, 502-504 (1999); D. M. Berson *et al.*, «Phototransduction by retinal ganglion cells that set the circadian clock», *Science,* 295, 1070-1073 (2002); I. Provencio, «Photoreceptive net in the mammalian retina», *Nature,* 415, 493 (2002); S. Hattar *et al.*, «Melanopsin-containing retinal ganglion cells: architecture, projections, and intrinsic photosensitivity», *Science,* 295, 1065-1068 (2002); I. Provencio *et al.*, «A novel human opsin in the inner retina», *Journal of Neuroscience,* 20, 600-605 (2000); R. G. Foster, «Bright blue times», *Nature,* 433, 698-699 (2005); Z. Melyan *et al.*, «Addition of human melanopsin renders mammalian cells photoresponsive», *Nature,* 433, 741-745 (2005); D. M. Dacey *et al.*, «Melanopsin-expressing ganglion cells in primate retina signal colour and irradiance and project to the LGN», *Nature,* 433, 749-751 (2005).

26. Ralph Waldo Emerson, «Circles», en *Essays and Poems* (Londres: Everyman Paperback Classics, 1992), 147.

27. P. A. Mackowiak *et al.*, «A critical appraisal of 98.6 degrees F, the upper limit of normal body temperature, and other legacies of Carl Reinhold August Wunderlich», *Journal of the American Medical Association* 268, 1578-80 (1992).

28. La siguiente información sobre homeostasis procede de Foster y Kreitzman, *Rhythms of Life*, 53-54.

29. Catherine Rivier Laboratory Web site, www.salk.edu/LABS/pbl-cr/02_Research.html, recuperado el 11 de marzo de 2006.

30. La siguiente discusión sobre los ritmos circadianos en la función corporal procede de Wehr, «A "clock for all seasons" in the human brain»; T. Reilly *et al.*, *Biological Rhythms and Exercise* (Nueva York: Oxford University Press, 1997), 50; Y. Watanabe *et al.*, «Thousands of blood pressure and heart rate measurements at fixed clock hours may mislead», *Neuroendocrinology Letters,* 24: 5, 339-340 (2003); D. A. Conroy *et al.*, «Daily rhythm of cerebral blood flow velocity», *Journal of Circadian Rhythms,* 3: 3, DOI: 10.1186/1740-3391-3-3 (2005); W. J. M. Hrushesky, «Timing is everything», *The Sciences*, julio/agosto 1994, 32-37; John Palmer, *The Living Clock* (Nueva York: Oxford University Press, 2002); Foster y Kreitzman, *Rhythms of Life*, 10-21.

31. Foster y Kreitzman, *Rhythms of Life*, 71.

32. Foster y Kreitzman, *Rhythms of Life*, 11; Smolensky y Lamberg, *The Body Clock Guide to Better Health*, 5-12; Hrushesky, «Timing is everything».

33. J. Arendt, «Biological rhythms: the science of chronobiology», *Journal of the Royal College of Physicians of London*, 32, 27-35 (1998).

34. P. L. Lowrey y J. S. Takahashi, «Mammalian circadian biology: elucidating genome-wide levels of temporal organization», *Annual Review of Genomics and Human Genetics*, 5, 407-441 (2004).

35. S. H. Yoo et al., «Period2: luciferase real-time reporting of circadian dynamics reveals persistent circadian oscillations in mouse peripheral tissues», *Proceedings of the National Academy of Sciences* 101, 5339-5346 (2004).

36. S. Yamazaki et al., «Resetting central and peripheral circadian oscillators in transgenic rats», *Science*, 288, 682-685 (2000).

37. C. R. Jones et al., «Familial advanced sleep-phase syndrome: a short-period circadian rhythm variant in humans», *Nature Medicine*, 5: 9, 1062 (1999); K. L. Toh et. al., «An hPer2 phosphorylation site mutation in familial advanced sleep phase syndrome», *Science*, 291, 1040-1043 (2001).

38. S. Archer et al., «A length polymorphism in the circadian clock gene *Per3* is linked to delayed sleep phase syndrome and extreme diurnal preference», *Sleep*, 26: 4, 413-415 (2003).

39. D. Katzenberg, «A clock polymorphism associated with human diurnal preference», *Sleep*, 21: 6, 568-576 (1998).

40. C. M. Singer y A. J. Lewy, «Does our DNA determine when we sleep?», *Nature Medicine*, 5, 983 (1999).

41. Till Roenneberg, «A marker for the end of adolescente», *Current Biology*, 14: 24, R1038-39 (2004).

42. Till Roenneberg, comunicación personal, 8 de septiembre de 2006; Roenneberg et al., «Life between clocks».

43. S. M. Somani y P. Gupta, «Caffeine: a new look at an age-old drug», *International Journal of Clinical Pharmacology, Therapeutics, and Toxicology*, 26, 521-33 (1998).

44. Samuel Hahnemann, *Der Kaffee in seinen Wirkungen* (Leipzig, 1803), citado en Bennett Alan Weinberg y Bonnie K. Bealer, *The World of Caffeine* (Nueva York: Routledge, 2002), 119.

45. Jack James, *Understanding Caffeine* (Thousand Oaks, Calif.: Sage Publications, 1997); Laura Juliano, comunicación personal, octubre de 2006.

46. W. H. Lewis *et al.*, «Ritualistic use of the holly *Ilex guayusa* by Amazonian Jivaro Indians», *Journal of Ethnopharmacology,* 33: 1-2, 25-30 (1991).

47. J. K. Wyatt *et al.*, «Low-dose repeated caffeine administration for circadian-phase-dependent performance degradation during extended wakefulness», *Sleep,* 27, 374-381 (2004). El estudio fue diseñado para encontrar la mejor estrategia para incrementar y mantener la alerta entre los trabajadores que tienen que permanecer despiertos muchas horas —por ejemplo, médicos y conductores de camiones durante largas distancias.

48. Jean-Marie Vaugeois, «Positive feedback from coffee», *Nature,* 418, 734-736 (2002).

49. J. Blanchard y S. J. A. Sawers, «The absolute bioavailability of caffeine in man», *European Journal of Clinical Pharmacology,* 24, 93-98 (1983).

50. J. W. Daly *et al.*, «The role of adenosine receptors in the central action of caffeine», en B. S. Gupta y U. Gupta, eds., *Caffeine and Behavior: Current Views and Research Trends* (Boca Raton, Fla.: CRC Press, 1999), 1-16.

51. H. P. A. Van Dongen *et al.*, «Caffeine eliminates psychomotor vigilance deficits from sleep inertia», *Sleep,* 24: 7, 813-819 (2001); L. M. Juliano y R. R. Griffiths, «A critical of caffeine withdrawal: empirical validation of symptoms and signs, incidence, severity, and associates features», *Psychopharmacology,* 176, 1-29 (2004).

52. F. Koppelstatter *et al.*, «Influence of caffeine excess on activation patterns in verbal working memory», póster científico en el encuentro anual de la Radiological Society of North America, noviembre de 2005.

53. Juliano y Griffiths, «A critical rewiew of caffeine withdrawal».

2. Encontrar un sentido

1. Rainer W. Friedrich, «Odorant receptors make scents», *Nature,* 430, 511-512 (2004).

2. J. A. Gottfried, «Smell: central nervous processing», en T. Hummel y A. Welge-Lüssen, eds., *Taste and Smell: An Update (Advances in Otorhinolaryngology)* (Basilea, Suiza: Karger, 2006), 44-69; Jay Gottfried, comunicación personal, septiembre de 2006.

3. La información acerca del sistema olfatorio procede de Z. Zou *et al.*, «Odor maps in the olfactory cortex», *Proceedings of the Nacional*

Academy of Sciences, 102: 21, 7724-7729 (2005); Z. Zou y L. B. Buck, «Combinatorial effects of odorant mixes in olfactory cortex», *Science*, 311, 1477-1481 (2006); R. Ranganathan y L. B. Buck, «Olfactory axon pathfinding: who is the pied piper?», *Neuron*, 35: 4, 599-600 (2002).

4. T. W. Buchanan *et al.*, «A specific role for the human amygdala in olfactory memory», *Learning and Memory*, 10: 5, 319-325 (2003); Jay Gottfried, comunicación personal, septiembre de 2006.

5. A. K. Anderson *et al.*, «Dissociated neural representations of intensity and valence in human olfaction», *Nature Neuroscience*, 6, 2, 196-202 (2003); Stephan Hamann, «Nosing in on the emotional brain», *Nature Neuroscience*, 6 106-108 (2003).

6. J. Plailly, «Involvement of right piriform cortex in olfactory familiarity judgments», *Neuroimage*, 24, 1032-1041 (2005). El proceso del olor activa una gran red neural en ambos hemisferios, incluyendo el hipocampo y otras áreas del cerebro involucradas en la memoria, probablemente con el fin de «contribuir a reunir las asociaciones relevantes para permitir la identificación de reglas olfativas».

7. Tim Jacob de la Cardiff University; véase www.cf.ac.uk/biosi/staff/jacob/teaching/sensory/taste.html y www.cardiff.ac.uk/biosi/staff/jacob/index.html.

8. S. Chu y J. J. Downes, «Odour-evoked autobiographical memories: psychological investigations of the Proustian phenomena», *Chemical Senses*, 25, 111-116 (2000).

9. C. Miles y R. Jenkins, «Recency and suffix effects with serial recall of odours», *Memory*, 8: 3, 195-206 (2000).

10. Zou *et al.*, «Odor maps in the olfactory cortex»; Ranganathan y Buck, «Olfactory axon pathfinding»; M. Pines, «The memory of smells», en *Seeing, Hearing, and Smelling the World: A Report from the Howard Hughes Medical Institute*, véase www.hhmi.org/senses/d140.html, recogido el 25 de marzo de 2005.

11. D. M. Small *et al.*, «Differential neural responses evoked by orthonasal versus retronasal odorant perception in humans», *Neuron*, 47, 593-605 (2005).

12. G. M. Shepherd, «Smell images and the favour system in the human brain», *Nature*, 406, 316-321 (2006).

13. D. V. Smith y R. F. Margolskee, «Making sense of taste», *Scientific American*, marzo de 2001, 32-39.

14. Bernd Lindemann, «Receptors and transduction in taste», *Nature*, 413, 219-225 (2001).

15. A. Cruz y B. G. Green, «Termal stimulation of taste», *Nature*, 403, 889-892 (2000).

16. K. Talavera *et al.*, «Heat activation of TRPM5 underlies termal sensitivity of sweet taste», *Nature,* 438, 1022-1025 (2005).
17. Ralph Waldo Emerson, *Essays and English Traits,* vol. 5, cap. 2, «Voyage to England» (Harvard Classics, 1909-1914), www.bartleby.com/5/202.html.
18. Paul Breslin, comunicación personal, octubre de 2006.
19. U.-K. Kim *et al.*, «Genetics of human taste perception», *Journal of Dental Research,* 83: 6, 448-453 (2004); B. Bufe *et al.*, «The molecular basis of individual differences in phenylthiocarbamide and propylthiouracil bitterness perception», *Current Biology,* 15:4, 322-327 (2005); A. Caicedo y S. D. Roper, «Taste receptor cells that discriminate between bitter stimuli», *Science,* 291, 1557-1560 (2001).
20. M. A. Dandell y P. A. S. Breslin, «Variability in a taste receptor gene determines whether we taste toxins in food»; Paul Breslin, comunicación personal, 6 de septiembre de 2006.
21. N. J. Dominy y P. Lucas, «The ecological importance of trichromatic colour vision in primates», *Nature,* 410, 363-366 (2001).
22. L. A. Isbell, «Snakes as agents of evolutionary change in primate brains», *Journal of Human Evolution,* 51, 1-35 (2006).
23. B. C. Verrelli y S. A. Tishkoff, «Signatures of selection and gene conversion associated with human color vision variation», *American Journal of Human Genetics,* 75, 363-375 (2004).
24. K. Jameson *et al.*, «Richer color experience in observers with multiple photopigment opsin genes», *Psychonomic Bulletin and Review,* 8: 2, 244-261 (2001).
25. William James, *Principles of Psychology,* vol. 1 (1890), http://psychclassics.yorku.ca/james/principles/prin9.htm.
26. R. A. A. Campbell y A. J. King, «Auditory neuroscience: a time for coincidence?», *Current Biology,* 14, R886-888 (2004).
27. G. D. Pollak, «Model hearing», *Nature,* 417, 502-503 (2002).
28. La siguiente discusión del sistema auditivo deriva de una comunicación personal con A. James Hudspeth el 31 de enero de 2005; D. K. Chan y A. J. Hudspeth, «Ca^{2+} current-driven nonlinear amplification by the mammalian cochlea in vitro», *Nature Neuroscience,* 8, 149-155 (2005); y C. Kros, «Aid from hair force», *Nature,* 433, 810-811 (2005).
29. David J. M. Kraemer *et al.*, «Sound of silence activates auditory cortex», *Nature,* 434, 158-159 (2005).
30. G. Morrot *et al.*, «The color of odors», *Brain and Language,* 79: 2, 309-320 (2001).
31. J. M. Groh *et al.*, «Eye position influences auditory responses in primate inferior colliculus», *Neuron,* 29, 509-518 (2001).

32. Emiliano Macaluso, «Modulation of human visual cortex by crossmodal spatial attention», *Science,* 289, 1206-1208 (2000).
33. J. A. Gottfried *et al.,* «Remembrance of odors past: human olfactory cortex in crossmodal recognition memory», *Neuron,* 42, 687-695 (2004).

3. Atención

1. T. Norretranders, *The User Illusion* (Nueva York: Viking, 1998), citado en Timothy Wilson, «The adaptive unconscious: Knowing how we feel», conferencia pronunciada en el Medical Center Hour, Escuela de Medicina de la Universidad de Virginia, 21 de enero de 2004.
2. J. Kevin O'Regan, *Research Interests,* noviembre de 2003, en http://nivea.psycho. univ-paris5.fr/TopPage/ResearchInterests.html, recuperado el 5 de julio de 2005; véase también S. Yantis, «To see is to attend», *Science,* 299, 54-55 (2003).
3. S. Clifasefi *et al.,* «The effects of alcohol on inattentional blindness», *Journal of Applied Cognitive Psychology,* DOI: 10, 1002/acp.12222 (2006).
4. F. Crick y C. Koch, «A framework for consciousness», *Nature Neuroscience,* 6, 119-126 (2003).
5. C. Sergent *et al.,* «Timing of the brain events underlying access to consciousness during the attentional blink», *Nature Neuroscience,* 8: 10, 1391-1399 (2005); René Marois, «Two timing attention», *Nature Neuroscience,* 8: 10, 1285-1286 (2005).
6. La información sobre el temporizador de intervalos está tomada de R. B. Ivry y R. M. C. Spencer, «The neural representation of time», *Current Opinion in Neurobiology,* 14, 225-232 (2004); comunicación personal de Richard Ivry, octubre de 2006.
7. Ivry y Spencer, «The neural representation of time», 225; comunicación personal de Richard Ivry, octubre de 2006.
8. Catalin V. Buhusi y Warren H. Meck, «What makes us tick? Functional and neural mechanisms of interval timing», *Nature Reviews Neuroscience,* 6, 755-765 (2005); V. Pouthas y S. Perbal, «Time perception depends on accurate clock mechanisms as well as unimpaired attention and memory processes», *Acta Neurobiologiae Experimentalis,* 64, 367-385 (2004); Uma R. Karmarka y Dean V. Buonomano, «Temporal specificity of perceptual learning in an auditory discrimination task», *Learning and Memory,* 10, 141-147 (2003).

9. H. Woodrow, «Time perception», en S. S. Stevens, ed., *Handbook of Experimental Psychology* (Nueva York: John Wiley, 1951), 1224-1236.

10. N. Marmaras *et al.*, «Factors affecting accuracy of producing time intervals», *Perceptual and Motor Skills*, 80, 1043-1056 (1995).

11. J. Rubinstein *et al.*, «Executive control of cognitive processes in task switching», *Journal of Experimental Psychology: Human Perception and Performance*, 27: 4, 763-797 (2001); véase también M. A. Just *et al.*, «Interdependence of non-overlapping cortical systems in dual cognitive tasks», *NeuroImage*, 14, 417-426 (2001).

12. «Breakthrough research on real-world driver behavior released», publicado en prensa por la NHTSA, 20 de abril de 2006.

13. B. A. Shaywitz *et al.*, «Disruption of posterior brain systems for reading in children with developmental dislexia», *Biological Psychiatry*, 52, 101-110 (2002); P. E. Turkeltaub, «Development of neural mechanisms for reading», *Nature Neuroscience*, 6, 767-773 (2003); P. G. Simos *et al.*, «Dislexia-specific brain activation profile becomes normal following successful remedial training», *Neurology*, 58, 1203-1213 (2002).

14. L. Hasher *et al.*, «It's about time: Circadian rhythms, memory, and aging», en C. Izawa y N. Ohta, eds., *Human Learning and Memory Advances in Theory and Application* (Mahwah, N.J.: Lawrence Erlbaum Associates, 2005), 199-217.

15. Mary Carskadon, «Rhythm of human sleep and wakefulness», publicación presentada en el encuentro anual de la Society for Research on Biological Rhythms, 2002.

16. Russell Foster y Leon Kreitzman, *Rhythms of Life* (Londres: Profile Books, 2004), 11.

17. Carskadon, «Rhythm of human sleep and wakefulness»; M. Carskadon *et al.*, «Adolescent sleep patterns, circadian timing, and sleepiness at a transition to early school days», *Sleep*, 21: 8, 871-881 (1998); M. Carskadon, ed., *Adolescent Sleep Patterns* (Nueva York: Cambridge University Press, 2002).

18. H. P. A. Van Dongen y D. F. Dinges, «Circadian rhythms in fatigue, alertness, and performance», en M. H. Kryger *et al.*, *Principles and Practice of Sleep Medicine*, 3.ª ed. (Filadelfia: W. B. Saunders, 2000), 391-399.

19. Tim Salthouse, comunicación personal, 28 de enero de 2005.

20. T. H. Monk *et al.*, «Circadian rhythms in human performance and mood Under constant conditions», *Journal of Sleep Research*, 6: 1, 9-18 (1997).

21. K. P. Wright *et al.*, «Relationship between alertness, performance, and body temperature in humans», *American Journal of Physiology: Regulatory, Integrative, and Comparative Physiology,* 283, R1370-1377 (2002).
22. Hasher *et al.*, «It's about time»; L. Hasher *et al.*, «Inhibitory control, circadian arousal, and age», en D. Gopher y A. Koriat, eds., *Attention and Performance, XVII: Cognitive Regulation of Performance Interaction of Theory and Application* (Cambridge, Mass.: MIT Press, 1999), 653-675.
23. C. P. May, «Synchrony effects in cognition: the costs and a benefit», *Psychonomic Bulletin and Review,* 6: 1, 142-147 (1999).
24. S. Folkard y T. H. Monk, «Time of day effects in immediate and delayed memory», en M. M. Gruneberg *et al.*, eds., *Practical Aspects of Memory* (Londres: Academic Press, 1988), 142-168.
25. Hasher *et al.*, «It's about time».
26. La siguiente discusión acerca de la vida y obra de Kandel procede de Eric Kandel, «The molecular biology of memory storage: a dialogue between genes and synpases», *Science,* 294, 1030-1038 (2001); Kandel, comunicación personal, 24 de enero, 2005; Eric Kandel, «Toward a biology of memory», presentación hecha en la Universidad de Virginia, 28 de enero de 2005.
27. Lisa C. Lyons *et al.*, «Circadian modulation of complex learning in diurnal and nocturnal Aplysia», *Proceedings of the National Academy of Sciences,* 102, 12589-12594 (2005); véase también R. I. Fernández *et al.*, «Circadian modulation of long-term sensitization in Aplysia», *Proceedings of the Nacional Academy of Sciences,* 100, 14415-14420 (2003).

4. Las doce del mediodía

1. Citado en «History of the Stomach and Intestines», www.stanford.edu/class/history13/earlysciencelab/body/stomachpages/stomachcolonintestines.html.
2. Marianne Regard y Theodor Landis, «Gourmand syndrome: eating passion associated with right anterior lesions», *Neurology,* 48, 1185-1190 (1997).
3. A. Del Parigi *et al.*, «Sex differences in the human brain's response to hunger and satiation», *American Journal of Clinical Nutrition,* 75: 6, 1017-1022 (2002).
4. Michael K. Badman y Jeffrey S. Flier, «The gut and energy balance: Visceral allies in the obesity wars», *Science,* 307, 1901-1914

(2005); véase también Stephen C. Woods, «Gastrointestinal Satiety Signals I: an overview of gastrointestinal signals that influence food intake», *American Journal of Physiology: Gastrointestinal and Liver Physiology,* 286, G7-13 (2004).

5. Lo que sigue procede de una comunicación personal de David Cummings, 14 de agosto de 2006.

6. Roger D. Cone, «Anatomy and regulation of the central melanocortin system», *Nature Neuroscience,* 8: 5, 571-578 (2005).

7. M. Nakazato *et al.,* «A role for ghrelin in the central regulation of feeding», *Nature,* 409, 194-198 (2001); D. E. Cummings *et al.,* «A preprandial rise in plasma ghrelin levels suggests a role in meal initiation in humans», *Diabetes,* 50, 1714-1719 (2001).

8. Y. Date *et al.,* «The role of the gastric afferent vagal nerve in ghrelin-induced feeding and growth hormona secretion in rats», *Gastroenterology,* 123: 4, 1120-1128 (2002).

9. D. E. Cummings *et al.,* «Ghrelin and energy balance: focus on current controversies», *Current Drug Targets,* 6: 2, 153-169 (2005).

10. D. E. Cummings *et al.,* «A preprandial rise in plasma ghrelin levels».

11. Ésta y todas las citas siguientes proceden de una comunicación personal de David Cummings, 14 de agosto de 2006.

12. La información sobre la leptina procede de Heike Munzberg y Martin G. Myers Jr., «Molecular and anatomical determinants of central leptin resistance», *Nature Neuroscience,* 8: 5, 566-570 (2005); Michael K. Badman y Jeffrey S. Flier, «The gut and energy balance».

13. M. Bajzer y R. J. Seeley, «Obesity and gut flora», *Nature,* 444, 1009 (2006).

14. Comunicación personal de Jeffrey Flier, 20 de julio de 2006.

15. J. K. Elmquist y J. S. Flier, «The fat-brain axis enters a new dimension», *Science,* 304, 63-64 (2004); R. B. Simerly *et al.,* «Trophic action of leptin on hypothalamic neurons that regulate feeding», *Science,* 304, 108-110 (2004); Shirly Pinto *et al.,* «Rapid rewiring of arcuate nucleus feeding circuits by leptin», *Science,* 304, 110-115 (2004); comunicación personal de Jeffrey Flier, 20 de julio de 2006.

16. William Carlezon *et al.,* «Antidepressant-like effects of uridine and mega-3 fatty acids are potentiated by combined treatment in rats», *Biological Psychiatry,* 54: 4, 343-350 (2005).

17. Esta explicación y las citas siguientes pertenecen a una comunicación personal de William Carlezon, octubre de 2006.

18. Joseph R. Hibbeln, «Fish consumption and major depresión», *Lancet,* 351, 1213 (1998).

19. «Food ingredients may be as effective as antidepressants», comunicado de prensa, McLean Hospital, Harvard Medical School, 10 de febrero de 2005.

20. S. A. Zmarzty et al., «The influence of food on pain perception in healthy human volunteers», *Physiology and Behaviour*, 62: 1, 185-191 (1997).

21. K. Räikkönen et al., «Sweet babies: Chocolate consumption during pregnancy and infant temperament at six months», *Early Human Development*, 76, 139-145 (2004).

22. La siguiente información sobre dientes es de Meter W. Lucas, *Dental Functional Morphology: How Teeth Work* (Nueva York: Cambridge University Press, 2004), 4.

23. Peter W. Lucas, «The origins of the modern human diet», publicación presentada a la American Association for the Advancement of Science, 19 de febrero de 2005.

24. Entrevista con Dan Lieberman, 26 de febrero de 2005; D. E. Lieberman et al., «Effects of food processing on masticatory strain and craneofacial growth in a retrognathic face», *Journal of Human Evolution*, 46, 655-677 (2004).

25. Stephen R. Bloom et al., «Inhibition of food intake in obese subjects by peptide YY_{3-36}», *New England Journal of Medicine*, 349, 941-948 (2003).

26. Badman y Flier, «The gut and energy balance».

27. Bloom et al., «Inhibition of food intake in obese subjects».

28. R. L. Batterham et al., «Gut hormona PYY_{3-36} physiologically inhibits food intake», *Nature*, 418, 650-654 (2002).

29. J. Overduin et al., «Role of the duodenum and macronutrient type in ghrelin regulation», *Endocrinology*, 146: 2, 845-850 (2005).

5. Después de comer

1. Osip Mandelstam, *The Noise of Time and Other Prose Pieces* (Londres: Quartet Books, 1988), citado en Bruce Chatwin, *The Songlines* (Nueva York: Penguin, 1987), 230.

2. R. McNeill Alexander, «Walking made simple», *Science*, 308, 58-59 (2005).

3. A. K. Gutmann et al., «Constrained optimization in human running», *Journal of Experimental Biology*, 209, 622-632 (2006).

4. A. J. Lipton et al., «S-nitrosothiols signal the ventilatory response to hypoxia», *Nature*, 413, 171-174 (2001).

5. Kevin R. Foster, «Hamiltonian medicine: why the social lives of pathogens matter», *Science*, 308, 1269-1270 (2005); comunicación personal con Kevin Foster.

6. Clifford Dobell, ed., *Antony van Leeuwenhoek and His Little Animals* (Nueva York: Harcourt Brace, 1922), 239-240.

7. Paul B. Eckburg *et al.*, «Diversity of the human intestinal microbial flora», *Science*, 308, 1635-1638 (2005).

8. S. S. Socransky y A. D. Haffajee, «Dental biofilms: difficult therapeutic targets», *Periodontology*, 28, 12-55 (2002).

9. Foster, «Hamiltonian medicine».

10. Mel Rosenberg, «The science of bad breath», *Scientific American*, abril, 2002, 72-79; comunicación personal con Mel Rosenberg, 28 de julio, 2006; «The sweet smell of Mel's success», www.taucac.org/site/News2?JServSessionIdroo6= xwwa961jq1.app5b&abbr=record, recuperado el 29 de julio de 2006.

11. William Beaumont, *Experiments and Observations on the Gastric Juice and the Physiology of Digestion* (Nueva York: Dover Publications, 1959, reimpresión de la edición de 1833).

12. Mark Dunleavy, «Gut feeling», www.newscientist. com/lastword.

13. M. Bouchouca *et al.*, «Day-night patterns of gastroesophageal reflux», *Chronobiology International*, 12, 267-277 (1995).

14. Las citas y explicaciones del siguiente texto son de Michael Gershon, *The Second Brain* (Nueva York: HarperCollins, 1998); M. Gershon, «The enteric nervous system: a second brain», en *Hospital Practice*, www.hosppract.com/issues/1999/07/gershon.htm.

15. La siguiente discusión sobre microbios intestinales procede de: F. Bäckhed *et al.*, «Host-bacterial mutualism in the human intestine», *Science*, 307, 1915-1919 (2005); L. V. Hooper y J. I. Gordon, «Commensal host-bacterial relationships in the gut», *Science*, 292, 1115-1118 (2001); D. R. Relman, «The human body as microbial observatory», *Nature Genetics*, 30, 131-133 (2002); J.-P. Kraehenbuhl y M. Corbett, «Keeping the gut microflora at bay», *Science*, 303, 1624-1625 (2004); Edward Ruby *et al.*, «We get by with a little help from our (little) friends», *Science*, 303, 1305-1307 (2004); L. V. Hooper *et al.*, «Molecular analysis of commensal host-microbial relationships in the intestine», *Science*, 291, 881-884 (2001); y de una comunicación personal con Jeffrey Gordon, 20 de febrero de 2005.

16. La siguiente descripción de la flora microbiana es de P. B. Eckburg *et al.*, «Diversity of the human intestinal microbial flora», *Science*, 308, 1635-1638 (2005).

17. Ruslan Medzhitov, «Recognition of commensal microflora by toll-like receptors is required for intestinal homeostasis», *Cell*, 118: 6, 671-674 (2004); «Good bacteria trigger proteins to project the gut», www.hhmi. org/news/medzhitov.html.

18. B. S. Samuel y J. L. Gordon, «A humanizad gnotobiotic mouse model of host-archaeal-bacterial mutualism», *Proceedings of the National Academy of Sciences*, 103: 26, 10011-10016 (2006); F. Bäckhed et al., «The gut microbiota as an environmental factor that regulates fat storage», *Proceedings of the National Academy of Sciences*, 101: 44, 15718-15723 (2004).

19. R. E. Ley et al., «Human gut microbes associated with obesity», *Nature*, 444, 1022-1023 (2006); P. J. Turnbaugh et al., «An obesity-associated gut microbiome with increased capacity for energy harvest», *Nature* 444, 1027-1031 (2006).

20. R. H. Goo et al., «Circadian variation in gastric emptying of meals in man», *Gastroenterology*, 93, 513-518 (1987).

21. Franz Halberg et al., «Chronomics: circadian and circaseptan timing of radiotherapy, drugs, calories, perhaps nutriceuticals and beyond», *Journal of Experimental Therapeutics and Oncology*, 3: 5, 223 (2003).

22. Karl-Arne Stokkan et al., «Entrainment of the circadian clock in the liver by feeding», *Science*, 291, 490-493 (2001).

23. Ueli Schibler et al., «Peripheral circadian oscillators in mammals: time and food», *Journal of Biological Rhythms*, 18: 3, 250-260 (2003); J. Rutter et al., «Regulation of clock and NPAS2 DNA binding by the redox state of NAD cofactors», *Science*, 293, 510-514 (2001).

24. C. S. J. Probert et al., «Some determinants of whole-gut transit time: a population-based study», *Quarterly Journal of Medicine*, 88, 311-315 (1995).

25. R. Bowen, «Gastrointestinal transit: how long does it take?», www.vivo.colostate.edu/hbooks/pathphys/digestion/basics/transit.html, recuperado el 29 de septiembre, 2006; comunicación personal de Richard Bowen, octubre de 2006.

26. Ralph A. Lewin, *Merde: Excursions in Scientific, Cultural, and Socio-Historical Coprology* (Nueva York: Random House, 1999); Bäckhed, «Host- bacterial mutualism in the human intestine», 1917.

27. Till Rathmell, «No Bull», www.newscientist.com.

28. K. G. Friedeck, «Soy protein fortification of a low-fat dairy-based ice cream», *Journal of Food Science*, 68, 2651 (2003).

29. Michael D. Levitt et al., «Evaluation of an extremely flatulent patient», *American Journal of Gastroenterology*, 93: 11, 2276-2281 (1998).

30. La siguiente discusión sobre metabolismo procede de Eric Ravussin, «A NEAT way to control weight?», *Science*, 307, 530-531 (2005); comunicación personal de Eric Ravussin, 8 de agosto de 2006.
31. Jean Mayer, *Human Nutrition* (Springfield, Ill.: Charles C. Thomas, 1979), 21-24.
32. Eric S. Bachman, «βAR signaling required for diet-induced thermogenesis and obesity resistance», *Science*, 297, 843-845 (2002).
33. Bradford B. Lowell y Bruce M. Spiegelman, «Towards a molecular understanding of adaptive thermogenesis», *Nature*, 404, 652-660 (2000).
34. J. A. Levine *et al.*, «Role of nonexercise activity thermogenesis in resistance to fat gain in humans», *Science*, 283, 212-214 (1999); James Levine y Michael Jensen, respuesta a «A fidgeter's calculation», *Science*, 284, 1123 (2000).
35. J. A. Levine *et al.*, «Interindividual variation in posture allocation: possible role in human obesity», *Science*, 307, 584-586 (2005).

6. La somnolencia

1. Norton Juster, *The Phantom Tollbooth* (Nueva York: Random House/Bullseye Books, 1988), 24.
2. Octavo encuentro anual de la Society for Research on Biological Rhythms, Amelia Island, Florida, 2002 (de ahora en adelante, encuentro SRBR, 2002).
3. Mary Carskadon, «Guidelines for the Multiple Sleep Latency Test (MSLT): a Standard measure of sleepiness», *Sleep*, 9, 519-524 (1986); Mary Carskadon y William Dement, «Daytime sleepiness: quantification of a behavioral state», *Neuroscience Biobehavioral Review*, 11, 307-317 (1987).
4. E. Hoddes *et al.*, «Qualification of sleepiness: a new approach», *Psychophysiology*, 10, 431-436 (1973).
5. A. Argiolas y M. R. Melis, «The neuropharmacology of yawning», *European Journal of Pharmacology*, 343: 1, 1-16 (1998).
6. R. Provine, «Yawning: no effect of 3-5 % CO_2, 100 % O_2, and exercise», *Behavioral Neural Biology*, 48: 3, 382-393 (1987).
7. *Dr. Seuss's Sleep Book* (Nueva York: Random House, 1962).
8. S. M. Platek *et al.*, «Contagious yawning: the role of self-awareness and mental state attribution», *Cognitive Brain Research*, 17, 223-227 (2003).
9. S. Platek *et al.*, «Contagious yawning and the brain», *Cogniti-*

ve Brain Research, 23, 448-452 (2005); comunicación personal de Platek, 7 de septiembre de 2006.

10. N. E. Rosenthal, *Winter Blues: Seasonal Affective Disorder* (Nueva York: Guilford Press, 1998), 287 f.

11. S. Schacter *et al.*, «Vagus nerve stimulation», *Epilepsia* 39, 677-686 (1998); A. Yamanaka *et al.*, «Hypothalamic orexin neurons regulate arousal according to energy balance in mice», *Neuron*, 38, 701-713 (2003).

12. T. Kukorelli y G. Juhasz, «Sleep induced by intestinal stimulation in cats», *Physiology and Behavior*, 19, 355-358 (1997).

13. A. Wells *et al.*, «Influence of fat and carbohydrate on postprandial sleepiness mood, and hormones», *Physiology and Behavior*, 61: 5, 679-686 (1997).

14. Gary Zammit *et al.*, «Postprandial sleep in healthy men», *Sleep*, 18: 4, 229-231 (1995).

15. M. A. Carskadon y C. Acebo, «Regulation of sleepiness in adolescents: update, insights, and speculation», *Sleep*, 25: 6, 606-614 (2002); M. Carskadon, «The rhythm of human sleep and wakefulness», presentado en el encuentro SRBR, 2002; W. Dement y C. Vaughan, *The Promise of Sleep* (Nueva York: Dell, 2000), 79-84.

16. Peretz Lavie, *The Enchanted World of Sleep* (Nueva Haven: Yale University Press, 1996), 51; comunicación personal de Lavie, 14 de febrero de 2005.

17. D. M. Edgar *et al.*, «Effect of SCN lesions on sleep in squirrel monkeys: evidence for opponent processes in sleep-wake regulation», *Journal of Neuroscience*, 13, 1065-1079 (1993); Dement y Vaughan, *The promise of Sleep*, 78-81; comunicación personal de Dement, 5 de marzo de 2005.

18. M. Carskadon, «The rhythm of human sleep and wakefulness».

19. M. M. Mitler *et al.*, «Catastrophes, sleep, and public policy: consensus report», *Sleep*, 11, 100-109 (1988).

20. Jim Horne y Louise Reyner, «Vehicle accidents related to sleep: a review», *Occupational and Environmental Medicine*, 56, 289-294 (1999).

21. Wilse B. Webb y David F. Dinges, «Cultural perspectives on napping and the siesta», en David Dinges, ed., *Sleep and Alertness* (Nueva York: Raven Press, 1989), 247-265.

22. Churchill citado en www. powerofsleep.org/sleepfacts.html y www.mysleepcenter.com/sleepquotations.html.

23. Claudio Stampi, *Why We Nap* (Boston: Birkhauser, 1992).

24. Dement, *The Promise of Sleep*, 371-377.

25. Dement y Vaughan, *The Promise of Sleep*, 374; véase también, M. R. Rosekind *et al.*, «Crew factors in flight operations IX: effects of planned cockpit rest on crew performance and alertness in long-haul operations», NASA Technical Memorandum 108839 (Moffett Field, Calif.; NASA Ames Research Center, 1994).

26. F. Turek, «Future directions in circadian and sleep research», presentado en el encuentro SRBR, 2002.

27. M. Takahashi *et al.*, «Maintenance of alertness and performance by a brief nap alter lunch under prior sleep deficit», *Sleep*, 23: 6, 813-819 (2000); S. M. W. Rajaratnam y J. Arendt, «Health in a 24-h society», *Lancet*, 358, 999-1005 (2001).

28. J. A. Horne y L. A. Reyner, «Counteracting driver sleepiness: effects of napping, caffeine, and placebo», *Psychophysiology*, 33: 3, 306-309 (1996).

29. M. Takahashi *et al.*, «Post-lunch nap as a worksite intervention to promote alertness on the job», *Ergonomics* 47: 9, 1003-1013 (2004).

30. S. C. Mednick *et al.*, «The restorative effect of naps on perceptual deterioration», *Nature Neuroscience*, 5, 677-681 (2002); P. Maquet, «Be caught napping: you're doing more than resting your eyes», *Nature Neuroscience*, 5, 618-619 (2002).

31. S. Mednick *et al.*, «Sleep-dependent learning: a nap is as good as a night», *Nature Neuroscience*, 6, 697-698 (2003).

32. A Naska *et al.*, «Siesta in healthy adults and coronary mortality in the general population», *Archives of Internal Medicine*, 167, 296-301 (2007). Comunicación personal con Sara Mednick, 3 de octubre de 2006; Dement y Vaughan, *The Promise of Sleep*, 371.

33. A. Brooks y L. Lack, «A brief afternoon nap following nocturnal sleep restriction which: nap duration is most recuperative?», *Sleep*, 29: 6, 831-840 (2006).

34. Sara Mednick, comunicación personal, octubre de 2006.

35. M. Carskadon, «Ontogeny of human sleepiness as measured by sleep latency», en D. F. Dinges y R. J. Broughton, eds., *Sleep and Alertness: Chronobiological, Behavioral, and Medical Aspects of Napping* (Nueva York: Raven Press, 1989), 53-69.

7. Agotado

1. William James, *The principles of Psychology*, vol. 2, 1890, 415-416; http://psychclassics.yorku.ca/james/principles/prin25.htm.

2. La siguiente descripción del miedo y del cerebro procede de «Neurosystems underlying fear», trabajo entregado en el simposio «Stress and the Brain», Nacional Institutes of Health, Washington, D. C., 12 de marzo, 2003; E. K. Lanuza *et al.*, «Unconditioned stimulus pathways to the amygdala: effects of posterior thalamic and cortical lesions on fear conditioning», *Neuroscience,* 125, 305-315 (2004); J. LeDoux, «The emocional brain, fear, and the amygdala», *Cellular and Molecular Neurobiology,* 23: 4-5, 727-738 (2003); y comunicación personal con Joseph LeDoux, 16 de enero de 2005.

3. La siguiente descripción de la respuesta luchar o huir es de Bruce McEwen, *The End of Stress* (Washington, D. C.: Dana Press, 2002).

4. La descripción y las citas que siguen proceden de McEwen, *The End of Stress,* y una comunicación personal con Bruce McEwen, 17 de enero de 2005.

5. H. Selye, «A syndrome produced by diverse nocuous agents», *Nature,* 138, 32 (1936).

6. Robert Sapolsky, «Sick of poverty», *Scientific American,* diciembre de 2005, 96.

7. E. S. Epel *et al.*, «Stress and body shape: Stress-induced cortisol secretion is consistently greater among women with central fat», *Psychosomatic Medicine,* 62: 5, 623-632 (2000).

8. Mary F. Dallman, «Chronic stress and obesity: a new view of comfort food», *Proceedings of the National Academy of Sciences,* 100: 20, 11696-11701 (2003); Norman Pecoraro *et al.*, «Chronic stress promotes palatable feeding, which reduces signs of stress: feedforward and feedback effects of chronic stress», *Endocrinology,* 145, 3754 (2004); Mary Dallman, «Glucocorticoids: food intake, abdominal obesity and wealthy nations in 2004», *Endocrinology,* 145, 2633 (2004).

9. K. Kamara *et al.*, «High-fat diets and stress responsivity», *Physiology and Behavior,* 64, 1-6 (1998).

10. D. A. Padgett y R. Glaser, «How stress influences the immune response», *Trends in Immunology,* 24: 8, 444-448 (2003).

11. S. Cohen *et al.*, «Psychological stress and susceptibility to the common cold», *New England Journal of Medicine,* 325, 606-612 (1991).

12. Cuando Ronald Glaser y Janice Kiecolt-Glaser y su equipo de investigadores en la Ohio State University estudiaron el efecto del estrés sobre la habilidad del cuerpo para responder al estímulo de una vacuna, descubrieron que los anticuerpos de los estudiantes estresados médicamente producían una débil respuesta a la vacuna de la hepatitis B

comparada con la de los individuos de control, y que cuidadores de enfermos de Alzheimer mostraron una respuesta amortiguada a la vacuna del virus de la gripe. J. K. Kiecolt-Glaser *et al.*, «Stress-induced modulation of the immune response to recombinant hepatitis B vaccine», *Psychosomatic Medicine*, 54, 22-29, 1992); «Chronic stress alters the immune response to influenza virus vaccine in older adults», *Proceedings of the National Academy of Sciences*, 93, 3043-3047 (1996).

13. J. K. Kiecolt-Glaser *et al.*, «Slowing of wound healing by psychological stress», *Lancet*, 346, 1194-1196 (1995). El equipo de Glaser también encontró que leves heridas infligidas tres días antes de un importante examen en el paladar duro de estudiantes de odontología cicatrizaban a un ritmo medio de un 40 % más despacio que las heridas en los mismos individuos durante las vacaciones de verano. P. T. Marucha *et al.*, «Mucosal wound healing is impaired by examination stress», *Psychomatic Medicine*, 60, 362-365 (1998).

14. R. Glaser *et al.*, «Stress-related changes in proinflammatory cytokine production in wounds», *Archives of General Psychiatry*, 56, 450-456 (1999).

15. Ajai Vyas *et al.*, «Chronic stress induces contrasting patterns of dendritic remodeling in hippocampal and amygdaloid neurons», *Journal of Neuroscience*, 22: 15, 6810-6818 (2002); comunicación personal con Bruce McEwen, 17 de enero de 2005.

16. R. Pawlak, «Tissue plaminogen activator in the amygdala is critical for stress-induced anxiety-like behavior», *Nature Neuroscience*, 6: 2, 168-174 (2003).

17. E. S. Epel, «Accelerated telomere shortening in response to life stress», *Proceedings of the National Academy of Sciences*, DOI: 10.1073/pnas.0407162101 (2004).

18. A. Caspi *et al.*, «Influence of life stress on depresion: moderation in the 5-HTT gene», *Science* 301, 386-389 (2003); Stephan Hamann, « Blue genes: wiring the brain for depression», *Nature Neuroscience*, 8: 6, 701 (2005).

19. Peter Kramer, «Tapping the mood gene», *New York Times*, 26 de julio de 2003, A13.

20. Esther Sternberg, comunicación personal, 17 de enero, 2005.

21. R. Davidson *et al.*, «Alterations in brain and immune function produced by mindfulness meditation», *Psychosomatic Medicine*, 65, 564-570 (2003).

22. J. Kabat-Zinn, «Minsfulness-based stress reduction: past, present and future», *Clinical Psychology Science and Practice*, 10, 144-156 (2003); J. Kabat-Zinn, «Influence of a minsfulness-based stress re-

duction intervention on rates of skin clearing in patients with moderate to severe psoriasis undergoing phototherapy (UVB) and photochemotherapy (PUVA)», *Psychosomatic Medicine*, 60, 625-632 (1998).
23. C. L. Krumhansl, «An exploratory study of musical emotions and psychophysiology», *Canadian Journal of Experimental Psychology*, 51: 4, 336-353 (1997).
24. A. J. Blood y R. J. Zatorre, «Intensely pleasurable responses to music correlate with activity in brain regions implicated in reward and emotion», *Proceedings of the National Academy of Sciences*, 98: 20, 11818-11823 (2001).
25. J. A. Etzel et al., «Cardiovascular and respiratory responses during musical mood induction», *International Journal of Psychophysiology*, 61, 57-59 (2006).
26. A. North y L. MacKenzie, «Milk yields affected by music tempo», *New Indian Express*, 4 de julio de 2001.
27. Dean Mobbs et al., «Humor modulates the mesolimbic reward centres», *Neuron*, 40, 1041-1048 (2003).
28. Jaak Panksepp, «Beyond a joke: from animal laughter to human joy», *Science*, 308, 62-63 (2005).
29. E. B. White, *A Subtreasury of American Humor* (Nueva York: Coward-McCann, 1941), xvii.
30. Bruce McEwen, comunicación personal, 17 de enero de 2005.

8. En marcha

1. R. K. Dishman, «Neurobiology of exercise», *Obesity*, 14: 3, 345-356 (2006); D. M. Landers, «The influence of exercise on mental health», *President's Council on Physical Fitness and Sports Research Digest*, 2: 12 (1997), www.fitness.gov/mentalhealth.htm; B. S. Hale et al., «State anxiety responses to 60 minutes of cross training», *British Journal of Sports Medicine*, 36, 105-107 (2002).
2. D. Wasley y A. Taylor, «The effect of physical activity and fitness on psycho-physiological responses to a musical performance and laboratory stressor», en K. Stevens et al., eds., *Proceedings of the 7th International Conference on Music Perception and Cognition* (Sydney, Australia: Casual Productions, 2002), 93-96.
3. M. T. Ruffin et al., «Exercise and secondary amenorrhoea linked through endogenous opioids», *Sports Medicine*, 10: 2, 65-71 (1994).
4. M. Daniel et al., «Opiate receptor blockade by naltrexone and

mood state alter acute physical activity», *British Journal of Sports Medicine*, 26: 2, 111-115 (1992).

5. G. A. Sforzo, «Opioids and exercise. An update», *Sports Medicine*, 7: 2, 109-124 (1989); John Ratey, *A User's Guide to the Brain* (Nueva York: Vintage, 2001), 360.

6. Ratey, *A User's Guide to the Brain*, 360. Pretty *et al.*, «The mental and physical outcomes of green exercise», *International Journal of Environmental Health Research*, 15: 5, 319-337 (2005); J. Baatile *et al.*, «Effect of exercise on perceived quality of life of individuals with Parkinson's disease», *Journal of Rehabilitation Research and Development*, 37: 5, 529-534 (2000); A. A. Bove, «Increased conjugated dopamine in plasma after exercise training», *Journal of Laboratory and Clinical Medicine*, 104: 1, 77-85 (1984).

7. John Ratey, *A User's Guide to the Brain* (Nueva York: Vintage, 2001), 360.

8. M. Bibyak, « Exercise treatment for major depression: maintenance of therapeutic benefit at 10 months», *Psychosomatic Medicine*, 62, 633-638 (2000).

9. Andrea L. Dunn *et al.*, «Exercise treatment for depression: efficacy and dose response», *American Journal of Preventive Medicine*, 8: 1, 1-8 (2005).

9. D. I. Galper *et al.*, «Inverse association between physical inactivity and mental health in men and women», *Medicine and Science in Sports and Exercise*, 38: 1, 173-178 (2006).

10. James Blumenthal, comunicación personal, 7 de agosto de 2006.

11. La siguiente descripción de los ritmos en el ejercicio procede de «Circadian rhythms in sports performance», en T. Reilly *et al.*, *Biological Rhythms and Exercise* (Nueva York: Oxford University Press, 1997); comunicación personal de Thomas Reilly, Septiembre 2006; C. M. Winget *et al.*, «Circadian rhythms and athletic performance», *Medicine and Science in Sports and Exercise*, 17, 498-516 (1985).

12. Boris I. Medarov, estudio presentado a la 70.ª asamblea científica internacional anual del American College of Chest Physicians, 23-28 de octubre de 2004, en Seattle.

13. Michael Smolensky y Lynne Lamberg, *The Body Clock Guide to Better Health* (Nueva York: Holt, 2000), 223-226.

14. A. N. Meltzoff, «Elements of a developmental theory of imitation», en A. N. Meltzoff y W. Prinz, eds., *The Imitative Mind: Development, Evolution, and Brain Bases* (Cambridge: Cambridge University Press, 2002), 19-41.

15. M. Iacoboni, «Understanding others: imitation, language,

empathy», en S. Hurley y N. Chater, eds., *Perspectives on Imitation: From Cognitive Neuroscience to Social Science* (Cambridge, Mass.: MIT Press, en prensa), www.cbd.ucla.edu/bios/royaumont.pdf.
16. www.cdc.gov/nccdphp/dnpa/physical/recommendations/index.htm.
17. S. M. Gunn *et al.*, «Determining energy expenditure during some household and garden tasks», *Medicine and Science in Sports and Exercise,* 34: 5, 895-902 (2002).
18. K. C. The y A. R. Aziz, «Heart rate, oxygen uptake, and energy cost of ascending and descending the stairs», *Medicine and Science in Sports and Exercise* 34: 4, 695-699 (2002). Para maximizar los beneficios, los científicos recomendaron a las personas subir y bajar los 22 tramos siete veces en cada sesión, para un período de actividad total de veintiséis minutos, cuatro veces por semana.
19. Centers for Disease Control, Morbidity and Mortality Weekly Report, 1 de diciembre de 2005.
20. Comunicación personal con Richard Wrangham y Dan Lieberman, Harvard University, 26 de febrero de 2005.
21. Miriam Nelson, comunicación personal, 30 de octubre de 2006.
22. Henning Wackerhage, comunicación personal, octubre de 2006.
23. G. Biolo *et al.*, «Increased rates of muscle protein turnover and amino acid transport alter resistance exercise in humans», *American Journal of Physiology, Endocrinology, and Metabolism,* 268, E514-20 (2005).
24. V. K. Ranganathan *et al.*, «From mental power to muscle power-gaining strength by using the mind», *Neuropsychologia,* 42, 944-956 (2004).
25. J. E. Layne y M. Nelson, «The effects of progressive resistance training on bone density. A review», *Medicine and Science in Sports and Exercise,* 31: 1, 25-30 (1999).
26. P. M. Clarkson *et al.*, «Variability in muscle size and strength gain alter unilateral resistance training», *Medicine and Science in Sports and Exercise,* 37: 6, 964-972 (2005).
27. H. Wackerhage, «Recovering from eccentric exercise: get weak to become strong», *Journal of Physiology,* 553, 681 (2003).
28. R. Harbert y M. Gabriel, «Effects of stretching before and after exercising on muscle soreness and risk of injury: systematic review», *British Medical Journal,* 325, 468 (2002).
29. Henning Wackerhage, comunicación personal, octubre de 2006.
30. J. Fridén y R. L. Lieber, «Eccentric exercise-induced injuries to contractile and cytoskeletal muscle fibre components», *Acta Physiologica Scandinavica,* 171, 321-326 (2001).

31. P. M. Clarkson, «Molecular responses of human muscle to eccentric exercise», *Journal of Applied Physiology*, 95, 2485-2494 (2003); P. M. Clarkson e I. Tremblay, «Exercise-induced muscle damage, repair, and adaptation in humans», *Journal of Applied Physiology*, 65: 1, 1-6 (1988).

32. D. M. Bramble y D. E. Lieberman, «Endurance running and the evolution of Homo», *Nature*, 432, 345-352 (2004); comunicación personal con Dan Lieberman, enero de 2005.

33. P. Weyand *et al.*, «Master top running speeds are achieved with greater ground forces, not more rapad leg movements», *Journal of Applied Physiology*, 89, 1991-2000 (2000).

34. Philip J. Kilner *et al.*, «Asymmetric redirection of flow through the heart», *Nature*, 404, 759-761 (2000).

35. J. Y. Ji *et al.*, «Shear stress causes nuclear localization of endotelial glucocorticoid receptor and expression from the GRE promoter», *Circulation Research*, 92, 279 (2003).

36. R. Rauramaa, «Results of DNASCO (DNA polymorphism and carotid atherosclerosis) study, a six-year study on the effects of low-intensity exercise and genetic factors on atherosclerosis» (abstract 3855), presentado a la American Heart Association's Scientific Sessions Conference, 2001.

37. M. Miller *et al.*, «Impact of cinematic viewing on endothelial function», *Heart*, 92, 261-262 (2006); comunicación personal con Michael Millar, septiembre de 2006.

38. T. D. Noakes y A. St. Clair Gibson, «Logical limitations to the "catastrophe" models of fatigue during exercise in humans», *British Journal of Sports Medicine*, 38, 648-649 (2004); comunicación personal con Timothy Noakes, agosto de 2006.

39. A. St. Clair Gibson y T. D. Noakes, «Evidence for complex system integration and dynamic neural regulation of skeletal muscle recruitment during exercise in humans», *British Journal of Sports Medicine*, 38, 797-806 (2004); Noakes y St. Clair Gibson, «Logical limitations to the "catastrophe" models of fatigue».

40. D. A. Baden *et al.*, «Effect of anticipation during unknown or unexpected exercise duration on rating of perceived exertion, affect, and physiological function», *British Journal of Sports Medicine*, 39, 742-746 (2005); A. St. Clair Gibson *et al.*, «The role of information processing between the brain and peripheral physiological system in pacing and perception of effort», *Sports Medicine*, 36: 8, 705-722 (2006).

41. P. J. Robson-Ansley *et al.*, «Acute interleukin-6 administration impairs athletic performance in healthy, trained male runners»,

Canadian Journal of Applied Physiology, 29: 4, 21-24 (2004). Véase también B. K. Pedersen y M. Febbraio, «Muscle-derived interleukin-6: a posible link between skeletal muscle, adipose tissue, liver, and brain», *Brain, Behavior, and Immunity*, 19, 371-376 (2005).

42. C. Ulrico *et al.*, «Moderate-intensity exercise reduces the incidente of colds in postmenopausal women», *American Journal of Medicine*, 119, 937-942 (2006).

43. Koji Okamura *et al.*, presentación hecha en el encuentro de 2004 de Biología Experimental, 17-21 de abril, 2004, Washington, D.C.

44. E. Borsheim y R Bahr, «Effect of exercise intensity, duration and mode on post-exercise oxygen consumption», *Sports Medicine*, 33: 14, 1037-1060 (2003).

45. D. Bassett *et al.*, «Physical activity in an Old Order Amish community», *Medicine and Science in Sports and Exercise*, 36: 1, 79-85 (2004).

46. J. O. Hill *et al.*, «Obesity and the environment: where do we go from here?», *Science*, 299, 853-855 (2003).

47. H. van Praag, «Running enhances neurogenesis, learning, and long-term potentiation in mice», *Proceedings of the National Academy of Sciences*, 96, 13427-13431 (1999).

48. Entrevista a Carl Cotman en *The Health Report*, ABC Radio Nacional, lunes, 24 de marzo de 1997.

49. Comunicación personal con Art Kramer, 16 de enero de 2005.

50. Naftali Raz *et al.*, «Regional brain changes in aging healthy adults: general trends, individual differences, and modifiers», *Cerebral Cortex*, 15: 11, 1676-1689 (2005); comunicación personal con Raz, 3 de febrero de 2005.

51. Tim Salthouse, comunicación personal, 28 de enero de 2005.

52. D. Laurin *et al.*, «Physical activity and risk of cognitive impairment and dementia in elderly persons», *Archives of Neurology*, 58, 498-504 (2001).

53. J. Weuve *et al.*, «Physical activity, including walking, and cognitive function in older women», *Journal of the American Medical Association*, 292: 12, 1454-1461 (2004).

54. Art Kramer, comunicación personal, 16 de enero, 2005; S. Colcombe y A. F. Kramer, «Fitness, effects on the cognitive function of older adults: a meta-analytic study», *Psychological Science*, 14, 125-130 (2003); J. D. Churchill *et al.*, «Exercise, experience, and the aging brain», *Neurobiology of Aging*, 23, 941-955 (2002); A. F. Kramer *et al.*, «Aging, fitness and neurocognitive function», *Nature*, 400, 418-419 (1999).

9. De fiesta

1. *Julio César*, acto 4, escena 3.
2. J. Wasielewski y F. Holloway, «Alcohol's interactions with circadian rhythms», *Alcohol Research and Health*, 25: 2, 94-100 (2001).
3. N. W. Lawrence *et al.*, «Circadian variation in effects of ethanol in man», *Pharmacology, Biochemistry, and Behavior*, 18 (sup. 1), 555-558 (1983); véase también J. Brick *et al.*, «Circadian variations in behavioral and biological sensitivity to ethanol», *Alcoholism: Clinical and Experimental Research*, 8, 204-211 (1984).
4. T. Reilly *et al.*, *Biological Rhythms and Exercise* (Nueva York: Oxford University Press, 1997), 40-41.
5. L. D. Chait, «Acute and residual effects of alcohol and marijuana, alone and in combination, on mood and performance», *Psychopharmacology*, 115, 340-349 (1994).
6. William James, *The Principles of Psychology*, vol. 1, 639 (1890), http://psychclassics.yorku.ca/james/principles/prin15.htm.
7. M. A. Sayette, «Does drinking reduce stress?», *Alcohol Research and Health*, 23: 4, 250-255 (1999); M. A. Sayette, «An appraisal-disruption model of alcohol's effects on stress responses in social drinkers», *Psychological Bulletin*, 114, 459-476 (1993); Michael Sayette, comunicación personal, agosto de 2006.
8. P. N. Friel *et al.*, «Variability of ethanol absorption and breath concentrations during a large-scale alcohol administration study», *Alcoholism: Clinical and Experimental Research*, 19: 4, 1055 (1995).
9. «Alcohol and transportation safety», Alcohol Alert 52, Nacional Institute on Alcohol Abuse and Alcoholism, abril de 2001.
10. M. Mumenthaler *et al.*, «Gender differences in moderate drinking effects», *Alcohol Research and Health*, 23: 1, 55-64 (1999).
11. Mumenthaler *et al.*, «Gender differences in moderate drinking effects», 57.
12. T. Roehrs *et al.*, «Sleep extension, enhanced alertness and the sedating effects of ethanol», *Pharmacology, Biochemistry, and Behavior* 34, 321-324 (1989).
13. James, *The Principles of Psychology*, vol. 1, 251.
14. Daniel Schacter, *The Seven Sins of Memory* (Boston: Houghton Mifflin, 2001), 63; A. Maril *et al.*, «On the tip of the tongue: an event-related fMRI study of semantic retrieval failure and cognitive conflict», *Neuron*, 31, 653-660 (2001).
15. «On the tip of my tongue», *New Scientist*, 7, 17 (2002).
16. P. Sinha, «Recognizing complex patterns», *Nature Neuroscience Supplement*, 5, 1093-1097 (2002).

17. Milan Kundera, *Immortality* (Nueva York: Perennial, 1999).
18. B. C. Duchaine y K. Nakayama, «Developmental prosopagnosia: a window to content-specific face processing», *Current Opinion in Neurobiology*, 16, 166-173 (2006); Brad Duchaine, comunicación personal, agosto de 2006.
19. D. Y. Tsao *et al.*, «A cortical region consisting entirely of face-selective cells», *Science*, 311, 670-674 (2006); G. Loffler, «fMRI evidence for the neural representation of faces», *Nature Neuroscience*, 8: 10, 1386-1390 (2005).
20. D. Y. Tsao, «A dedicated system for processing faces», *Science*, 314, 72-73 (2006).
21. R. Quian Quiroga *et al.*, «Invariant visual representation by single neurons in the human brain», *Nature*, 435, 1102-1107 (2005).
22. C. E. Connor, «Friends and grandmothers», *Nature*, 435, 1036-1037 (2005).
23. Christof Koch, comunicación personal, septiembre de 2006.
24. Tsao, «A dedicated system for processing faces», 72-73.
25. Howard Rheingold, *They Have a World for It* (Louisville, Ky.: Sarabande Books, 2000), 80.
26. H. Kobayashi y S. Kohshima, «Unique morphology of the human eye and its adaptive meaning: comparative studies on external morphology of the primate eye», *Journal of Human Evolution*, 40, 419-435 (2001).
27. K. Kampe *et al.*, «Reward value of attractiveness and gaze», *Nature*, 413, 589 (2001).
28. L. Mealey *et al.*, «Symmetry and perceived facial attractiveness», *Journal of Personality and Social Psychology*, 76, 151-158 (1999).
29. D. Perret *et al.*, «Effects of sexual dimorphism on facial attractiveness», *Nature* 394, 884-887 (1998).
30. S. C. Roberts *et al.*, «Female facial attractiveness increases during the fertile phase of the menstrual cycle», *Proceedings of the Royal Society of London B* (Sup.), DOI: 10.1098/rsbl. 2004.0174 (2004); I. S. Penton-Voak *et al.*, «Menstrual cycle alters face preference», *Nature*, 399, 741-742 (1999); Craig Roberts, comunicación personal, 21 de enero de 2005.
31. Comunicación personal, Mel Rosenberg, septiembre de 2006.
32. F. Thorne *et al.*, «Effects of putative male pheromones on female ratings of male attractiveness: influence of oral contraceptives and the menstrual cycle», *Neuroendocrinology Letters*, 23: 4, 291-297 (2002).
33. R. W. Friedrich, «Odorant receptors make scents», *Nature*, 430, 511-512 (2004).

34. P. Dalton et al., «Gender-specific induction of enhanced sensitivity to odors», *Nature Neuroscience*, 5, 199-200 (2002).
35. D. M. Stoddart, *The Scented Ape* (Nueva York: Cambridge University Press, 1991); comunicación personal, D. M. Stoddart, 3 de marzo de 2005.
36. Charles Wysocki y George Preti, «Facts, fallacies, fears, and frustrations with human pheromones», *Anatomical Record*, 281A, 1201-1211 (2004); comunicación personal con Charles Wysocki, septiembre de 2006.
37. Stoddart, *The Scented Ape*, 63.
38. Mel Rosenberg, comunicación personal, 29 de julio de 2006.
39. P. Karlson y M. Luscher, «Pheromones: a new term for a class of biologically active substances», *Nature*, 183, 55-56 (1959).
40. H. Kimono, «Sex-specific peptides from exocrine glands stimulate mouse vomeronasal sensory neurons», *Nature*, 437, 898-901 (2005).
41. M. K. McClintock et al., «Menstrual synchrony and suppresion», *Nature*, 229, 244-245 (1971).
42. M. McClintock et al., «Regulation of ovulation by human pheromones», *Nature*, 392, 177-179 (1998).
43. S. Jacob et al., «Effects of breast-feeding chemosignals on the human menstrual cycle», *Human Reproduction*, 19: 2, 422-429 (2004); N. A. Spencer, «Social chemosignals from breastfeeding women increase sexual motivation», *Hormones and Behavior*, 46, 362-370 (2004).
44. G. Preti et al., «Male axillary extracts contain pheromones that affect pulsatile secretion of luteinizing hormona and mood in women recipients», *Biology of Reproduction*, 68, 2107-2113 (2003).
45. D. Singh y P. M. Bronstad, «Female body odour is a potential cue to ovulation», *Proceedings of the Royal Society of London B*, 268, 797-801 (2001).
46. M. Luo et al., «Encoding pheromonal signals in the accessory olfactory bulb of behaving mice», *Science*, 299, 1196-1201 (2003).
47. S. D. Liberles y L. B. Buck, «A second class of chemosensory receptors in the olfactory apithelium», *Nature*, 442, 645-650 (2006); H. Yoon et al., «Olfactory inputs to hypothalamic neurons controlling reproduction and fertility», *Cell*, 123, 669-682 (2005); Gordon M. Shepherd, «Smells, brains and hormones», *Nature*, 439, 149-151 (2006).
48. C. Wedekind et al., «MHC-dependent mate preferences in humans», *Proceedings of the Royal Society of London B*, 260, 245-249 (1995).

49. S. Jacob et al., «Paternally inherited MHC alleles are associated with women's choice of male odor», Nature Genetics, 30, 175-179 (2002).

10. Embrujado

1. Giovanni Torriano, *Piazza Universale di Proverbi Italiani; or, A Common Place of Italian Proverbs and Proverbial Phrases* (Londres, 1966), 171, citado en A. Roger Ekirch, *At Day's Close: Night in Times Past* (Nueva York: Norton, 2005), 42.
2. R. Refinetti, «Time for sex: nycthemeral distribution of human sexual behavior», *Journal of Circadian Rhythms*, 3, 4 (2005).
3. J. Larson et al., «Morning and night couples: the effect of wake and sleep patterns on marital adjustment», *Journal of Marital and Family Therapy*, 17, 53-65 (1991); comunicado en Michael Smolensky y Lynne Lamberg, *The Body Clock Guide to Better Health* (Nueva York: Holt, 2000), 51.
4. R. Luboshitzky, «Relationship between rapid eye movement sleep and testosterone secretion in normal men», *Journal of Andrology*, 20, 731-737 (1999); F. W. Turek, «Biological rhythms in reproductive processes», *Hormone Research*, 37 (sup. 3), 93-98 (1992).
5. A. Cagnacci et al., «Diurnal variation of semen quality in human males», *Human Reproduction*, 14: 1, 106-109 (1999).
6. En las últimas tres décadas, unos noventa mil estudios se han dirigido a la ansiedad, la cólera y la depresión, y solamente cinco mil se han dedicado a la felicidad y la alegría. Cifras procedentes de Paul Martin, *Making Happy People* (Nueva York: Harper Perennial, 2006), citado en Maggie McDonald, «Cheer up children», *New Scientist*, 4 de febrero de 2006, 56.
7. F. Sachs, «The intimate sense», *The Sciences*, enero/febrero 1988, 28-34.
8. Touch Research Institutes, University of Miami School of Medicine, www.miami.edu/touch-research/, recuperado el 23 de febrero de 2006.
9. H. Olausson, «Unmyelinated tactile afferents signal touch and project to insular cortex», *Nature Neuroscience*, 5: 9, 900-904 (2002); Olausson, comunicación personal, septiembre de 2006.
10. D. Marazziti y D. Canale, «Hormonal changes when falling in love», *Psychoneuroendocrinology*, 29, 931-936 (2004).
11. H. E. Fisher et al., «Defining the brain systems of lust, ro-

mantic attraction, and attachment», *Archives of Sexual Behavior*, 31: 5, 413-419 (2002); Helen Fisher, comunicación personal, 18 de febrero de 2005.

12. A. Bartels y S. Zeki, «The neural basis of romantic love», *Neuroreport*, 11: 17, 3829-3833 (2000).

13. M. Kosfeld *et al.*, «Oxytocin increases trust in humans», *Nature*, 435, 673-676 (2005).

14. Woodrow Wyatt citado en «Imaging gender differences in sexual arousal», *Nature Neuroscience*, 7: 4, 325-326 (2004).

15. S. Hamann *et al.*, «Men and women differ in amygdala response to visual sexual stimuli», *Nature Neuroscience*, 7: 4, 411-416 (2004).

16. Fisher *et al.*, «Defining the brain systems of lust, romantic attraction, and attachment».

17. D. Kimura, «Sex differences in the brain», www.sciam.com/article.cfm?articleID= 00018E9D-879D-1D06-8E49809EC588EEDF.

18. B. A. Shaywitz *et al.*, «Sex differences in the functional organization of the brain for language», *Nature*, 373, 607-609 (1995).

19. The Kinsey Reports: *Sexual Behavior in the Human Male* (Bloomington: Indiana University Press, 1948, reimpreso en 1998) y *Sexual Behavior in the Human Female* (Filadelfia: Saunders, 1953).

20. «El pene», ensayo de Leonardo citado en Serge Bramly, *Leonardo: The Artist and the Man*, traduc. Sian Reynolds (Londres: Edward Burlingame Books, 1991).

21. K. J. Hurt *et al.*, «Akt-dependent phosphorylation of endotelial nitric-oxide synthase mediates penile erection», *Proceedings of the National Academy of Sciences*, 99: 6, 4061-4066 (2002).

22. W. A. Truitt y L. Coolen, «Identification of a potential ejaculation generator in the spinal cord», *Science*, 297, 1566-1569 (2002).

23. L. M. Coolen *et al.*, «Activation of mu opioid receptors in the medial preoptic area following copulation in male rats», *Neuroscience*, 124: 1, 11-21 (2003).

24. A. M. Traish *et al.*, «Biochemical and physiological mechanisms of female genital sexual arousal», *Archives of Sexual Behavior*, 31: 5, 393-400 (2002).

25. M. Giorgi *et al.*, «Type 5 phosphodiesterase expression in the human vagina», *Urology*, 60, 191-195 (2002).

26. B. Whipple y B. R. Komisaruk, «Elevation of pain threshold by vaginal stimulation in women», *Pain*, 22, 357-367 (1985); B. Whipple y B. R. Komisaruk, «Analgesia produced in women by genital self-stimulation», *Journal of Sex Research*, 24: 1, 130-140 (1988).

27. S. Brody, «Blood pressure reactivity to stress is better for people who recently had penile-vaginal intercourse than for people who had other or no sexual activity», *Biological Psychology,* 71, 214-222 (2006).

28. B. R. Komisaruk *et al.*, «Brain activation during vaginocervical self-stimulation and orgasm in women with complete spinal cord injury: fMRI evidence of mediation by the vagus nerves», *Brain Research,* 1024, 77-88 (2004).

29. K. Dunn *et al.*, «Genetic influences on variation in female orgasmic function: a twin study», *Biology Letters,* junio 2005; edición online, DOI: 10.1098/rsbl. 2005.0308.

30. P. J. Reading y R. G. Hill, «Unwelcome orgasms», *Lancet,* 350, 1746 (1997).

31. J. P. Changeux, *Neuronal Man: The Biology of the Mind* (Princeton, N.J.: Princeton University Press, 1997), 112-114.

32. G. Holstege *et al.*, «Brain activation during human male ejaculation», *Journal of Neuroscience,* 23, 9185-9193; J. R. Georgiadis *et al.*, «Brain activation during female sexual orgasm», *Society of Neuroscience Abstracts,* 727: 7, 31 (2003); J. R. Georgiadis *et al.*, «Deactivation of the amygdala during human male sexual behavior», programa n.º 727.6, encuentro de la Sociey for Neuroscience, 8-12 de noviembre, 2003, Nueva Orleans; B. R. Komisaruk y B. Whipple, «Functional MRI of the brain during orgasm in women», *Annual Review of Sex Research,* 16, 62-86 (2005).

33. G. D. Smith *et al.*, «Sex and death: are they related? Findings from the Caerphilly cohort study», *British Medical Journal,* 315, 1641-144 (1997); S. Ebrahim *et al.*, «Sexual intercourse and risk of ischaemic stroke and coronary heart disease: the Caerphilly study», *Journal of Epidemiology and Community Health,* 56, 99-102 (2002).

34. C. J. Charnetski y F. X. Brennan, «Sexual frequency and immunoglobulin A (IgA)», trabajo presentado en el encuentro anual de la Eastern Psychological Association, Providence, R. I., 1999.

35. G. Gallup *et al.*, «Does semen have antidepressant properties?», *Archives of Sexual Behavior,* 31: 3, 289-293 (2002).

11. Aires nocturnos

1. Citado en A. Roger Ekirch, *At Day's Close* (Nueva York: Norton, 2005), 13.

2. La siguiente discusión sobre los aspectos circadianos de la en-

fermedad procede de M. H. Smolensky y M. L. Bing, «Chronobiology and chronotherapeutics in primary care», *Patient Care* (Clinical Focus sup.), verano 1997, 1-21; M. H. Smolensky et al., «Medical chronobiology: concepts and applications», *American Review of Respiratpry Disease*, 147: 6 (parte 2), S2-19; Michael Smolensky y Lynne Lamberg, *The Body Clock Guide to Better Health* (Nueva York: Holt, 2000); Russell Foster y Leon Kreitzman, *Rhythms of Life* (Londres: Profile Books, 2004), 212 f; G. A. Bjarnason y R. Jordan, «Rhythms in human gastrointestinal mucosa and skin», *Chronobiology Internacional*, 19: 1, 129-140 (2002).

3. Foster y Kreitzman, *Rhythms of Life*, 224; R. J. Martin, «Small airway and alveolar tissue changes in nocturnal asthma», *American Journal of Respiratory and Critical Care Medicine*, 157: 5, S188-190 (1998).

4. Martin, «Small airway and alveolar tissue changes in nocturnal asthma».

5. F. Hayden, «Introduction: emerging importance of the rhinovirus», *American Journal of Medicine*, 112: 6A, 1s-3s (2002); J. M. Gwaltney, «Rhinoviruses» en A. S. Evans y R. A. Kaslow, eds., *Viral Infection of Humans: Epidemiology and Control*, 4.ª ed. (Nueva York: Plenum Press, 1997), 815-838.

6. A. M. Fendrick, «The economic burden of non-influenza-related viral respiratory tract infection in the United Status», *Archives of Internal Medicine*, 163: 4, 487-494 (2003).

7. Celsius, *De Medicina*, vol. 2, ed. W. G. Spencer (Londres: W. Heinemann, 1938), 91.

8. H. F. Dowling et al., «Transmission of the common cold to volunteers under controlled conditions», *American Journal of Hygiene*, 68, 659-665 (1958).

9. R. G. Douglas et al., «Exposure to cold environment and rhinovirus commom cold: failure to demonstrate effect», *New England Journal of Medicine*, 279, 742-747 (1968).

10. C. Johnson y R. Eccles, «Acute cooling of the feet and the onset of commom cold symptoms», *Family Practice*, 22: 6, 608-613 (2005).

11. Comunicación personal con J. Owen Hendley, febrero de 2007.

12. La siguiente discusión sobre resfriados y virus del resfriado procede de una comunicación personal con Jack Gwaltney, 8 de marzo, 2004; J. M. Gwaltney, «Viral respiratory infection therapy: historical perspectives and current trials», *American Journal of Medicine*, 112: 6.ª, 33s-41s (2002).

13. J. M. Gwaltney, «Clinical significance and pathogenesis of viral respiratory infections», *American Journal of Medicine*, 112: 6.ª, 13s-18s (2002). J. M. Harris y J. M. Gwaltney, «Incubation periods of experimental rhinovirus infection and illness», *Clinical Infectious Diseases*, 23, 1287-1290 (1996).

14. J. M. Gwaltney y J. O. Hendley, «Rhinovirus transmission: one if by air, two if by hand», *American Journal of Epidemiology*, 107, 357-361 (1978).

15. J. M. Gwaltney et al., «Hand-to-hand transmission of rhinovirus colds», *Annals of Internal Medicine*, 88: 4, 463-467 (1978).

16. J. M. Gwaltney, «Transmission of experimental rhinovirus infection by contaminated surfaces», *American Journal of Epidemiology*, 116: 5, 828-833 (1982); Arnold Monto, «Epidemiology of viral respiratory infections», *American Journal of Medicine*, 112: 6.ª, 4s-12s (2002).

17. Donald Proctor e Ib Andersen, eds., *The Nose: Upper Airway Physiology and the Atmospheric Environment* (Nueva York: Elsevier Biomedical Press, 1982), 203.

18. J. M. Gwaltney et al., «Nose blowing propels nasal fluid into the paranasal sinuses», *Clinical Infectious Diseases*, 30, 387-391 (2000).

19. L. Suranyi, «Localization of the "sneeze center"», *Neurology*, 57: 1, 161 (2001).

20. R. S. Irwin et al., «Managing cough as a defense mechanism and a symptom: a consensus panel report of the American College of Chest Physicians», *Chest*, 114 (sup. 2), 133s-81s (1998), www.chestjour nal.org/cgi/reprint/114/2/ 133S.pdf.

21. S. B. Mazzone, «An overview of the sensory receptors regulating cough», *Cough* 1:2, DOI: 10.1186/1745-9974-1-2 (2005); J. G. Widdicombe, «Afferent receptors in the airways and cough», *Respiratory Physiology*, 114, 5-15 (1998); S. B. Mazzone, «Sensory regulation of the cough reflex», *Pulmonary Pharmacology and Therapy*, 17, 361-368 (2004).

22. La siguiente discusión procede de una entrevista con Gwaltney, 8 de marzo, 2004; B. Winther et al., «Viral-induced rhinitis», *American Journal of Rhinology*, 12: 1, 17-20 (1998).

23. S. Cohen et al., «Types of stressors that increase susceptibility to the commom cold in healthy adults», *Health Psychology* 17:3, 214-23 (1998); J. M. Gwaltney y F. G. Hayden, «Psychological stress and the commom cold», *New England Journal of Medicine*, 25, 644 (1992).

24. J. M. Gwaltney, «Clinical significance and pathogenesis of viral respiratory infections», *American Journal of Medicine*, 112: 6.ª, 13s-18s (2002).

25. P. S. Muether y J. M. Gwaltney, «Variant effect of first- and second-generation antihistamines as clues to their mechanism of action on the sneeze reflex in the commom cold», *Clinical Infectious Diseases*, 33, 1483-1488 (2001).

26. Knut Schroeder y Tom Fahey, «Systematic review of randomised controlled trials of over the counter cough medicines for acute cough in adults», *British Medical Journal*, 324, 329 (2002).

27. *Scientific American*, mayo 1895, citado en *Scientific American*, mayo 1995, 10.

28. J. M. Gwaltney *et al.*, «Combined antiviral-antimediator treatment for the commom cold», *Journal of Infectious Diseases*, 186, 147-154 (2002); J. M. Gwaltney, «Viral respiratory infection therapy: historical perspectives and current trials», *American Journal of Medicine*, 112: 6.ª, 33s-41s (2002).

29. A. C. Grant y E. P. Roter, «Circadian sneezing», *Neurology*, 44: 3, 369-375 (1994).

30. J. Kuhn *et al.*, «Antitussive effects of guaifenesin in young adults with natural colds», *Chest*, 82: 6, 713-718 (1982).

31. M. H. Smolensky *et al.*, «Medical chronobiology: concepts and applications», *American Review of Respiratory Disease*, 147: 6 (parte 2), S2-S19 (1993); Smolensky y Lamberg, *The Body Clock Guide to Better Health*; Foster y Kreitzman, *Rhythms of Life*, 212 f.

32. Smolensky *et al.*, «Medical chronobiology: concepts and applications».

33. Y. Watanabe *et al.*, «Thousands of blood pressure and Heart rate measurements at fixed clock hours may mislead», *Neuroendocrinology Letters*, 24: 5, 339-340 (2003).

34. M. H. Smolensky, «Knowledge and attitudes of American Physicians and public about medical chronobiology and chronotherapeutics. Finding of two 1996 Gallup Surveys.» *Chronobiology International*, 15, 377-394 (1998); Foster y Kreitzman, *Rhythms of Life*, 226.

35. C. B. Green y J. S. Takahashi, «Xenobiotic metabolism in the fourth dimension: Partners in time», *Cell Metabolism*, 4: 1, 3-4 (2006). Comunicación personal con Carla B. Green, octubre de 2006.

36. A. Reinberg y M. Reinberg, «Circadian changes of the duration of action of local anaesthetic agents», *Naunyn-Schmiedeberg's Archives of Pharmacology*, 297, 149-159 (1977).

37. M. C. Wright *et al.*, «Time of day effects on the incident of

anesthetic adverse events», *Quality and Safety in Health Care,* 15: 4, 258-263 (2006).

38. G. A. Bjarnason *et al.*, «Circadian variation in the expresión of cell-cycle proteins in human oral epithelium», *American Journal of Pathology,* 154, 613-622 (1999).

39. Foster y Kreitzman, *Rhythms of Life,* 215.

40. Smolensky y Lamberg, *The Body Clock Guide to Better Health,* 227-229. G. A. Bjarnason y R. Jordan, «Rhythms in human gastrointestinal mucosa and skin», *Chronobiology International,* 19: 1, 129-140 (2002); Foster y Kreitzman, *Rhythms of Life,* 216-219.

41. La siguiente discusión sobre el trabajo de Lévi procede de su «Circadian interactions with cancer», presentada en el encuentro anual de la Society for Research on Biological Rhythms, Isla Amelia, Florida, 2002; M. C. Mormont y F. Lévi, «Cancer chronotherapy: principles, applications, and perspectives», *Cancer,* 98: 4, 881-882 (2003).

42. K. Buche *et al.*, «Circadian rhythm of cellular proliferation in the human rectal mucosa», *Gastroenterology,* 101, 410-415 (1991).

43. W. Hrushesky, «Circadian timing of cancer chemotherapy», *Science,* 228, 73-75 (1985), Resultados similares fueron determinados por varios investigadores al estudiar la leucemia infantil. En una prueba experimental realizada con 118 niños que padecían leucemia aguda, aquellos que recibían la medicación a última hora de la tarde o por la noche presentaron una remisión del cáncer unas tres veces mayor que la que presentaron los que recibían la medicación por la mañana. G. E. Rivard *et al.*, «Circadian time-dependent response of childhood lymphoblastic leukemia to chemotherapy: a Long-term follow-up study of survival», *Chronobiology International,* 10, 201-204 (1993).

44. F. Lévi *et al.*, «Chronotherapy of colorectal cancer metastases», *Hepatogastroenterology,* 48, 320-322 (2001).

12. Dormir

1. Vladimir Nabokov, *Speak, Memory* (Nueva York: Vintage, 1989), 108.

2. El siguiente material sobre el sueño procede del trabajo de Jerome M. Siegel, «The phylogeny of sleep», presentado en el encuentro anual de la Society for Research on Biological Rhythms, Isla Amelia, Florida, 2002 (a partir de ahora encuentro SRBR, 2002); comunicación personal con Jerome Siegel, 15 de febrero, 2005; J. M. Siegel, «Clues to the functions of mammalian sleep», *Nature,* 437, 1264-1271 (2005).

3. J. A. Hobson, «Sleep is of the brain, by the brain, and for the brain», *Nature*, 437, 1254 (2005).
4. William Dement, *The promise of Sleep* (Nueva York: Dell, 2000).
5. Las citas de Saper referentes al interruptor del sueño proceden de C. B. Saper, «Hypothalamic regulation of sleep and circadian rhythms», *Nature*, 437, 1257-1263 (2005).
6. C. von Economo, «Sleep as a problem of localization», *Journal of Nervous and Mental Disorders*, 71, 249-259 (1930).
7. Saper, «Hypothalamic regulation of Sleep and circadian rhythms».
8. C. S. Colwell y S. Michel, «Sleep and circadian rhythms: do sleep centres talk back to the clock?», *Nature Neuroscience*, 6: 10, 1005-1006 (2003); T. Deboer *et al.*, «Sleep status alter activity of suprachiasmatic nucleus neurons», *Nature Neuroscience*, 6: 10, 1086-1090 (2003); D. J. Dijk y C. A. Czeisler, « Contribution of the circadian pacemaker and the sleep homeostat to sleep propensity, sleep structure, electroencephalographic show waves, and sleep spindle activity in humans», *Journal of Neuroscience*, 15, 3526-3538 (1995).
9. La siguiente descripción de las etapas del sueño se ha extraído de Dement, *The Promise of Sleep*,18-22; Peretz Lavie, *The Enchanted World of Sleep* (New Haven: Yale University Press, 1996), 26 f; Jerome Siegel, «Why we sleep», *Scientific American*, noviembre de 2003, 92-97.
10. K. J. Noonan, «Growing pains: are they due to increased growth during recumbency as documented in a lamb model?», *Journal of Pediatric Orthopaedics*, 24, 6 (2004).
11. J. V. Rétey *et al.*, «A functional genetic variation of adenosine deaminase affects the duration and intensity of deep sleep in humans», *Pro-ceedings of the Nacional Academy of Sciences*, 102, 15676-15681 (2005).
12. J. M. Siegel, «Clues to the functions of mammalian sleep», *Nature*, 437, 1264-1271 (2005).
13. Hobson, «Sleep is of the brain, by the brain, and for the brain».
14. Siegel, «Why we sleep».
15. T. A. Nielsen y P. Stenstrom, «What are the memory sources of dreaming?», *Nature*, 437, 1286-1289 (2005).
16. T. Nielsen, «Chronobiological features of dream production», *Sleep Medicine Reviews*, 8, 403-424 (2004).
17. T. A. Nielsen, «The typical dreams of Canadian university students», *Dreaming*, 13: 4, 211 (2003).
18. Tore Nielsen, comunicación personal, septiembre de 2006.

19. A. Rechtschaffen, comunicación personal, 11 de febrero de 2005.
20. S. D. Youngstedt y C. E. Kline, «Epidemiology of exercise and sleep», *Sleep and Biological Rhythms*, 4: 3, 215 (2006); véase también S. D. Youngstedt *et al.*, «No association of sleep with total daily physical activity in normal sleepers», *Physiology and Behavior* 78, 395-401 (2003); S. D. Youngstedt, «Does exercise truly enhance sleep?», *Physician ans Sports Medicine*, 25: 10, 72-82 (1997).
21. J. Mu *et al.*, «Etanol influences on native T-type calcium current in thalamic sleep circuitry», *Journal of Pharmacology and Experimental Therapy*, 307: 1, 197-204 (2003).
22. A. Rechtschaffen y B. M. Bergmann, «Sleep deprivation in the rat: an update of the 1989 paper», *Sleep*, 25, 18-24 (2002).
23. Dement, *The Promise of Sleep*, 245.
24. Ésta y las siguientes citas de Charles Czeisler proceden de C. Czeisler, «Sleep: what happens when doctors do without it?» Medical Center Hour, University of Virginia, 1 de marzo de 2006.
25. www.sleepfoundation.org/press/index.php?secid=&id=120.
26. Lavie, *The Enchanted World of Sleep*, 114; C. A. Czeisler, «Quantifying consequences of chronic sleep restriction», *Sleep*, 26: 3, 247-248 (2003); H. P. A. Van Dongen *et al.*, «The cumulative cost of additional wakefulness», *Sleep*, 26: 2, 117 (2003).
27. Véase D. F. Kripke *et al.*, «Mortality associated with sleep duration and insomnia», *Archives of General Psychiatry*, 59, 131-136 (2002).
28. Van Dongen *et al.*, «The cumulative cost of additional wakefulness».
29. T. Roehrs *et al.*, «Ethanol and sleep loss: a "dose" comparison of impairing effects», *Sleep*, 26: 8, 981-985 (2003); D. Dawson y K. Reid, «Fatigue, alcohol and performance impairment», *Nature*, 388, 235 (1997).
30. Czeisler, «Sleep: what happens when doctors do without it?»; L. K. Barrer *et al.*, «Extended work shifts and the risk of motor vehicle crashes among interns», *New England Journal of Medicine*, 352, 125-134 (2005).
31. Dement, *The Promise of Sleep*, 218.
32. «Breakthrough research on real-world driver behavior released», comunicado, 20 de abril, 2006, www.nhtsa.gov; página editorial, *Nature Insight: Sleep*, 437, 1206 (2005).
33. Dement, *The Promise of Sleep*, 51-53; Russell Foster y Leon Kreitzman, *Rhythms of Life* (Londres: Profile Books, 2004), 208-209.

34. http://history.nasa.gov/rogersrep/ v2appg.htm#g25.
35. Czeisler, «Quantifying consequences of chronic sleep restriction».
36. K. Spiegel *et al.*, «Effect of sleep deprivation on response to immunization», *Journal of the American Medical Association*, 288: 12, 1471-1472 (2002).
37. K. Spiegel *et al.*, «Impact of sleep debt on metabolic and endocrine function», *Lancet*, 354, 1435-1439 (1999); E. Tasali, «Show wave activity levels are correlated with insulin secretion in healthy young adults», *Sleep*, 26 (resumen sup.), A62 (2003).
38. K. Speigel *et al.*, «Brief communication: sleep curtailment in healthy young men is associated with decreased leptin levels, elevated ghrelin levels, and increased hunger and appetite», *Annals of Internal Medicine*, 141, 846-850 (2004); véase también K. Speigel, «Sleep curtailment results in decreased leptin levels and increased hunger and appetite», *Sleep*, 26 (resumen sup.), A174 (2003).
39. J. E. Gangwisch *et al.*, «Inadequate sleep as a risk factor for obesity: analyses of the NHANES I», *Sleep*, 28: 10, 1217-1220 (2005). Para un estudio similar en niños, véase J.-P. Chaput *et al.*, «Relationship between short sleeping hours and childhood overweight/obesity: results from the 'Quebec en Forme' Project», *Internacional Journal of Obesity*, 30: 7, 1080-1085 (2006).
40. Informe presentado por Sanjay Patel en la conferencia internacional de la American Thoracic Society, 23 de mayo de 2006, San Diego.
41. A. Rechtschaffen y B. M. Bergmann, «Sleep deprivation in the rat: an update of the 1989 paper», *Sleep*, 25, 18-24 (2002); comunicación personal con Rechtschaffen, 16 de febrero de 2005.
42. La siguiente discusión procede de J. M. Siegel, «Clues to the functions of mammalian sleep», *Nature*, 437, 1264-1271 (2005); Siegel, «The phylogeny of sleep»; Seigel, «Why we sleep».
43. Siegel, «Clues to the functions of mammalian sleep»; J. M. Siegel y M. A. Rogawski, «A function for REM sleep: regulation of noradrenergic receptor sensitivity», *Brain Research Review*, 13, 213-233 (1988).
44. M. J. Morrissey, «Paradoxical sleep and its role in the prevention of apoptosis in the developing brain», *Sleep*, 26 (resumen sup.), A46 (2003).
45. M. Cheour *et al.*, «Speech sounds learned by sleeping newborns», *Nature*, 415, 599-600 (2002).
46. R. Stickgold *et al.*, «Visual discrimination learning requires sleep alter training», *Nature Neuroscience*, 3, 1237-1238 (2000); M. P.

Walter et al., «Practice with sleep makes perfect: sleep-dependent motor skill learning», Neuron, 35, 205-211 (2002).

47. P. Maquet et al., «Experience-dependent changes in cerebral activation during REM sleep», Nature Neuroscience, 3: 8, 831-836 (2000).

48. P. Peigneux et al., «Are spatial memories strengthened in the human hippocampus during show-wave sleep?», Neuron, 44, 535-545 (2004).

49. I. S. Hairston y R. R. Knight, «Sleep on it», Nature, 430, 27-28 (2004).

50. R. Huber et al., «Local sleep and learning», Nature, 430, 78-81 (2004).

51. U. Wagner et al., «Sleep inspires insight», Nature, 427, 352-355 (2004).

52. Lavie, The Enchanted World of Sleep, 90.

53. Lavie, The Enchanted World of Sleep, 90; James Pope Hennessy, Robert Louis Stevenson (Nueva York: Simon and Schuster, 1975), 207; cita de Stevenson, Across the Plains, http://sun-site.berleley.edu/literature/ste venson/plains/ plains8.html.

54. Lavie, The Enchanted World of Sleep, 90; Paolo Mazzarello, «What dreams may come», Nature, 408, 523 (2000); Dement, The Promise of Sleep, 321.

13. La hora del lobo

1. M. A. Carskadon et al., «Sleep and daytime sleepiness in the elderly», Journal of Geriatric Psychiatry, 13: 2, 135-151 (1980); R. M. Coleman et al., «Sleep-wake disorders in the elderly: polysomnographic analysis», Journal of the American Geriatric Society, 27: 9, 289-296 (1981); William Dement, The Promise of Sleep (Nueva York: Dell, 2000), 121; véase también D. J. Dijk et al., «Age-related increase in awakenings: impaired consolidation of non-REM sleep at all circadian phases», Sleep, 24: 5, 565-577 (2001).

2. E. Van Cauter, «Age-related changes in slow wave sleep and REM sleep and relationship with growth hormone and cortisol levels in healthy men», Journal of the American Medical Association, 284, 861-868 (2000).

3. J. F. Duffy et al., «Later endogenous circadian temperature nadir relative to an earlier wake time in older people», American Journal of Physiology, 275: 5 (parte 2), R1478-1487 (1998); E. Van Cauter et

al., «Effects of gender and age on the levels of circadian rhythmicity of plasma cortisol», *Journal of Clinical Endocrinology and Metabolism,* 81, 2468-2473 (1996); T. Reilly *et al.*, «Aging, rhythms of physical performance, and adjustment to changes in the sleep-activity cycle», *Occupational and Environmental Medicine,* 54, 812-816 (1997); J. F. Duffy y C. A. Czeisler, «Age-related change in the relationship between circadian period, circadian phase, and diurnal preference in humans», *Neuroscience Letters,* 318: 3, 117-120 (2002); C. A. Czeisler *et al.*, «Association of Sleep-wake habits in older people with changes in out-put of circadian pacemaker», *Lancet,* 340, 933-936 (1992); F. Aujard *et al.*, «Circadian rhythms in firing rate of individual suprachiasmatic nucleus neurons from adult and middle-age mice», *Neuroscience,* 106: 2, 255-261 (2001); E. Satinoff, «Patterns of circadian body temperature rhythms in aged rats», *Clinical and Experimental Pharmacology and Physiology,* 25: 2, 135-140 (1998).

4. W. N. Charman, «Age, lens transmittance, and the possible effects of light on melatonin suppression», *Ophthalmic and Physiological Optics,* 23, 181-187 (2003).

5. M. D. Madeira *et al.*, «Age and sex do not affect the volume, cell numbers, or cell size of the suprachiasmatic nucleus of the rat: an unbiased stereological study», *Journal of Comparative Neurology,* 361: 4, 585-601 (1995).

6. S. Yamazaki, «Effects of aging on central and peripheral mammalian clocks», *Proceedings of the National Academy of Sciences,* 99: 16, 10801-10806 (2002); F. Aujard *et al.*, «Circadian rhythms in firing rate»; D. E. Kolber, «Aging alters circadian and light-induced expression of clock genes in golden hamsters», *Journal of Biological Rhythms,* 18: 2, 159-169 (2003).

7. C. M. Worthman y M. Melby, «Toward a comparative developmental ecology of human sleep», en M. A. Carskadon, ed., *Adolescent Sleep Patterns: Biological, Social and Psychological Influences* (Nueva York: Cambridge University Press), 69-117; comunicación personal con Carol Worthman, 8 de agosto de 2006.

8. A. Roger Ekirch, *At Day's Close* (Nueva York: Norton), 2005.

9. I. Tobler, «Napping and polyphasic sleep in mammals», en D. F. Dinges y R. J. Broughton, eds., *Sleep and Alertness: Chronobiological, Behavioral, and Medical Aspects of Napping* (Nueva York: Raven Press, 1989), 9-30.

10. T.A. Wehr, «In short photo-periods human sleep is biphasic», *Journal of Sleep Research,* 1: 2, 103-107 (1992).

11. H. Ohta *et al.*, «Constant light desynchronizes mammalian clock neurons», *Nature Neurosciece,* 8: 3, 267-269 (2005).

12. J. M. Zeitzer et al., «Temporal dynamics of late-night photic stimulation of the human circadian timing system», *American Journal of Physiology: Regulatory, Integrative, and Comparative Physiology*, 289: 3, R839-844 (2005).

13. D. B. Boivin et al., «Dose-response relationship for resetting of human circadian clock by light», *Nature*, 379, 540-542 (1996).

14. J. M. Zeitzer et al., «Sensivity of the human circadian pacemaker to nocturnal light: melatonin phase resetting and suppression», *Journal of Physiology*, 526: 3, 695-702 (2000); D. W. Rimmer, «Dynamic resetting of the human circadian pacemaker by intermittent bright light», *American Journal of Physiology: Regulatory, Integrative, and Comparative Physiology*, 279: 5, R1574-1579 (2000).

15. J. A. Gastel, «Melatonin production: proteasomal proteolysis in serotonin N-acetyltransferase regulation», *Science*, 279, 1358-1360 (1998).

16. C. Dunlop y J. Cortázar en *Los astronautas de la cosmopista o un viaje atemporal* (1983), citado en Russell Foster y Leon Kreitzman, *Rhythms of Life* (Londres: Profile Books, 2004), 201.

17. S. Yamazaki et al., «Resetting central and peripheral circadian oscillators in transgenic rats», *Science*, 288, 682 (2000); comunicación personal con Michael Menaker, marzo de 2005.

18. Kwangwook Cho, «Chronic "jet lag" produces temporal lobe atrophy and spatial cognitive deficits», *Nature Neuroscience*, 4: 6, 567-568 (2001); K. Cho et al., «Chronic jet lag produces cognitive deficits», *Journal of Neuroscience*, 20, RC66 (2000).

19. Bureau of Labor Statistics, «Workers on flexible and shift schedules in 2004 summary», www.bls.gov/news.release/flex.nro.htm, recuperado el 16 de octubre de 2006.

20. J. Arendt, «Shift-work: adapting to life in a new millennium», presentación en el encuentro de 2002 de la Society for Sleep Research and Biologiccal Rhythms, Isla Amelia, Florida; comunicación personal con Josephine Arendt, 21 de marzo de 2005.

21. E. S. Schernhammer et al., «Rotating night shifts and risks of breast cancer in women participating in the Nurses' Health Study», *Journal of the National Cancer Institute*, 93: 20, 1563-1568 (2001); E. S. Schernhammer et al., «Night shift work and risk of colorectal cancer in the Nurses' Health Study», *Journal of the National Cancer Institute*, 95: 11, 825-828 (2003).

22. T. Kubo et al., «Prospective cohort study of the risk of prostata cancer among rotating-shift workers: findings from the Japan collaborative cohort study», *American Journal of Epidemiology*, 164: 6, 549-555 (2006).

23. L. Fu et al., «The circadian gene *Period2* plays an important role in tumor supression and DNA-damage response in vivo», *Cell*, 111, 41-50 (2002); M. Rosbash y J. S. Takahashi, «The cancer connection», *Nature*, 420, 373-374 (2002).

24. P. A. Wood et al., «Circadian clock BMAL-1 nuclear translocation gates WEE_1 coordinating cell cycle progressions, thymidylate synthase, and 5-fluoracil therapeutic index», *Molecular cancer therapeutics*, 5: 8, 2023-2033 (2006).

25. D. E. Blask et al., «Melatonin-depleted blood from premenopausal women exposed to light at night stimulates growth of human breast cancer xenografts in nude rats», *Cancer Research*, 65, 11174-11184 (2005).

26. *Report of the President's Comission on the Accident at Three Miles Island* (Washington, D.C.: U.S. Government Printing Office, 1979), www.pddoc.com/tmi2/kemeny/accident/htm.

27. M. A. Anderson, «Living in the shadow of Chernobyl», *Science* 292, 420-21 (2001).

28. C. Czeisler, «Sleep: what happens when doctors do without it?», Medical Center Hour, Universidad de Virginia, 1 de marzo, 2006; Howard Markel, «The accidental addict», *New England Journal of Medicine*, 352, 966-968 (2005).

29. C. Landrigan et al., «Effects of reducing interns' works hours on serious medical errors in intensive care units», *New England Journal of Medicine*, 351, 1838-1848 (2004).

30. Ésta y las siguientes citas son de Czeisler, «Sleep: what happens when doctors do without it?».

31. N. Ayas et al., «Extended work duration and the risk of self-reported percutaneous injuries in interns», *Journal of the American Medical Association*, 296, 1055-1062 (2006).

32. J. K. Wyatt et al., «Circadian temperature and melatonin rhythms, sleep, and neurobehavioral function in human living on a 20-h day», *American Journal of Physiology*, 277: 4 (parte 2), R1152-1163 (1999).

33. L. K. Barger et al., «Extended work shifts and the risk of motor vehicle crashes among interns», *New England Journal of Medicine*, 352, 125-134 (2005).

34. Comunicación personal, Christopher Landrigan, octubre 2006.

35. C. P. Landrigan et al., «Intern's compliance with accreditation council for graduate medical education work-hour limits», *Journal of the American Medical Association*, 296: 9, 1063-1070 (2006).

36. J. K. Walsh, «Modafinil improves alertness, vigilance, and

executive function during stimulated night shifts», *Sleep*, 27: 3, 434-439 (2004).

37. C. A. Czeisler *et al.*, «Modafinil for excessive sleepiness associated with shift-work sleep disorders», *New England Journal of Medicine*, 353: 5, 478-486 (2005).

38. Dement y Vaughan, *The Promise of Sleep*, 107; Foster y Kreitzman, *Rhythm of Life*, 12; Michael Smolensky y Lynne Lamberg, *The Body Clock Guide to Better Health* (Nueva York: Holt, 2000), 133.

39. Citado en Foster y Kreitzman, *Rhythm of Life*, 12.

40. M. Takamoto *et al.*, «An optical lattice clock», *Nature*, 435, 321-324 (2005).

41. Carta a Gerald Brennan, 25 de diciembre, 1922, en Nigel Nicolson y Joanne Trautmann, eds., *The Letters of Virginia Woolf*, vol. 2 (Nueva York: Harcourt, 1976), 598.

42. L. Shearman *et al.*, «Interacting molecular loops in the mammalian circadian clock», *Science*, 288, 1013-1019 (2000).

Índice analítico

accidente del *Challenger*, 232
accidente del *Exxon Valdez*, 232
accidentes
   conducción/uso del teléfono móvil, 55, 59
   disfunción circadiana y, 253
   privación del sueño y, 231-232, 255
   somnolencia y, 118, 231-232
acebo sudamericano (*Ilex guayusa*), 33
ácido clorídrico, 90
ácidos grasos omega-3, 80
ACTH (adrenocorticotropina), 20
actividad aeróbica
   cólicos de estómago, 156
   forma física y, 145, 155
   funciones cardíacas con, 155-156
   niveles de endorfina, 144
   problemas de corazón y, 156
   risa con, 156
Adams, John, 161
Adenosina
   efectos de la cafeína sobre la, 33-34
   sueños y, 223
adrenalina
   niveles nocturnos de, 203

respuesta al estrés agudo, 127
respuesta al estrés crónico, 131
agudeza perceptual y siestas, 121, 122
Agustín, San, 9
alcohol
   concentraciones de alcohol en sangre (BAC), 171
   efectos de la dosis, 171
   efectos sobre el estrés, 170
   horas para beber, 28-29, 169
   sueño y, 171
   temporizador de intervalos y, 170
   tiempo de digestión y, 100
alergias y ritmos circadianos, 212
alimentos reconfortantes, 79
alimentos,
   alimentos que reconfortan, 79-780
   ansia de, 71, 74
   apetito por los, 74-78
   con ácidos grasos omega-3, 79-80
   dieta y cantidad de heces, 100
   duración de la digestión, 98, 99
   fibra de la dieta, 100-101
   para mejorar el humor, 79-80

307

Véase también alimentos/dietas ricos en grasas
alondras (personas madrugadoras). *Véase* cronotipos
altura corporal, 147
alucinaciones hipnagógicas, 222
Alzheimer y ejercicio, 164
amígdala
    ansiedad, 133
    efectos dele strés crónico, 134
    emociones y, 39, 225
    olores y, 38
    respuesta al miedo, 126, 255
    sexo y, 195, 200
    sueños, 225
amish, 161
amor, 193, 194
    ejercicio físico y, 144
    funciones, 144
    orgasmos, 200
    señales a través de la mirada, 178
amor
    cambios hormonales con, 193
    centro de recompensa del cerebro y, 193, 194
    dopamina y, 193, 194
    Escala del Amor Apasionado, 193
    femenino/ lenguaje, 195
    masculino/ imágenes, 194
    primer amor frente a relaciones a largo plazo, 193-194
    síntomas de, 190
    tacto y, 191
    vasopresina y, 194
    Véase también sexo
Anatomía de la melancolía (Burton), 230
andrógenos y deseo, 194
anestesia y ritmos circadianos, 213
ansia de comer, 71, 74
ansiedad
    alcohol y, 170
    efectos de la meditación consciente, 137
    efectos del ejercicio físico, 143
    estrés crónico, 133
antibióticos,
    bacterias intestinales y, 94, 95, 96
    cándida y, 89
    efectos perjudiciales de los, 89, 95
    resistencia patógena a los, 95
anticipación y despertar, 20
efectos antidepresivos
    de la luz natural, 227
    del semen, 201
    serotonina y, 237
anticonceptivos orales, 100
antihistamínicos, 211
apetito por los alimentos
    biología del, 74-77
    efectos hormonales del, 75-77
    Véase también hambre
Aplysia californica (caracol de mar), 65-67
aprendizaje
    conexiones sinápticas/plasticidad, 66
    efectos del ejercicio físico sobre, 162
    efectos del estrés crónico sobre, 133
ardor de estómago, 91, 203
áreas paralímbicas del cerebro, 74
Arendt, Josephine, 29, 251-252
asma, 203-204
ataques al corazón
    hora del día y, 28
    inflamación y, 156

atención
  atascos neurales y, 53
  «ceguera involuntaria», 52
  Véase también procesamiento de la información
atracción sexual
  axilas y, 180-183
  caras feminizadas, 179
  complejo mayor de histocompatibilidad (MHC) 184
  contacto/comunicación visual, 178, 179
  feromonas, 182, 183
  indicadores de éxito reproductivo, 179
  indicadores de salud, 178, 180, 184, 185
  mamihlapinatapei, 177, 178
  olor personal, 180-184
  olor/ primeros humanos, 183
  ovulación 179, 183
  señales visuales, 177, 179
  simetría/ asimetría facial 178
  sonrisas y, 179
Auel, Jean, 23
axilas, 180-183
Axon Sleep Research Laboratorios, 22

BAC (concentraciones de alcohol en sangre), 171
bacteria Bacteroidetes, 96
bacterias (intestinos)
  beneficios de, 94-97
  cifras de, 93
  diferencias entre cesárea y parto vaginal, 94
  efectos de los antibióticos, 94-95
  estudios de ratones libres de gérmenes, 96
  lactancia frente a alimentación con fórmula para bebés, 94
  número de especies, 93
  procesamiento de carbohidratos/ efectos, 97
  variedad entre las personas, 93-94
bacterias firmicutes, 97
bacterias
  biopelículas, 88
  cifras en el cuerpo humano, 93
  Complejo Rojo, 88
  en la boca humana, 87-88
  Bacteroides thetaiotaomicron, 96
barrera hematoencefálica, 144
despertar y, 21
efectos de la meditación consciente, 137
efectos del sexo, 198
efectos del trabajo por turnos, 252
fluctuaciones diarias, 28, 212-213
música y, 139
BDNF (factor neurotrófico derivado del cerebro), 162
Beaumont, William, 12, 90
Benedetti, Alessandro, 71
Benzer, Seymour, 23
bifidobacteria, 94
biopelículas, 88
Block, Gene, 244
Blumenthal, James, 144, 145
borborigmos, 73
Borges, Jorge Luis, 25
bostezo
  contagioso, 112
  erección del pene y, 111
  función, 111
bradicininas, 209
Breslin, Paul, 42-43

Buck, Linda, 39
búhos (personas nocturnas). *Véase* cronotipos
bulbo olfativo, 38
Burton, Robert, 13, 217, 230

café
   despertar/ efectos y, 33-35
   dosis efectivas, 33
   mecanismo del, 33-34
cafeína
   efectos sobre la adenosina, 33-34
   despertar y, 32-34
   Véase también café
calorías
   consumo de, 102-105
   efectos de las bacterias intestinales, 97
   efectos de las comidas por la mañana frente a la noche, 98
   masa muscular delgada y, 103
   termogénesis inducida por la dieta (TID), 104
caminar
   maneras de andar económicas, 86
   mecánica del, 86
   sensor de oxígeno, 87
cáncer
   cronoterapia y, 215-216
   efectos del trabajo por turnos, 253
   luz artificial y, 252-253
   melatonina, 253
   tratamiento, 215
cándida y antibióticos
caracol gigante *(Aplysia californica)*, 65
caras
   cualidades de masculina/femenina, 178
   simetría/ asimetría, 178
caricia, 190-191
Carlezon, William, 79, 80
Carskadon, Mary
   dormir/envelecimiento, 243
   ritmos circadianos, 63, 116, 117, 243
   somnolencia/sueño, 110, 112, 116, 117, 122
Cauter, Eve Van, 232, 233, 234
ceguera involuntaria, 52
Celso (filósofo griego), 205
células caliciformes, 207
células ciliadas de la cóclea, 46
células cónicas, 44
células olfativas
   esperanza de vida de, 39
   mecanismo de, 39
centro de recompensa del cerebro
   amor y, 193, 194
   dopamina, 144, 193, 200
   drogas /alcohol y, 193, 200
   efectos de la música, 139
   sexo/ orgasmo y, 200
cerebelo
   efectos de la edad sobre, 163
   funciones, 54, 163
cerebro
   actividad con el hambre, 209
   agotamiento y, 158-160
   áreas utilizadas, 61
   capacidad de procesamiento de la información, 51, 54
   diferencias sexuales, 195
   durante el sueño, 219-227
   efectos del ejercicio físico sobre, 162-165
   efectos del envejecimiento, 163-165

efectos del estrés sobre la estructura, 133
lectura y, 62, 195
orgasmos y, 196, 199-200
primer amor frente a relaciones a largo plazo y, 193-194
reconocimiento/ recuerdo de caras, 176
Véase tambien núcleo arcuato; ganglios basales; tronco encefálico caudal (rombencéfalo); núcleo caudado; cerebelo; dopamina; endorfinas; lóbulos frontales;giro fusiforme; hipocampo; hipotálamo; sistema límbico; bulbo olfativo; córteza órbitofrontal; glándula pituitaria; córtex prefrontal; corteza premotora; centro de recompensa del cerebro; tálamo; área del tegmento ventral
Changeux, Jean-Pierre, 200
Chaucer, 101
chimpancés, 43
Cho, Kwangwook, 250
chocolate, 80.81
Churchill, Winston, 119
citoquinas proinflamatorias, 133
citoquinas, 133
clítoris y sensibilidad al tacto, 192, 198
«Clocky», 21, 22
clostridia, 94
Clostridium difficile, 95
cóclea, 46
Cognitive Aging Laboratory, Universidad de Virginia, 56
Coleridge, Samuel Taylor, 228, 240, 241
colesterol, tipo "bueno", 156

comer
alimentos que mejoran el humor, 79-80
alimentos que reconfortan, 79-80
efectos en la mañana frente a la tarde, 98
mensajes de saciedad, 84
ritmos circadianos y, 98-99
sensibilidad al dulce/ejercicio, 161
termogénesis inducida por la dieta (TID), 104
complejo mayor de histocompatibilidad (MHC), 184
componentes/efectos de la lactancia, 182
concentraciones de alcohol en sangre, 171
conducir/uso del móvil, 51, 54, 55, 58, 59
confianza y oxitocina, 194
Conrad, Joseph, 118
consciencia temporal, 258
contacto visual/comunicación, 178-179
Conte, Francesca, 157
Coolen, Lique, 197, 198
corazón
efectos de la actividad aeróbica, 155-156
efectos de la siesta sobre la enfermedad cardíaca, 122
importancia de las cavidades asimétricas, 155
correr
mecanismo del, 143, 144
velocidad, 144
corteza orbitofrontal, 38
corteza prefrontal, 55, 74, 137
corteza premotora, 148
corteza sensorial, 126

cortisol
efectos del jet lag, 250
envejecimiento y, 243
falta de contacto y, 191
niveles nocturnos de, 203
respuesta al estrés, 123, 127
Cotman, Carl, 162
Cox, Lyne, 27
crecimiento óseo
durante el sueño, 223
efectos del levantamiento de pesas, 151
Crick, Francis, 52
cronobiología. *Véase* ritmos circadianos
cronoterapia, 212-216
cronotipos (alondras y búhos)
descripción/ejemplos, 23-24
edad y, 31-32, 244
genética, 30
luz y, 32
parejas incompatibles, 189
somnolencia de media tarde, 117
Cummings, David, 75, 76, 84
curación de heridas y estrés, 132-133
CX717, 256
Czeisler, Charles
café, 33
privación de sueño/efectos, 229, 231
ritmos circadianos, 22, 248
sueño y aprendizaje, 238

Dante, 85
Davidson, Richard, 137
declive después del almuerzo/postprandial,
Véase también somnolencia de media tarde

demencia y ejercicio físico, 162, 163, 164
Dement, William
importancia del sueño, 220
privación de sueño, 229, 232
siestas, 120
sueño y envejecimiento, 243
depresión,
alcohol y, 170
efectos de la inactividad física sobre, 145
efectos del ácido graso omega-3 sobre, 79-80
efectos del ejercicio físico sobre, 144-145
efectos del sexo sobre, 201
Véase también efectos antidepresivos
desastre de la central nuclear de Chernobyl, 253
desastre de la central nuclear de Three Mile Island, 253
descompensación horaria (*jet lag*), 13, 99, 249
descongestivos, 211
descubrimiento de la estructura del benceno, 240-241
deseo y andrógenos, 194
desorden afectivo estacional,
causas, 113-114
prevención, 114
desórdenes autoinmunes, 185
Despertar del sueño. *Véase* despertar
despertar
anticipar la alarma, 19
cafeína y, 32-34
ciclo del sueño y, 22-23
cronotipos (alondra/ búho) y, 23-24, 30-32
estrategias para, 21-22, 23

indicios desencadenantes del, 20
indicios internos, 20
percepción y, 37-38
reloj biológico y, 24
ritmo circadiano y, 26-32
visión general, 19-35
diabetes
efectos del cortisol, 131
efectos del ejercicio físico, 161
Dickens, Charles, 85
dientes
efectos del cepillado, 88
falta de efectos de masticación, 82
terminaciones nerviosas/funciones, 81
dietas/alimentos ricos en grasa
duración de la digestión, 98
estrés crónico y, 131-132
grelina y, 84
percepción del dolor y, 80
recuperación del estrés y, 131-132
somnolencia de media tarde y, 115
diferencia temporal interaural (ITD), 46
diferencias de género,
   beneficios del levantamiento de pesas, 152
   cronotipo, 24
   duración de la digestión, 99
   enamorarse, 195
   habilidades espaciales, 195
   hambre / saciedad, 73-74
   navegación, 195
   percepción del color, 43
   procesamiento mental, 195
   sabor amargo, 41
   sensibilidad a los olores, 180-184, 195
   sueños/ soñar, 225

   temperaturas corporales, 26-27
   tolerancia al alcohol, 171
digestión
   bacterias y, 92-98
   longitud temporal de la, 98-99
   primeros estudios sobre, 90
   sistema nervioso entérico, 92
   visión general de la, 83
Dinges, David, 231
dolor de espalda, 146
dolor muscular, 153
dolor
   de espalda, 146-147
   efectos de la meditación consciente, 137
   efectos de los alimentos ricos en grasas, 80
   irritación de nariz/garganta con los resfriados, 207, 208
   punto G y, 198
   ritmos circadianos y, 28
   temperatura corporal y, 27
Dongen, Hans Van, 24
dopamina
dormir/ quedarse dormido
   «circuito conmutado», 221
   efectos del calor sobre, 221
   factores medioambientales y, 221
   problemas con, 217
   sistema circadiano de alerta y, 221
   «zona de mantenimiento de la alerta», 221
dormiveglia, 219, 241
Duck, Allison, 147

Economo, Barón Constantin von, 221
Edgar, Dale, 116, 117
Edison, Thomas, 120, 247

efe del Congo, 244
efectos del trabajo nocturno/por turnos, 251
efectos del trabajo nocturno/por turnos, 251-253
efectos perjudiciales de sonarse, 208
einschlafen, 219
ejercicio físico
　agotamiento, 157, 158
　beneficios generales, 161
　cantidad de, 143, 144
　correr, 154-156
　diabetes, 161
　dormir y, 226,-227
　entrenamiento de fuerza, 103, 151-152
　estrés y, 140, 143-146
　estudio SMILE, 144
　función cerebral y, 162-165
　horas óptimas para, 146, 147
　«la pared», 157
　por la mañana/beneficios, 146
　por la tarde/beneficios, 146
　risa con, 156
　sensibilidad al sabor dulce y, 161
　sistema cardiovascular y, 155-156, 161
　técnica de visualización, 151-152
　tipo de actividad, 149
　Véanse también actividad aeróbica; *actividades específicas*
ejercicio físico, falta de,
　atrofia muscular, 150
　depresión y, 144-145
　pérdida de masa ósea, 150
Ekirch, A. Roger, 245
emociones
　amígdala, 39, 225

áreas paralímbicas del cerebro, 74
tacto, 192
encefalitis letárgica, 221
endorfinas
　descripción/ función, 138, 139
　efectos sobre el humor, 144
　ejercicio físico y, 144
　música y, 138, 139
　respuesta al estrés, 127
enfermedad del sueño, 221
envejecimiento
　cortisol, 243
　declive cognitivo que acompaña al, 163-165
　microdespertares durante el sueño, 243
　niveles de melatonina, 243
Epel, Elissa S., 131, 134
erección
　bostezo y, 111
　control y, 196
　descripción/mecanismo, 196, 197
　sensación táctil y, 196
Escala de Amor Apasionado, 193
Escala Stanford del Sueño, 193
escáner MRI, 60
　Véase también imágenes/ estudio fMRI
escáneres/estudios de PET
　hambre/saciedad, 73
　orgasmo, 200
　reacción del cerebro a la música, 139
escatol, 89, 100, 101
espasmo hipnagógico durante el sueño, 222
estadísticas sobre, 150
estado hipnopómpico, 21
«estiramiento gástrico», 115
estómago

funciones, 90-92
medio ácido del, 90, 91
protección contra digerirse a si mismo, 91
retortijones con la actividad aeróbica, 155, 156
rugidos (borborigmos), 73
estornudar/ centro del estornudo, 208
estreptococos, 94
estrés (crónico),
   control del, 136-140, 145
   efectos de la inactividad física, 145
   efectos de la música sobre, 138-139
   efectos del apoyo social al, 139-140
   efectos sobre el humor, 137-138
   ejercicio físico y, 141, 143-146, 160
   experiencia/respuesta al, 136
   genética/respuesta al, 134-136
   meditación, 137
   perjuicios del, 128-134
   resfriados y, 210
   respiración profunda, 137
   respuestas al, 129
   sentimiento de «tener bajo control» y, 136-137, 145
   vulnerabilidad a las enfermedades, 130
estrés
   derivación de términos, 129
   efectos de la descompensación horaria, 250
   efectos del alcohol, 171
   efectos del apoyo social sobre, 139-140
   efectos del sexo sobre, 198

estrógeno
   excitación sexual y, 198
   rasgos faciales feminizados, 178
estudio SMILE (Standard Medical Intervention and Long-term Exercise), 144
estudio Standard Medical Intervention and Long-term Exercise (SMILE),
«euforia del corredor», 143
eugeroicas, 256
evitar la endogamia, 185
explosión de la central Union Carbide, Bhopal, India, 253
Extraño caso del Dr. Jekyll y Mr. Hyde, El (Stevenson), 240
eyaculación
   control de la, 197, 198
   orgasmo y, 196

factor neurotrófico derivado del cerebro (BDNF), 162
fatiga
   accidentes y, 118, 231-232
   causas, 113, 114
   componente mental del agotamiento, 158
   desorden afectivo estacional (SAD), 113, 114
   horas de trabajo contemporáneas, 113
   sentirse soñoliento frente a señal de aviso, 113
   Véase también somnolencia a media tarde
fenómeno Proust, 39
feromonas humanas, 182-185
feromonas, 182-185
feto
   bostezo del, 112

madre comedora de chocolate/ efectos, 80
fibrinógeno, 127
Fisher, Helen, 193-195
Fitzgerald, F. Scott, 257
flatulencia
  causa, 101
  evitar la, 101
Foster, Kevin, 88
Foster, Russell, 113, 214
Franklin, Benjamin, 24
Fried, Itzhak, 176
funciones de los ganglios basales, 55

Gardner, Randy, 228
gebusi de Nueva Guinea, 244
gen *Per2*, 30
«gen Woody Allen», 136
generador espinal de la eyaculación, 198
genes transmisores de serotonina, 135
Gershon, Michael, 91, 92, 100
gingivitis, 88
giro fusiforme, 175
glándula pituitaria, 126
glándulas linfáticas, 207
glándulas suprarrenales, 126
Goethe, 85
Gordon, Jeffrey, 95, 96, 97
gota y ritmos circadianos, 212
Gottfried, Jay, 38, 39, 49
grasa abdominal y cortisol, 131
grelina,
  dietas ricas en grasa y, 84
  efectos de la privación del sueño sobre, 223-224
  evolución y, 75
  fluctuaciones de nivel, 75-76

hambre/apetito efectos de, 75, 84
Griffiths, Roland, 34, 35
Gwaltney, Jack, 202, 208-212

hachís, 179, 214
Hahnemann, Samuel, 33
Halberg, Franz, 98
Halsted, William Steward, 254
hambre
  actividad cerebral con, 73-74
  efectos de la privación del sueño sobre, 234
  hipotálamo y, 73, 74, 175, 176
  máximos en, 73
  selección de alimentos, 77-78
  síndrome del glotón, 71-72
  Véase también comer; alimentos
Hasher, Lynn, 64
heces, 89, 99, 100, 101
Herbert, George, 172
hígado
  efectos del cortisol, 131
  toxinas y, 29, 30
higiene del sueño, 119
Hinton, Barry, 83
hipertensión
  efectos de la meditación consciente, 137
  Véase también presión sanguínea
hipocampo
  aprendizaje durante el sueño, 239
  efectos del ejercicio sobre, 162
  efectos del estrés sobre la estructura, 133
  funciones, 162, 225
  sueños, 225
Hipócrates, 158

hipotálamo
　hambre, 73-76
　ritmo circadiano y, 29
　sexo y, 195
　sueño, 221
　temor, 126
histaminas, 209
Hobson, J. Allan, 220
Holstege, Gert, 200
homeostasis
　definición /descripción, 27
　sueño, 116, 121
　temperatura corporal, 27
　valores de referencia de, 27-28
hormona CCK (colecistoquinina)
　saciedad, 84
　somnolencia, 115
hormona del crecimiento, 223
hormona luteinizante, 183
hormona PYY (polipéptido pancreático), 84
hormonas gonadotrópicas, 223
Hrushesky, William, 215, 216, 252
Hudspeth, Jim, 46
humor. *Véase* risa

ibuprofeno, 211
Ilex guayusa (acebo sudamericano), 33
imágenes/estudios por medio de fMRI,
　acción de la cafeína sobre el cerebro, 34
　crítica de, 61
　descripción, 60-62
　experiencia y, 62
　lectura, 62, 195
　olores percibidos a través de la boca, 40

primer amor frente a relaciones a largo plazo, 193-194
imitación, 148
inercia del sueño
　ciclo de sueño/despertar y, 120-121
　definición/descripción, 120
inflamación y ataques al corazón, 156
inhibición y ritmos circadianos, 64
insomnes, 226
insulina, 131, 161
interferón, 211
interleucina, 209
interleucina-6 (Il-6), 160
intestinos
　alertas al cerebro, 93
　bacterias, 93-98
　sistema nervioso entérico, 92
　vellosidades de, 91, 96
　Véase también bacterias (intestinos)
ITD (diferencia temporal interaural), 46
Ivry, Richard, 54

jalón mioclónico en el sueño, 222
James, William, 45, 123, 170, 172
Jefferson, Thomas, 211
Johnson, Lyndon, 119
jugos gástricos, 91
Juster, Norton, 109

Kandel, Eric, 65
Katz, Lawrence, 184
Kekulé, Friedrich August, 241
Kinsey, Alfred, 196
Koch, Christof, 52, 176, 177

Kramer, Art, 163, 164-165
«Kubla Khan» (Coleridge), 240
Kundera, Milan, 173
!Kung de Botswana, 244, 245

labios y sensibilidad al tacto, 198
Lancet, 199
Landis, Theodor, 71
Landrigan, Chris, 255
Lavie, Peretz, 20, 22, 116
LeDoux, Joseph, 125, 126, 133
Leeuwenhoek, Anton van, 88
lengua y sensibilidad táctil, 192
Leonardo da Vinci, 120, 196
leptina
   efectos de la privación de sueño sobre, 223
   función de, 77
   niños y, 77
lesiones en la médula ósea y orgasmos, 199
leucocitos, 161
levantamiento de pesas
   beneficios, 103, 151-152
   fibras musculares y, 151
   mental, 151-152
   señales nerviosas /fuerza y, 151-152
Lévi, Francis, 215, 216
Libro Guiness de los Records, 177
Lieberman, Dan, 82, 85, 86, 154
línea de sombra, La (Conrad), 118
lóbulo frontal (del cerebro), 71, 72
lóbulo parietal, 148
Loewi, Otto, 241
Lucas, Peter, 81
luciérnagas, 29
luciferasa, 29

luz solar y ritmos circadianos, 25, 32, 247
luz, efectos sobre el cuerpo,
   artificial, 247-248
   natural, 25-26, 32, 113-114, 227, 247

mal aliento
   causa del, 89, 101
   prevención, 89
mamihlapinatapei, 177
Mann, Thomas, 138
marihuana, 170
masticación
   efectos, 82
   terminaciones nerviosas de los dientes y, 81
May, Cynthia, 64
McClintock, Martha, 182, 185
McEwen, Bruce, 127-129, 131-133, 139-141
medicación
   para dormir, 217
   para los resfriados, 208, 210-211
   ritmos circadianos y, 213-216
médicos internos
   drogas y estilo de vida, 256
   privación de sueño/efectos, 254-256
   ritmos circadianos, 254-256
meditación consciente, 137
meditación, 137
Mednick, Sara, 121
melatonina
   adolescentes y, 63
   cáncer y, 253
   con un patrón de sueño en dos fases, 246
   efectos de la luz artificial, 248, 253

efectos, 28
envejecimiento y, 243
SAD y, 114
trabajo por turnos, 251
memoria a corto plazo
conexiones sinápticas con, 66
Véase también memoria de trabajo
memoria a largo plazo, 67
memoria de trabajo
multitarea y, 58-59
temporizador de intervalos, 54-55
Véase también memoria a corto plazo
memoria
efectos de la descompensación horaria sobre, 250
efectos del ejercicio físico sobre, 162, 164
efectos del estrés crónico sobre, 134
efectos del trabajo por turnos, 252
hipocampo y, 163
memoria a largo plazo, 66
nombres de la gente, 163, 172-173
ritmos circadianos y, 65-67
Véase también reconocimiento de caras/memoria; memoria a corto plazo; memoria de trabajo
Menaker, Michael, 249, 250
Mendeleev, Dmitri, 240
metabolismo basal, 102-104
Meyer, David, 59
«microdespertares» al dormir, 243
«microsueños», 120, 231
Miller, Michael, 156
miopía del alcohol, 170

Misa de Requiem en D Menor (Mozart), 138
modafinilo, 256
Montaigne, 14
montaña mágica, La (Thomas Mann), 138
movimiento nervioso y peso, 104, 105
Mozart, 138
multitarea
capacidad, 55-59
conducción y, 55-59
efectos del temporizador de intervalos derivados de, 54-55
memoria de trabajo y, 58
procesamiento de la información y, 54-59
músculos
agotamiento y, 159
atrofia sin ejercicio físico, 150
efectos del levantamiento de pesas/entrenamiento de resistencia, 151-152
en el sueño REM, 224, 226
música y estrés, 139

Nabokov, Vladimir, 219, 228, 258
narcolepsia, 119
National Highway Traffic Safety Administration (NHTSA), 59, 232
National Institutes of Health, 136
National Sleep Foundation, 229
Nature, 128
náusea, 42, 78, 92
NEAT (termogénesis no derivada del ejercicio físico), 104, 105
neuroimágenes,
crítica a, 61

escáner MRI, 60
Véase también imágenes/estudio fMRI
neurosis y genes transmisores de serotonina, 135-136
NHTSA (National Highway Traffic Safety Administration), 232
Nielsen, Tore, 225
niños
 efectos de la leptina, 77
 imitación, 147
 sueño REM, 237
 tacto y, 191
Noakes, Timothy, 159
Noche de Reyes (Shakespeare), 143
noche,
 cambios en la respiración durante, 204
 enfermedades durante, 203
 hora de máximas muertes, 257
 hora de máximos errores /accidentes, 257
 mecanismos protectores del cuerpo durante, 203
noradrenalina
 amor y, 193
 desórdenes obsesivo-compulsivos, 193
 durante el sueño, 236
 ejercicio físico y, 144
núcleo arcuato (hipotálamo), 75
núcleo caudado del cerebro, 193, 200
núcleo supraquiasmático (SCN) 29, 30, 54, 116, 117, 244, 248, 249,
 envejecimiento,
 ritmos circadianos, 29, 116, 244
 núcleo supraquiasmático (SCN) y, 244
 privación del sueño, 232-233

radicales libres, 134
sueño, 244
telómeros y, 134

obesidad
 efectos de las bacterias intestinales, 97
 hipotálamo y, 75
 leptina y, 76
 NEAT (termogénesis no derivada del ejercicio físico) y, 104-105
 privación de sueño y, 234
oído
 despertar y, 19-20
 dirección del sonido, 46
 mecanismo del, 46-47
 visión general del, 46-48
 visión y, 49
Olausson, Hakan, 192
oler (sentido)
 atracción sexual y, 181-185
 axilas, 180-183,
 detección del olor, 38-40, 180-181
 sabor y, 40
 Véase también olores
olores
 atracción sexual y, 180
 componentes/efectos de la lactancia, 182-183
 de las heces, 101-102
 despertar y, 19
 identificación de, 39
 percibidos por la boca, 40
 recuerdo personal y, 39
 sincronización de los ciclos menstruales, 182
 sobacos (axilas), 180-183
 Véase también mal aliento; olfato (sentido)

O'Regan, J. Kevin, 51
órgano vomeronasal, 184
orgasmo
  beneficios para la salud del, 200-201
  cerebro y, 195-196, 200
  como distracción del miedo, 200
  contracciones pélvicas con, 196
  dopamina y, 200
  eyaculación y, 196
  femeninos, 198-199
  lesiones en la médula espinal y, 199
  masculinos, 196-198
  uso de condón y, 201
Osler, Sir William, 131
osteoblastos, 151
ovulación
  atracción sexual y, 179, 183
  indicadores faciales de las mujeres, 179
  indicadores olorosos de las mujeres, 183
oxaliplatino, 216
óxido nítrico
  erección y, 197
  punto G, 198
  respiración y, 87
oxitocina
  amor y, 191, 194
  confianza y, 194
  efectos de, 191, 194

pandiculación, 111
  Véase también bostezo
papilas gustativas, 41
Papúa Nueva Guinea y siestas, 119
Pascal, 148

Patagonia y siestas, 119
pene y sensibilidad táctil, 192
pepsina, 90, 91
pérdida ósea
  efectos del cortisol, 27
  falta de ejercicio físico, 150
pesadillas, 225-226
peso corporal
  dieta y leptina, 76
  efectos de la privación del sueño, 234-235
  efectos del cortisol sobre, 131
  efectos del ejercicio físico sobre el, 161
  movimientos nerviosos, 102, 105, 235
  tasa metabólica y, 102-103
  termogenesis inducida por la dieta, 104
  termogenesis no derivada del ejercicio físico (NEAT), 104-105, 234
  valor de referencia, 77
peso. *Véase también* peso corporal
pezones y sensibilidad táctil, 192
Phantom Tollbooth, The (Juster), 109
pilotos
  inercia del sueño y, 22
  siestas y vuelos de larga distancia, 120
plasticidad sináptica, 66-67, 162
Platek, Steven, 111
Plauto, 257
Pollak, George, 46
Praag, Henriette van, 162
Preti, George, 183
privación de sueño y, 233
privación del sueño
  accidentes y, 231-232, 255

adolescentes y, 63
con médicos internos, 254-256
diabetes y, 233
drogas que determinan el modo de vida y, 256
efectos acumulativos, 230-231
efectos sobre el sistema inmunitario, 233
en la cultura contemporánea, 20, 229, 231-232
enfermedad y, 233
envejecimiento y, 233
estadísticas sobre, 299
estudios animales, 228
hambre y, 234
niveles de cortisol y, 233
niveles de grelina, 234
niveles de leptina, 233
obesidad y, 234
perspectivas previas sobre, 230
peso y, 234
rendimiento mental y, 230, 231-232
probióticos, 101
procesamiento de la información, multitarea, 54
visión general, 51, 52
prolactina
funciones, 246
patrón de sueño con dos fases, 246-247
prosopagnosia, 174, 175
prostaglandinas, 201
Provine, Robert, 111
Ptácek, Louis, 30
Publio Siro, 53
Pukapuka y siestas, 119
puntas de los dedos y sensibilidad táctil, 192
punto G, 198
Purgatorio (Dante), 85

Quijote, Don, 73

radicales libres, 134
Ratey, John, 144
Ravussin, Eric, 102-105
Raz, Naftali, 163
Rechtschaffen, Allan, 226, 228, 235
reconocimiento/recuerdo de las caras
capacidad de las máquinas para, 173
importancia del, 173-174
mecanismo de, 175-177
prosopagnosia, 174-175
recuerdos sensoriales
conexiones entre, 49
olor y, 39
Regard, Marianne, 71
región occipitotemporal del cerebro, 62
Reiss, Allan, 140
Relman, David, 93
reloj biológico. *Véase* ritmos circadianos
reloj de «entramado óptico», 258
reloj maestro. *Véase* núcleo supraquiasmático (SCN)
relojes, 258
rendimiento mental
efectos de la descompensación horaria sobre, 250
efectos de la privación del sueño, 229, 230-232
efectos del ejercicio físico y, 162, 165
efectos del trabajo por turnos, 252
envejecimiento y, 163-164, 165
fluctuaciones de la temperatura corporal y, 63-64

ritmos circadianos, 62-67
Véase también aprendizaje
resfriados
  cornetes, 207
  costes financieros de, 204
  frecuencia de, 204
  humedad y, 206
  personas no susceptibles a, 210
  relación con las temperaturas frías, 205
  remedios para el, 210-211
  respuesta inflamatoria, 210
  respuesta inmune y, 209-210
  ritmos circadianos y, 212
  síntomas/causas, 206-209
  transmisión de virus, 206
respiración
  cambios durante la noche, 203-204
  con los resfriados, 208-209
  por la noche, 203-204
  respuesta al estrés, 127
  sensor de oxígeno, 87
respuesta al estrés (agudo),
  beneficios del, 127
  descripción, 123, 126-128
  funciones que no son de emergencia, 127
  vida contemporánea y, 129
respuesta de luchar o huir, descripción, 125-128
  Véase también respuesta al estrés (agudo)
respuesta inflamatoria, 209-210
rinovirus, 205
risa
  con el ejercicio físico/beneficios, 156
  estrés y, 140
  salud cardiovascular, 156
ritmo cardíaco

despertar y, 21
fluctuaciones diarias, 28
ritmos circadianos
  actividades diarias, periodicidad de, 14, 28
  definición/descripción, 13-14, 26-28
  descompensación horaria (jet lag), 249-250
  edad y, 31-32, 63, 64, 243, 244
  efectos de la luz artificial, 247-248
  efectos del trabajo nocturno/por turnos, 251-253
  enfermedad y, 213
  evolución y, 24-25
  fluctuaciones en la temperatura corporal y, 27. 28. 63-34
  genes de los relojes, 30, 250-252
  horario de comidas y, 98-99
  inhibición y, 64
  internos médicos y, 254-256
  luz solar y, 25, 32, 247
  medicación y, 213-216
  núcleo supraquiasmático, (SCN), 29, 244
  pesadillas y, 225-226
  relojes celulares, 29-30
  rendimiento mental y, 63-67
  ritmos libres, 26
  SAD y, 113-114
  toma de decisiones y, 64
  tratamientos de quimioterapia, 215-216
  zeitgeber (temporizador), 26, 98
ritmos corporales. *Véase* ritmos circadianos
ritmos libres, 26
Roberts, Craig, 179
Roennenberg, Till, 31
Roethke, Theodore, 169, 217

rombencéfalo (tronco encefálico caudal), 75
Rosenberg, Mel, 89, 180, 181, 182, 184

Sabba da Castiglione, 203
sabor amargo
    evitar los, 78
    genes receptores del, 43
    toxinas y, 42
sabor termal, 42
sabor umami, 41
sabor
    placer/disgusto y, 40
    sensación bucal de los alimentos, 41
    sentido del olor y, 40
    temperatura y, 41
    tipos de, 41
    variedad entre las personas, 42-43
    vista y, 49
Safo, 190
saliva
    composición, 81, 82
    efectos en los dientes, 81
Salthouse, Tim, 57, 63
sangre
    con actividad aeróbica, 155-156
Saper, Clifford, 221
Sayette, Michael, 170
Schacter, Daniel, 173
SCN. *Véase* núcleo supraquiasmático (SCN)
Sellers, Heather, 174
Selye, Hans, 128, 129
semen
    efectos antidepresivos, 201
    máximos diarios en, 190
senos, 208

sensor de oxígeno
    caminar, 87
    respiración, 87
sentidos
    conexiones entre los, 48-50
    desensibilización, 47
    Véase también sentidos específicos
serotonina
    amor y, 193
    desórdenes obsesivo-compulsivos, 193
    durante el sueño, 225, 236, 237
    ejercicio físico y, 99
    SAD y, 114
Seuss, Dr., 111
sexo
    antes de un acontecimiento estresante/efectos, 198
    excitación en las mujeres, 198
    excitación en los hombres, 195-198
    hora para el, 189-191
    orgasmo, 190, 196, 198-200
    tacto y, 191-192
    Véase también amor
Shakespeare, 169
Shaywitz, Sally y Bennett, 60-62
Shepherd, Gordon, 40
Sherrington, Charles, 73
Siegel, Jerry, 220, 225, 235-237
siestas
    agudeza perceptual y, 121
    aprendizaje y, 122
    beneficios, 119-122
    definición, 118
    duración de, 122
    sueño REM y, 121-122
    visión negativa de, 118
Simio perfumado, El (Stoddart), 181

sincronización de los ciclos menstruales, 182
síndrome del glotón, 71, 73
síndrome familiar de la fase de sueño adelantado, 30
Sinha, Pawan, 173
sistema cardiovascular
  efectos de la risa, 156
  efectos de la siesta, 122
  efectos del apoyo social, 139-140
  efectos del ejercicio, 155-156, 160
  efectos del estrés crónico, 131
  orgasmo y, 200-201
sistema inmune
  complejo mayor de histocompatibilidad (MHC), 185
  desórdenes autoinmunes, 185
  efectos de la meditación consciente sobre, 137
  efectos del ejercicio físico sobre, 161
  efectos del estrés crónico sobre, 132
  resfriados y, 209
  respuesta al estrés agudo, 132
sistema límbico y sueños, 225
sistema nervioso simpático, 104
SleepSmart, 22
Small, Dana, 40
Smolensky, Michael, 212
SNO del óxido nítrico, 87
somnolencia de media tarde
  almuerzo y, 115
  causas, 115-118
  descripción, 109-110, 13
  edad y, 112-113
  siestas y, 118-122
St. Martin, Alexis, 12, 90
Stampi, Claudio, 120
Sternberg, Esther, 136, 137, 263

Stevenson, Robert Louis, 240
Stickgold, Robert, 238
Stoddart, D. Michael, 180, 181, 263,
Stroop, test de, 58, 64,
subir escaleras, 150
sueño de movimiento ocular rápido (REM),
  Véase sueño REM
sueño no-REM
  cantidad/ciclos, 221-223
  efectos/despertar de, 22-23
  propósito del, 228, 234-236, 238
  sueños, 224-225
  Véase también dormir
sueño REM
  cantidad/ciclos de, 224
  definición/descripción, 223-224
  despertar de/ efectos, 22
  músculos en, 223, 226, 228
  niños, 237
  propósito, 237
  siestas y, 121
  soñar, 224-225
  Véase también dormir
sueño
  «microdespertares», 243
  «microsueños», 120, 231
  alcohol y, 172, 227
  aprendizaje y, 237-241
  cantidad que necesitamos/humanos, 20-21, 230-231, 235
  cantidad que necesitan/otras especies, 235, 236
  cronotipos (alondras y búhos), 23-24, 30-32
  edad y, 243-245
  efectos de la luz natural, 227
  efectos genéticos, 223
  ejercicio físico y, 226-227

325

Escala de Somnolencia Stanford, 110
etapas del, 219-220
homeostasis, 116-117, 221
importancia en la salud, 220
insomnes, 227
patrón de dos fases de, 246
patrones en las culturas tradicionales, 224-225
patrones en otras especies, 245
pensamiento creativo y, 239-241
propósito del, 223, 235-241
refuerzo del aprendizaje, 238-239
reparación durante, 236
reparación/crecimiento cerebral, 236, 237
tamaño corporal del animal y, 236
trabajo por turnos y, 251-252
vía hacia, 219
Véase también somnolencia de media tarde; sueño no-REM; sueño-REM; despertar
sueños/soñar
áreas del cerebro que participan en, 224, 225
cantidad de, 225
con un patrón de sueño de dos etapas, 247
diferencias de género en, 225
fases del sueño, 22, 224-225
pesadillas, 225-226
recordar los, 226
sueños REM frente a no-REM, 224

tacto
áreas más sensibles al, 192

caricia, 191
efectos positivos del, 191
emociones y, 192
erección y, 196
importancia del, 191
niños y, 191
visión y, 49
tálamo
efectos del alcohol, 227
sueño y, 227
tasa metabólica
efectos del ejercicio sobre, 161
medición de, 103
metabolismo basal (RMR), 102-104
técnica de visualización, 152
tegmento ventral del cerebro, 193, 200
telomerasa, 134
telómeros
efectos del estrés crónico, 134
envejecimiento y, 134
temor 123-125
Véase también respuesta al estrés
temperatura corporal
fluctuaciones diarias/efectos de la, 27-28, 63-64, 117, 257
homeostasis y, 27
horas de máximos, 169-170
nadir de la, 117, 257
punto de deterioro de las funciones, 131
receptores del dolor y, 87
sensores frío/calor, 27
temporozador de intervalos y, 55
tiempo de ejercicio físico y, 146
temperatura, cuerpo. *Véase también* terperatura corporal
temporizador de intervalos
capacidades/visión general, 54-55

efectos de la distracción sobre, 54-55
efectos de la temperatura corporal sobre, 169-170
efectos de las drogas sobre, 170
efectos del alcohol sobre, 170-171
noche y, 169-170
termogénesis inducida por la dieta (TID), 104
termogénesis no derivada del ejercicio físico (NEAT), 104-105, 234
termogénesis no derivada del ejercicio físico (NEAT), 104-105
termogénesis, 104
termogénesis
definición/descripción, 103-104
termogénesis inducida por la dieta (DIT), 104
termogénesis no inducida por el ejercicio físico (NEAT), 104, 105, 234
testosterona
en hombres/mujeres enamorados, 193
rasgos faciales masculinos, 178
Thoreau, 7, 14,
toma de decisiones y ritmos circadianos, 64
Tononi, Giulio, 239,
tos
descripción, 208
ritmos circadianos y, 212
toxinas
gusto amargo, 42
hígado y, 29
tragar, 82
tratamientos de quimioterapia, 214-215
tribu jívara achuar, 33
triptófano, 101

tronco encefálico caudal (rombencéfalo), 75
Tsao, Doris, 176, 177
Turek, Fred, 121

úlceras pépticas, 91
umbrales, 169, 217
uretra y sensibilidad al tacto, 198
uso del móvil y conducción, 55, 59

valor de referencia del peso corporal, 77
Véanse también apetito; alimentos; hambre
Véase también exercicio físico; *actividades específicas*
vellosidades intestinales, 91, 96
ventosidades. *Véase* flatulencia
Viagra, 197,
virus
descripción, 205-207
Véase también resfriados
visión en color
células cónicas, 44
evolución de la, 44-45
variedad en, 44-45
visión
oido y, 49
tacto y, 49
Véase también visión en color
vitamina E, 210
vomitar, 78, 92

Wackerhage, Henning, 153
Wagner, Ullrich, 239, 240
Wehr, Thomas, 25, 246
White, E.B., 140
Willis, Thomas, 12

Wittgenstein, Ludwig, 173
Wood, Patricia, 252, 253
Woolf, Virginia, 258
Wysocki, Charles, 181

zeitgeber (temporizador), 26, 98
zinc, 210, 223
«zona de mantenimiento de la alerta», 221

Índice

Prólogo. 9

MAÑANA
1. Despertar. 19
2. Encontrar un sentido 37
3. Atención 51

MEDIODÍA
4. Las doce del mediodía 71
5. Después de comer 85

TARDE
6. La somnolencia 109
7. Agotado 123
8. En marcha 143

ANOCHECER
9. De fiesta 169

LA NOCHE
10. Embrujado 189
11. Aires nocturnos 203
12. Dormir 219
13. La hora de las brujas 243

Reconocimientos. 261
Notas. 265
Índice analítico 307